DE PRATIQUE

...MOLOGIE AGRICOLE

ET

PETIT TRAITÉ

DE LA

... DES INSECTES NUISIBLES

PAR H. GOBIN

PARIS

...INDUSTRIELLE ET AGRICOLE

...ène LACROIX, éditeur

DE LA SOCIÉTÉ ...

Publications de la Librairie Scientifique, Industrielle et Agricole
DE LA SOCIÉTÉ DES INGÉNIEURS CIVILS
A PARIS, 15, QUAI MALAQUAIS

— Novembre 1864 —

(Ce catalogue annule tous les précédents, en ce qui concerne
la Bibliothèque des professions industrielles et agricoles.)

BIBLIOTHÈQUE

DES

PROFESSIONS INDUSTRIELLES ET AGRICOLES

PUBLIÉE PAR

Eugène LACROIX, ÉDITEUR

Sous la direction de MM. les Rédacteurs des ANNALES DU GÉNIE CIVIL
avec la collaboration d'Ingénieurs et de Praticiens français et étrangers.

COLLECTION DE GUIDES PRATIQUES

A L'USAGE

DES CHEFS D'USINES, DES CONTRE-MAITRES, DES OUVRIERS,
DES AGRICULTEURS, DES ÉCOLES INDUSTRIELLES,

MIS POUR QUELQUES-UNS A LA PORTÉE DES GENS DU MONDE

Depuis quarante ans que notre maison est fondée, nos
prédécesseurs ont publié et nous-même nous avons con-
tinué à éditer un grand nombre d'ouvrages de sciences
appliquées à l'industrie et à l'agriculture ; nous avions donc
par le fait créé cette bibliothèque par l'ensemble de nos
publications. Mais en commençant l'année dernière cette
série de *Guides pratiques* nous désirions et pensions arriver à offrir sous un format commode, à un prix modéré,
quoique en donnant tous nos soins à l'impression : papier,
gravure, typographie, etc.; à offrir, disons-nous, des ouvrages accessibles à toutes les intelligences et surtout à
toutes les bourses. Les nombreuses adhésions que nous
avons reçues, nous permettent de croire que nous avons
atteint notre but. Nous donnons ici le plan adopté pour

notre publication, le titre des ouvrages publiés, le titre de ceux qui sont sous presse, et enfin ceux en préparation ou en projet qui paraîtront successivement.

Pour tous les Guides publiés ou qui sont sous presse, nous nous sommes assuré la collaboration des auteurs qui, à titre de savants ou de praticiens, ont une réputation justifiée ; ils ont voulu nous aider à fonder cette bibliothèque, qui viendra combler une lacune dans les publications françaises, et ils ont agi de telle façon que nous pussions mettre chaque traité au meilleur marché possible.

Ce que nous devrons dire au public qui naturellement doit être l'acquéreur de nos livres : l'ingénieur, l'industriel, l'ouvrier mécanicien, l'artisan de tous les métiers, l'instituteur, l'agriculteur, l'homme du monde (pour certains traités), c'est qu'un livre est d'autant meilleur marché que le nombre des acquéreurs en est plus grand. Un ouvrage qui ne peut être imprimé qu'à petit nombre, parce que l'on ne prévoit aussi qu'un petit nombre d'acheteurs, devient forcément très-cher, — les premiers frais, c'est-à-dire la gravure des bois et des planches, la composition typographique du texte, et enfin le travail de l'auteur, étant les mêmes pour un exemplaire que pour 1,000, 2,000, 5,000, 10,000.

Dans l'espoir que le nombre de nos adhérents, comme rédacteurs et comme souscripteurs, ne fera qu'augmenter, nous continuerons à publier les volumes projetés le plus promptement qu'il nous sera possible.

Les volumes sont ou seront publiés dans le format grand in-18 jésus ; ils seront accompagnés de figures dans le texte ou de planches gravées sur acier.

Le prix de chacun d'eux sera fixé d'après le chiffre des frais occasionnés pour sa publication.

Cette Bibliothèque est composée de **Neuf Séries,** qui provisoirement se subdivisent comme suit :

SÉRIE **A.** — Sciences exactes.................. 9 vol.

  »   **B.** — Sciences d'observation........... 21 »

  »   **C.** — Constructions civiles.............. 27 »

  »   **D.** — Mines et Métallurgie............. 17 »

  »   **E.** — Machines motrices................ 7 »

  »   **F.** — Professions militaires et maritimes. 10 »

BIBLIOTHÈQUE

DES

PROFESSIONS INDUSTRIELLES ET AGRICOLES

PUBLIÉE

Sous la direction de MM. les Rédacteurs des ANNALES DU GÉNIE CIVIL

PAR

Eugène LACROIX, ÉDITEUR

CATALOGUE

des **Ouvrages** publiés, sous presse, en préparation ou projetés.

—

TABLE DES MATIÉRES[1].

SÉRIE A.

SCIENCES EXACTES.

7. Guide de **Perspective pratique,** comprenant la perspective linéaire et aérienne, et les notions du dessin linéaire, à
l'usage des ouvriers, par M. YSABEAU. 1 vol., 164 pages et
11 planches in-4°. 3 fr.

Ce livre a un double mérite : la clarté des explications, la simplicité de la
méthode. Les lois de la perspective y sont dépouillées de tout appareil scientifique. Après quelques notions préliminaires de géométrie, l'auteur aborde
la perspective linéaire subdivisée en perspective des lignes droites et perspective des lignes courbes. L'ouvrage, enrichi de 11 planches contenant 86 figures, se termine par des aperçus sur la perspective aérienne.

Sous presse.

6. Guide pratique pour l'**Etude du dessin** et de son application aux professions industrielles, par MM. **ORTOLAN** et **MESTA.**

---

[1] Cette table est loin d'être complète comme matière à publier ; beaucoup
d'autres volumes, traitant de sujets non mentionnés ici, viendront en leur
temps en élargir le cadre, mais nous n'avons l'intention, pour le moment, de
nous occuper que de ces premiers, parce que nous pensons que ce sont
ceux-ci dont la publication est plus promptement demandée.

8. Guide de la connaissance et de la pratique des **Logarithmes**, petites tables donnant avec une exactitude suffisante les résultats des opérations de la vie pratique avec de nombreux exemples, par J. Vinot, professeur de mathématiques.

9. Guide pratique pour l'emploi de la **Règle à calcul**, par le même auteur.

En préparation[1].

1. Arithmétique, par M. GARNAULT.
3. Géométrie, par M. ROZAN.
4. Trigonométrie, par M. GARNAULT.

Projetés[2].

2. Algèbre.
5. Géométrie descriptive.

SÉRIE B.

SCIENCES D'OBSERVATION.

4. Guide pratique de **Télégraphie électrique**, ou *Vademecum* pratique à l'usage des employés des lignes télégraphiques, suivi du programme des connaissances exigées pour être admis au surnumérariat dans l'administration des lignes télégraphiques, par M. B. MIÉGE, directeur de station de ligne télégraphique. 1 vol., xi-148 pages, avec 45 figures dans le texte. 2 fr.

M. Miége n'a pas voulu faire seulement un livre utile, mais bien un guide indispensable. Aux notions préliminaires sur le magnétisme, les différentes sources d'électricité et les propriétés des courants, succède la description de tous les appareils usités, avec l'indication des signaux généralement adoptés. Des formules d'une grande simplicité permettent de se rendre compte de l'intensité des courants et de rechercher la cause des dérangements.

7. Guide pratique de **Chimie élémentaire**. Ouvrage mis à la portée des gens du monde, des lycées et des institutions, contenant les principes de cette science et leur application aux arts et aux questions usuelles de la vie ; suivi d'une série de problèmes avec leurs solutions, de la synonymie chimique et d'un vocabulaire de chimie, de la description des appareils et de la nomenclature des réactifs nécessaires, etc., par M. J. GARNIER jeune, professeur à l'École de commerce et d'industrie de Paris et à l'École vétérinaire d'Alfort. 1 vol., 304 pages, avec 3 planches comprenant 85 figures. 2 fr.

[1] La plus grande partie des ouvrages indiqués comme étant en préparation seront mis sous presse dans le courant de l'année 1865.
[2] Les volumes projetés sont ceux que nous avons l'intention de publier, mais pour lesquels il n'y a pas encore de rédaction proposée ou du moins acceptée par nous.

Ce guide est principalement destiné aux personnes qui sont au début de la chimie et surtout à celles qui n'ont besoin que d'acquérir une connaissance élémentaire de la science, sans qu'elles puissent l'apprendre sur les bancs de l'école ou par la lecture de traités volumineux.

Cet ouvrage comprend la chimie inorganique ou minérale et la chimie organique et végétale. Diverses notions placées à la fin du volume offrent un grand intérêt en condensant des documents qu'on ne rencontre pas ordinairement dans les ouvrages de chimie.

9. Guide pratique d'**Analyse qualitative**, instruction pratique à l'usage des laboratoires de chimie, par M. le docteur H. WILL, professeur agrégé de l'université de Giessen ; traduit de l'allemand par M. le docteur G.-W. BICHON, traducteur des lettres de M. Justus Liebig sur la chimie, et auteur de plusieurs travaux sur cette science. 1 vol., 248 pages.   1 fr. 50

Les traités spéciaux sur la chimie analytique sont ou trop volumineux ou incomplets, en ce sens que, dans ces derniers, manquent les indications indispensables pour que l'élève puisse se conduire lui-même.

M. le docteur Will a su obvier à ces deux défauts : son guide enseigne d'une manière simple, substantielle et méthodique, tout ce qu'il faut savoir pour devenir capable de découvrir et de séparer les parties constituantes des corps composés.

11. Guide pour l'**Introduction à l'étude de la chimie**, contenant les principes généraux de cette science, les proportions chimiques, la théorie atomique, le rapport des poids atomiques avec le volume des corps, l'isomorphisme, les usages des poids atomiques et des formules chimiques, les combinaisons isomériques des corps catalyptiques, etc., accompagné de considérations détaillées sur les acides, les bases et les sels, par M. J. LIEBIG, traduit de l'allemand par Ch. Ghérard, augmenté d'une table alphabétique des matières présentant les définitions techniques et les relations des corps. 1 vol. 248 pag.   2 fr. 50

L'accueil favorable que cette traduction a rencontré en France rappelle le succès obtenu en Allemagne par l'édition originale de l'illustre chimiste.

Dans cette *Introduction* sont exposés d'une manière succincte et claire les principes généraux de la chimie, les proportions chimiques, la théorie atomique, en un mot toutes les notions élémentaires indispensables à celui qui veut aborder la chimie analytique.

18. Guide pratique pour reconnaître et pour déterminer le titre véritable et la valeur commerciale des **Potasses**, des **Soudes**, des **Cendres**, des **Acides** et des **Manganèses**, avec neuf tables de déterminations, par MM. les docteurs R. FRÉNÉSIUS et H. WILL, assistants préparateurs au laboratoire de chimie de Giessen ; traduit de l'allemand par M. le docteur W. BICHON, 1 vol., XVI-163 pages.   2 fr.

En rédigeant ce guide, les auteurs ont considéré d'une part qu'ils écrivaient pour les chimistes, et de l'autre, aussi pour des personnes qui sont moins avancées dans la science. Ils ont donc combiné leurs efforts de manière à réunir aux notions scientifiques nécessaires une exécution qui pût être généralement comprise de tous.

En présence du rôle important que jouent dans la technologie et dans les arts industriels les substances auxquelles ce livre est principalement consacré, nous croyons superflu d'insister sur l'utilité de la méthode qui y est enseignée et des neuf tables qui en font le complément.

En préparation.

2. Applications de la chaleur, par M. GROUVELLE.
6. Astronomie, par M. DUBOIS.
16. Météorologie, par M. RAMBOSSON.
17. Anatomie, par M. DUCE DE BERNONVILLE.
19. Zoologie, par le même.
20. Chimie amusante, par M. Arthur MANGIN.
21. Physique amusante, par le même.

Projetés.

1. Physique.
3. Galvanoplastie.
5. Photographie.
8. Chimie générale.
10. Chimie industrielle.
12. Botanique.
13. Minéralogie.
14. Géologie.

SÉRIE C.

ART DE L'INGÉNIEUR, PONTS & CHAUSSÉES, CONSTRUCTIONS CIVILES.

1. Guide pratique du **Géomètre arpenteur**, comprenant l'arpentage, le nivellement, la levée des plans, le partage des propriétés agricoles ; suivi de l'exposition du *système métrique*, avec son application à la mesure des surfaces et des corps, par M. P.-G. Guy, ancien élève de l'École polytechnique, officier d'artillerie. 2ᵉ édition, revue, corrigée et augmentée. 1 vol., 376 pages et 5 planches, contenant 251 figures.   3 fr. 50

M. Guy a laissé de côté les travaux qui nécessitent de trop vastes connaissances géométriques et trigonométriques, et il s'est efforcé de recueillir dans ce volume, facile à transporter dans les champs, tout ce qui, s'appuyant sur un petit nombre de vérités géométriques évidentes, peut rendre un propriétaire capable de connaître et de vérifier la contenance d'un terrain, et d'en construire lui-même un plan exact. Ce guide pratique n'en est cependant pas moins un traité complet d'arpentage, car chaque division de l'ouvrage est précédé de définitions et de notions qui contiennent les vérités géométriques sur lesquelles les opérations sont fondées.

10. Guide pratique du **Constructeur**. — **Maçonnerie**, par A. DEMANET, lieutenant-colonel honoraire du génie, membre de l'Académie royale de Belgique, etc. 1 vol., 252 pages, avec tableau et 1 atlas in-18 de 20 planches doubles, gravées sur acier, par CHAUMONT.   5 fr.

Ce guide, écrit par M. Demanet, qui professe un cours de construction à l'École militaire de Bruxelles, emprunte une grande autorité à l'expérience et à la position de l'auteur.

Les 20 planches de l'atlas qui accompagnent ce guide comprennent 137 fi-

gures que Chaumont a gravées avec cette exactitude et cette élégance qui ont
fondé sa réputation.

Nous rappellerons que M. le lieutenant-colonel Demanet est auteur d'un
Cours de construction qui a eu très-rapidement deux éditions et qui embrasse
la connaissance des matériaux et leur emploi, la théorie des constructions,
l'établissement des fondations, l'économie des travaux, leur entretien etc. etc.
Cet ouvrage édité par la librairie scientifique, industrielle et agricole coûte
avec l'atlas 70 francs et ne pouvait ainsi entrer dans le cadre de la *Bibliothèque des professions industrielles et agricoles.*

21 . Manuel pratique, ou Traité de l'**Exploitation des chemins
de fer, voyageurs et bagages,** par M. Victor Emion, précédé d'une préface par M. Jules Favre. 1 vol. xvi-305 p.   2 fr. 50

Aujourd'hui tout le monde voyage. Le manuel de M. V. Emion est donc le
guide obligé de tout le monde. Il fait connaître à chacun ses droits et ses de-
voirs vis-à-vis des compagnies : il prend le voyageur chez lui, il le mène à la
gare, le suit à son départ, pendant sa route, à son arrivée et le ramène à son
domicile ; il prévoit toutes les difficultés, toutes les contestations et en donne
la solution fondée sur la loi, les règlements, la jurisprudence et l'équité.

Sous presse.

Deuxième partie : **Marchandises.**

26. Guide pratique du **Constructeur.** Dictionnaire des mots
techniques employés dans la construction, à l'usage des architectes, propriétaires, entrepreneurs de maçonnerie, charpente,
serrurerie, couverture, etc.; renfermant les termes d'architecture civile et hydraulique, l'analyse des lois de voirie, des bâ-
timents et de desséchement, par M. L.-T. Pernot, officier de la
Légion d'honneur, architecte-vérificateur des travaux publics.
3e édition. 1 vol., 370 pages.   3 fr.

Les différentes industries spéciales, dont l'ensemble constitue la grande industrie du bâtiment, ont chacune leur technologie particulière. M. Pernot a groupé
dans son dictionnaire tous ces termes techniques et en donne des définitions
claires et exactes. En outre, comme l'auteur le dit dans la préface de cette
troisième édition, « il a cherché à faire de son dictionnaire une espèce de *vade
mecum*, rappelant sans cesse aux constructeurs les vrais principes de l'art. »

27. Guide pratique, ou **Notions générales sur les Chemins
de fer,** statistique, histoire, exploitation, accidents, organisation des compagnies, administration, tarifs, service médical,
institutions de prévoyance, construction de la voie, voitures,
machines fixes, locomotives, nouveaux systèmes ; suivi des
Biographies de Cugnot, Seguin et George Stephenson, d'un
Mémoire sur les avantages respectifs des différentes voies de
communication, d'un Mémoire sur les chemins de fer considérés comme moyens de défense d'un pays, et d'une bibliographie raisonnée ; par M. Auguste Perdonnet, ancien élève de
l'École polytechnique, ancien ingénieur en chef de plusieurs
chemins de fer, directeur de l'École centrale des arts et manufactures, président honoraire de la Société des ingénieurs
civils, président de l'Association polytechnique, etc. 1 vol.,
452 pages, avec de nombreuses figures dans le texte.   5 fr.

Après avoir publié deux ouvrages techniques sur les chemins de fer, qui
s'adressaient directement aux hommes spéciaux, M. A. Perdonnet a voulu dans

ses *Notions générales* se rendre intelligible pour tout le monde. Outre les questions techniques et économiques, il traite dans ces *Notions* des questions d'organisation des compagnies et d'exploitation dont il n'avait pas à parler dans ses deux grands ouvrages. Nous signalerons l'importance des renseignements historiques et statistiques dont il a enrichi notre publication.

Sous presse.

11. **Charpenterie**, par M. le lieutenant-colonel DEMANET.
23. **Constructions à la mer**, par M. X...

En préparation.

4. Terrassements, par M. A. DEMANET.
13. Fumisterie, par M. AUBERT.
16. Peintre en bâtiment, par M. A. DEMANET.
22. Hydraulique, par M. CHAVÈS.
25. Chauffage et ventilation, par M. GROUVELLE.

Projetés.

2. Lever des plans.
3. Métreur vérificateur.
5. Agent voyer.
6. Conducteur des ponts et chaussées.
7. Fabrication des briques.
8. L'architecte.
9. Le tailleur de pierre.
12. Construction des escaliers.
14. Chaufournier et plâtrier.
15. Marbrier.
17. Construction en fer.
18. Routes et chemins de fer (construction et tracé).
19. Routes et chemins de fer (ponts, viaducs et tunnels).
20. Routes et chemins de fer (matériel fixe et roulant).
24. L'appareilleur.

SÉRIE D.

MINES ET MÉTALLURGIE,
MINÉRALOGIE,
GÉOLOGIE, HISTOIRE NATURELLE.

3. Guide pratique de **Métallurgie**, ou Exposition détaillée des divers procédés employés pour obtenir les *métaux utiles*, précédé de l'essai et de la préparation des minerais, par MM. D... et L... 1 vol., 347 pages et 8 planches.   2 fr.

Cet ouvrage réunit, sous un petit volume, un corps d'instruction suffisant pour guider les personnes qui désirent connaître les principes de la métallurgie et ses applications journalières.

Les dessins qui accompagnent ce guide pratique sont d'une grande exactitude.

4. Guide pratique du métallurgiste. Le **Fer**, son histoire, ses

propriétés et ses différents procédés de fabrication, par M. William FAIRBAIRN, ingénieur civil, membre de la Société royale de Londres, correspondant de l'Institut de France, etc., traduit de l'anglais avec l'approbation de l'auteur, et augmenté de notes et d'appendices, par M. Gustave MAURICE, ingénieur civil des mines, secrétaire de la rédaction du Bulletin de la Société d'encouragement. 1 vol., 331 pages et 68 figures dans le texte.   5 fr.

5. Guide pratique de l'**Emploi de l'acier**, ses propriétés, par J.-B.-J. DESSOYE, ancien manufacturier, avec une introduction et des notes par Ed. GRATEAU, ingénieur civil des mines. 1 vol. de 303 pages.   3 fr.

Ce livre constitue une véritable monographie de l'acier. M. Dessoye prend l'art de fabriquer l'acier à son origine et nous montre ses progrès. Il signale la nature et les propriétés natives de l'acier, en indique les différents modes d'élaboration et termine son guide par une étude sur l'emploi de l'acier dans les manipulations qu'on lui fait subir. Comme le fait remarquer M. Grateau dans sa savante introduction, ce livre s'adresse à tous ceux qui sont appelés à acheter et à consommer de l'acier d'une qualité quelconque sous toute forme, et il sera lu avec fruit par tous les praticiens.

11. Guide pratique de la **recherche**, de l'**extraction** et de la **fabrication** de l'**Aluminium** et des **Métaux alcalins**. Recherches techniques sur leurs propriétés, leurs procédés d'extraction et leurs usages, par MM. Charles et Alexandre TISSIER, chimistes-manufacturiers. 1 vol., 226 pages, 1 planche et figures dans le texte.   3 fr.

Les notions sur l'aluminium se trouvaient disséminées dans des recueils nombreux publiés en France et à l'étranger. Les auteurs de ce guide ont eu l'idée de faire de ces notions éparses un tout homogène dans lequel, après avoir retracé l'historique de la préparation des métaux alcalins, ils esquissent à grands traits l'histoire de la préparation de l'aluminium. Des chapitres spéciaux sont consacrés à la fabrication industrielle et aux propriétés physiques et chimiques du nouveau métal.

14. Guide pratique, ou l'Art du **Maître de forges**. Traité théorique et pratique de l'exploitation du fer et de ses applications aux différents agents de la mécanique et des arts, par M. PELOUZE. 2 vol., ensemble 806 pages, et 10 planches.   5 fr.

Ce traité est toujours consulté avec fruit : c'est le résumé d'une longue expérience. L'art du maître de forges a fait des progrès notables depuis les dernières années, mais c'est toujours dans le livre substantiel de M. Pelouze qu'on va retrouver les notions théoriques et pratiques qui renfermaient en germe les améliorations qui se sont succédé.

15. Guide pratique de **Minéralogie usuelle**. Exposition succincte et méthodique des minéraux, de leurs caractères, de leur composition chimique, de leurs gisements, de leurs applications aux arts et à l'économie, par M. DRAPIEZ. 1 vol., 504 p. 2 fr.

A la lucidité des définitions et à la simplicité de la méthode d'exposition, ce guide joint un autre mérite qui n'échappera pas aux hommes pratiques : il contient la description de 1,500 espèces minérales dont il analyse les caractères distinctifs, la forme régulière et la forme irrégulière, les propriétés particulières, les compositions chimiques et les synonymies, les gisements, les applications dans les arts, dans l'industrie, etc.

*

17. Traité des **Roches** simples et composées ou de la classification géognostique des Roches d'après leurs caractères miné-
ralogiques et l'époque de leur apparition, par M. Marcel
DE SERRES, professeur à la Faculté des sciences de Montpellier,
conseiller honoraire à la Cour impériale de la même ville, officier de la Légion d'honneur. 1 vol., 288 pages.   3 fr.

En préparation.

1. Recherche et exploitation des mines, par M. PEILLON.
6. Le zinc, par M. NICKLÈS.
7. Le cuivre,   id.
8. Le plomb et l'étain, id.
9. L'argent,   id.
10. L'or,   id.
12. Essayeur, par M. GUETTIER.
13. Alliages des métaux, par le même.
17. Traité des Roches, par M. Marcel DE SERRES.
18. Asphaltes et bitumes par M. MALO.

Projetés.

2. Soudeur.
16. Extraction de la tourbe.

SÉRIE E.

MACHINES MOTRICES.

En préparation.

1. Construction de machines hydrauliques et roues hydrauliques, par M. LAFFINEUR.
3. Conduite et chauffage des machines fixes et locomobiles,
par M. Jules GAUDRY.
4. Conduite et chauffage des machines locomotives, par le
même.
5. Guide pratique et descriptif des machines à vapeur marines, à l'usage des capitaines au cabotage, par M. A.
ORTOLAN.

Projetés.

2. Construction, conduite et entretien des machines à vapeur
en général.
6. Construction des moulins à vent.
7. Construction des moulins hydrauliques.

SÉRIE F.

PROFESSIONS MILITAIRES ET MARITIMES.

6. Guide pratique du **Commandant de navire à vapeur,**
ou Résumé des principales connaissances théoriques et pra-

tiques nécessaires pour bien diriger ces sortes de navires et en tirer tout le parti possible, par M. Aristide VINCENT. Ouvrage enrichi de deux chapitres empruntés, avec l'autorisation de l'auteur, à l'excellent ouvrage intitulé : *Manuel du Gréement et de la Manœuvre*, par M. E. BRÉART, capitaine de frégate. 1 vol., 285 pages et 2 planches.   3 fr.

Ce livre a obtenu un succès mérité : au moment où il a paru, il constituait presque une révélation.

Il nous en reste quelques exemplaires, et les hommes qui veulent se rendre compte des progrès réalisés dans la navigation à vapeur devront consulter l'ouvrage de M. Vincent pour bien connaître le point de départ. Du reste nous préparons, sous le même titre, un nouveau guide qui résumera la science nautique dans ses applications les plus récentes.

En préparation.

3. Artificier et feux d'artifice, par M. THIMISTER.
4. Poudres et salpêtres, par M. VIOLETTE.
9. Topographie marine, le lever du plan d'une côte ou d'une baie, par M. BOITARD.
10. Instruments et calculs nautiques, par le même.

Projetés.

1. Topographie militaire.
2. Pontonnier.
5. Constructions navales.
7. Capitaine au long cours.
8. Maître au cabotage.
11. L'Ingénieur hydrographe, par M. CHAMBEYRON.

SÉRIE G.

PROFESSIONS INDUSTRIELLES.

1. **Guide pratique de Tissage.** — PREMIÈRE PARTIE. Exposé complet de la fabrication des tissus, par M. T. BONA, directeur de l'École de tissage et de dessin industriel de Verviers. 1 vol., 172 pages et 1 atlas de 60 planches.   3 fr.

Ce guide, précédé d'un avant-propos qui esquisse l'histoire du tissage à travers les siècles, fait connaître en détail les opérations multiples que subissent les fils depuis que l'ourdissoir les réunit en trame jusqu'à ce que le métier nous les fasse apparaître sous forme de tissus. Un chapitre spécial nous indique de quelle manière s'obtiennent les tissus soit unis soit façonnés, les étoffes à dessin, les velours et peluches, l'assortiment des couleurs etc.

L'atlas qui accompagne ce guide se compose de 137 figures reproduisant tous les outils, tous les métiers, toutes les machines usités dans le tissage, et nous fait connaître en même temps les armures si diverses par l'emploi desquelles on arrive à exécuter les dispositions et les dessins des tissus.

2. DEUXIÈME PARTIE. Composition des tissus. 1 vol., 172 pages et 1 atlas de 56 planches.   3 fr.

Dans la première parti du *Guide Pratique du tissage*, M. Bona enseigne la manière de produire *bien* et *économiquement*; dans la seconde il apprend à *créer*, c'est-à-dire qu'il s'est efforcé de réunir avec le plus d'ordre et de clarté possible les connaissances que réclame la composition des nouveautés aussi bien sous le rapport du tissu que sous celui des nuances et des dessins.

3. Guide pratique de la **fabrication des Tissus** imprimés, impression des étoffes de soie. Ouvrage accompagné de planches et enrichi de nombreux échantillons, par M. D. KÆPPELIN, chimiste, directeur de fabriques d'impression sur étoffes. Deuxième édition augmentée d'un appendice. 1 vol., 142 p., 1 pl. et nombreux échantillons.   10 fr.

4. Manuel de la **Literie**, par M. Jean DE LATERRIÈRE, manufacturier. 1 vol., 180 pages, avec 14 planches.   2 fr.

Ce manuel contient : 1º la description analytique, le genre de fabrication et le mode de traitement des meubles et objets mobiliers usités dans la literie ; 2º une série d'observations pratiques sur la composition et l'installation des lits dans les hôpitaux.

Quelque aride que paraisse le sujet traité par M. de Laterrière, abstraction faite de son incontestable utilité, l'auteur a su le parsemer de réflexions humoristiques qui font du *Manuel de la literie* une lecture attrayante.

9. Guide pratique de la **connaissance** et de l'**exploitation des Corps gras industriels,** contenant l'histoire des provenances, des modes d'extraction, des propriétés physiques et chimiques, du commerce des corps gras ; des altérations et des falsifications dont ils sont l'objet, et des moyens anciens et nouveaux de reconnaître ces sophistications, par M. Théodore CHATEAU, chimiste, ex-préparateur au Muséum d'histoire naturelle, lauréat de la Chambre de commerce d'Avignon pour le concours des falsifications des garances, lauréat de la Société industrielle de Mulhouse pour les falsifications des corps gras et pour l'analyse des benzines, nitrobenzines et anilines du commerce, directeur du laboratoire d'analyses d'Ivry-sur-Seine (près Paris) ; à l'usage des chimistes, des pharmaciens, des parfumeurs, des fabricants d'huiles, etc., des épurateurs, des fondeurs de suif, des fabricants de savon, de bougie, de chandelle, d'huiles et de graisses pour machines, des entrepositaires de graines oléagineuses et de corps gras, etc. 2ᵉ édition, revue et augmentée. 1 vol., 386 pages ou tableaux, suivi d'un appendice nouveau.   4 fr.

M. Chateau, en publiant la première édition de cet ouvrage, avait eu pour but de donner aux chimistes et aux manufacturiers une histoire aussi complète que possible des corps gras industriels employés tant en France qu'à l'étranger, et considérés au point de vue de leur provenance, de leur extraction, de leur composition, de leurs propriétés physiques et chimiques, de leur commerce et de leurs altérations spontanées ou frauduleuses.

Dans la nouvelle édition publiée dans notre *Bibliothèque*, M. Chateau a ajouté à sa monographie des corps gras un appendice renfermant quelques corrections indispensables et d'importantes additions.

12. Trois sources d'économie de combustibles. Guide pratique du **Constructeur d'appareils économiques de chauffage** pour les combustibles solides et gazeux, traitant des générateurs à gaz fixes et locomobiles, de l'application de la chaleur con-

centrée et du calorique perdu aux chaudières à vapeur et aux fours de toute espèce, à l'usage des ingénieurs, architectes, fumistes, verriers, briquetiers, des forges ; fabriques de zinc, de porcelaine, de faïence, d'acier, de produits chimiques ; des raffineries de sucre, de sel, des industries métallurgiques et autres employant la chaleur ; par M. Pierre FLAMM, manufacturier, auteur d'un ouvrage qui a pour titre *le Verrier au dix-neuvième siècle.* 157 pages et 4 planches.   5 fr.

M. Flamm a pris pour épigraphe de son livre *Non multa sed multum.* Jamais devise n'a été plus fidèlement respectée. Dans ce traité tout est substantiel, rien n'est inutile. Les constructeurs y trouveront des données pratiques et les grands industriels pourront, après l'avoir lu, se rendre compte des qualités que doivent posséder les appareils qu'ils font établir dans leurs usines ou dans leurs fabriques.

23. Guide pratique du **Bijoutier**. Application de l'harmonie des couleurs dans la juxtaposition des pierres précieuses, des émaux et de l'or de couleur, par M. L. MOREAU, bijoutier et dessinateur. 1 vol., 108 pages, avec 2 planches.   1 fr.

Ce petit livre est une protestation hardie contre l'esprit de routine. L'auteur a réuni les données fournies par la science sur l'harmonie et le contraste des couleurs, et, comparant ces données aux observations faites dans la pratique du métier, il a formé une théorie applicable à la bijouterie.

26. Guide pratique du **Joaillier**, ou Traité complet des pierres précieuses, leur étude chimique et minéralogique, les moyens de les reconnaître sûrement, leur valeur approximative et raisonnée, leur emploi, la description des plus extraordinaires et des chefs-d'œuvre anciens et modernes auxquels elles ont concouru, par M. Ch. BARBOT, ancien joaillier, inventeur du procédé de décoloration du diamant brut, membre de plusieurs Sociétés savantes. 1 vol., 567 pages, 3 planches renfermant 178 figures, représentant les diamants les plus célèbres de l'Inde, du Brésil et de l'Europe, bruts et taillés, et les dimensions exactes des brillants et roses en rapport avec leur poids, depuis un carat jusqu'à cent carats.   5 fr.

Écrit tout à la fois pour les praticiens et les gens du monde, ce guide donne, par ordre alphabétique, la description de toutes les pierres précieuses en en indiquant l'aspect, la couleur, la dureté, l'éclat, la pesanteur spécifique, la composition chimique, la forme géométrique, le gisement, l'abondance ou la rareté, l'emploi et le prix.

Un article spécial a été consacré au diamant, la pierre de prédilection de nos jours.

31. Guide pratique, ou l'Art de fabriquer la **Porcelaine**, suivi d'un Vocabulaire des mots techniques et d'un Traité de la peinture et dorure sur porcelaine, par M. F. BASTENAIRE-DAUDENART, ancien manufacturier, auteur de l'*Art de la Vitrification.* — TOME 1er. Terres, moules, broiement, moulage. 403 pages et 3 planches.   5 fr.

32. TOME II. Combustibles, cuisson, émail, dorure et peinture. 1 vol., 443 pages et 1 planche.   5 fr.

Les deux tomes de l'*Art de fabriquer la porcelaine* sont à peu près épuisés.

Nous nous proposons de les remplacer prochainement par un ouvrage dans lequel il aura été tenu compte des perfectionnements artistiques et industriels les plus récents.

35. Guide pratique de la **Fabrication du papier et du carton**, par M. A. PROUTEAUX, ingénieur civil, ancien élève de l'Ecole centrale des arts et manufactures, directeur de la papeterie de Thiers (Puy-de-Dôme). 1 vol., 273 p. et atlas de VII planches doubles gravées sur acier avec leurs légendes en regard.   4 fr.

Après avoir énuméré et classé méthodiquement les diverses matières premières, l'auteur nous initie aux détails de la fabrication et nous décrit les nombreuses transformations que subit le chiffon avant de sortir de la cuve ou de la machine sous forme de papier. Il nous apprend à connaître et à distinguer les différentes espéces de papier, leurs formats, leurs poids, leurs dimensions, et décrit les diverses machines qui constituent le matériel d'une papeterie.

43. Guide pratique du **Parfumeur**, Dictionnaire raisonné des **Cosmétiques et Parfums**, contenant la description des substances employées en parfumerie, les altérations ou falsifications qui peuvent les dénaturer, etc., les formules de plus de 500 préparations cosmétiques, huiles parfumées, poudres dentifrices, épilatoires; eaux diverses, extraits, eaux distillées, essences, teintures, infusions, esprits aromatiques, vinaigres et savons de toilette, pastilles, crèmes, etc. Ouvrage entièrement nouveau présentant les considérations hygiéniques sur les préparations cosmétiques qui peuvent offrir des dangers dans leur emploi, par M. le docteur Adolphe-Benestor LUNEL, chimiste, membre des Académies impériales des sciences de Caen, Chambéry, etc., ancien professeur de chimie et d'histoire naturelle, etc. 1 vol., 215 pages.   5 fr.

44. Guide pratique de l'**Épicerie**, ou Dictionnaire des denrées indigènes et exotiques en usage dans l'économie domestique, comprenant : l'étude, la description des objets consommables ; les moyens de constater leurs qualités, leur nature, leur valeur réelle ; les procédés de préparation, d'amélioration et de conservation des denrées, etc., contenant en outre la fabrication des liqueurs, le collage des vins, etc.; enfin les procédés de fabrication d'une foule de produits que l'on peut ajouter au commerce de l'épicerie, par le docteur Benestor LUNEL, membre de plusieurs sociétés savantes. 1 vol. de 256 pages.   2 fr.

Nous n'avons rien à ajouter aux titres de ces deux ouvrages qui indiqueront leur utilité. Nous devons seulement constater que le docteur Lunel a consciencieusement rempli le cadre qu'il s'était tracé.

50. Traité de la fabrication des **Liqueurs** françaises et étrangères sans distillation. 3ᵉ édition, augmentée de développements plus étendus, de nouvelles recettes pour la fabrication des liqueurs, du kirsch, du rhum, du bitter, la préparation et la bonification des eaux-de-vie et l'imitation de celles de Cognac, de différentes provenances, de la fabrication des si-

rops, etc., etc., par M. L.-F. Dubief, chimiste œnologue. 1 vol., 288 pages.   4 fr.

Ce traité est formulé en termes clairs et familiers ; la personne la moins expérimentée dans l'art du distillateur qui en lira attentivement les préceptes, pourra sans autre guide devenir un bon fabricant après quelques essais.

60. **Guide pratique de l'Essai et du dosage des huiles** employées dans le commerce ou servant à l'alimentation, des savons et de la farine de blé ; manuel pratique à l'usage des commerçants et des manufacturiers, par Cyrille Cailletet, pharmacien de première classe, etc. 1 vol., 104 pages.   3 fr.

Ce guide décrit avec clarté des procédés nouveaux et pratiques pour découvrir la sophistication des huiles, pour l'analyse prompte des savons, et pour l'essai commercial de la farine de blé. Les procédés de M. Cailletet ont à leur tour subi la pierre de touche de l'expérience ; la Société industrielle de Mulhouse a couronné en 1857 et en 1859 le dosage des huiles mélangées et celui des savons. La Société des arts, sciences et belles-lettres de Paris a couronné en 1855, l'essai de la farine de blé.

Sous presse.

10. **Guide pratique de l'Ouvrier mécanicien**, ou Mécanique de l'atelier, par M. A. Ortolan, mécanicien principal de la marine impériale, professeur à l'École impériale navale, auteur d'un Traité de machines à vapeur marines et d'un Cours approuvé par S. Exc. le Ministre de la marine. 1 vol., avec planches et figures dans le texte.

11. **Guide pratique du Forgeron** et de l'ouvrier forgeron, par MM. Ortolan et Mangin :

    1° Fabrication et emploi de l'outillage ;
    2° Fabrication des pièces de forges ;
    3° Essais et emplois des métaux en usage dans les travaux de forges.

46. **Guide pratique du Saulnier**, par le comte A. d'Adhémar. 1 vol.

En préparation.

  7. Fabrication des couleurs, par M. Barreswil.
  8. Fabrication des vernis, par M. Violette.
14. Menuisier modeleur, par M. Guettier.
20. Fondeur et mouleur, par M. Guettier.

33. Fabrication de la faïence, par M. F. Bastenaire-Daudenart. Cet ouvrage est aujourd'hui épuisé ; il sera prochainement publié une nouvelle édition complétement refondue par un autre auteur.

  36. Imprimeur-typographe.
  37. Imprimeur-lithographe et en taille-douce.
  38. Charbonnage, fabrication du coke, charbon de tourbe, etc.
  39. Fabrication du gaz.
  40. Fabrication des bougies et chandelles.

41. Huiles.
42. Fabrication des savons.
52. Distillation des eaux-de-vie de toute provenance et fabrication des liqueurs fermentées en général, par M. DUBIEF.

Projetés.

5. Teinturier et préparation des matières tinctoriales.
6. Blanchiment et blanchissage, buanderie.
13. Menuiserie.
15. Ebéniste.
16. Tourneur en bois.
17. Sculpteur-décorateur.
18. Serrurier.
19. L'ajusteur et tourneur en métaux.
21. Ferblantier.
22. Chaudronnier.
24. Horloger-mécanicien.
25. Graveur.
27. Luthier.
28. Fabrication des instruments d'acoustique.
29. Facteur des instruments de musique.
30. Vitrification.
34. Peinture sur verre et sur porcelaine.
45. Meunerie et Boulangerie.
47. Amidonnier.
48. Cuisinier.
49. Sommelier.
51. Pâtissier.
53. Fabrication des bières.
54. Pharmacien.
55. Fabrication du sucre.
56. Raffinage.
57. Chocolatier, confiseur, etc.
58. Pharmacien-droguiste.
59. Brocheur, relieur et cartonnier.
61. Traité pratique de la conservation des bois.
62. Guide pratique de l'usage et de l'entretien des instruments de précision.

SÉRIE H.

AGRICULTURE, JARDINAGE, HORTICULTURE, EAUX ET FORÊTS, — CULTURES INDUSTRIELLES, ANIMAUX DOMESTIQUES, APICULTURE, PISCICULTURE, ETC.

2. Guide pratique d'**Agriculture**. Traité élémentaire, par M. H. HERVÉ DE LAVAUR, propriétaire agriculteur, membre

de la Société d'agriculture et d'horticulture de Châlon-sur-Saône, etc., etc. 1 vol., 236 pages.   2 fr.

L'auteur a réuni dans ce traité élémentaire des notes de culture pratique rédigées pendant une expérimentation de vingt ans. Ce livre est riche de faits consciencieusement observés.

5. Guide pratique pour le bon **Aménagement des animaux, écuries et étables**, par Eugène GAYOT, membre de la Société impériale et centrale d'agriculture. 1 vol., 208 pages avec 64 figures dans le texte.   3 fr.

Aucun animal ne saurait être développé dans ses facultés natives, dans ses aptitudes propres, et produire activement dans le sens de ces dernières, si on ne le place dans les meilleures conditions d'alimentation, de logement, de multiplication. M. Gayot, avec l'autorité d'une longue expérience, a réuni dans ce guide les conditions générales d'établissement et les dispositions particulières aux diverses espèces d'animaux.

7. Guide pratique de la construction, de l'emploi et de la conduite des **Machines agricoles** en général et des **Machines à vapeur rurales** en particulier, par M. Jules GAUDRY, ingénieur au chemin de fer de l'Est, membre du jury international du concours universel agricole de 1856, du concours régional de Versailles en 1858, etc. 1 vol., 100 pages.   1 fr.

8. Guide pratique de **Drainage**, résultats d'observations et d'expériences pratiques faites par M. C.-E. KIELMANN, directeur de l'Ecole agricole de Haasenfeld (Prusse), et publiées à l'usage des agriculteurs français, par C. HOMBOURG. 1 vol., 104 pages avec figures dans le texte.   1 fr.

La plupart des ouvrages publiés sur le drainage sont le résultat d'études théoriques que l'expérience n'a pas encore sanctionnées. M. Kielmann est entré dans une autre voie : il n'a eu recours a la théorie qu'autant que cela était nécessaire pour expliquer certains phénomènes. Comme il le dit dans sa préface : il voulait offrir à ceux qui commencent à s'occuper du drainage et même au simple paysan un manuel tel que le lecteur pût dire, après l'avoir parcouru : C'est facile à comprendre, désormais je pourrai travailler. — Ce but, le succès du *Guide pratique du drainage* le prouve, a été largement atteint.

9. Guide pratique de **Chimie agricole**. Leçons familières sur les notions de chimie élémentaire utiles au cultivateur, et sur les opérations chimiques les plus nécessaires à la pratique agricole, par M. N. BASSET, auteur de plusieurs ouvrages d'agriculture et de chimie appliquée. 1 vol., 536 pages avec figures dans le texte.   3 fr.

L'auteur, laissant de côté les grands mots et les formules scientifiques, a cherché, avant tout, à se rendre intelligible à tous. Dans une série de leçons familières, après avoir prouvé la nécessité de la chimie pour l'agriculcultupe, il a successivement traité de l'analyse des sols, des amendements, de la composition des plantes, de celle des animaux, de quelques industries agricoles, etc. Des observations succinctes et des notions intéressantes sur divers sujets complètent cette *Chimie agricole*.

17. Guide pratique de l'éducation lucrative des **Lapins**, ou Traité de la race cuniculine, suivi de l'Art de mégisser leurs peaux et d'en confectionner des fourrures, par M. MARIOT-

Didieux, vétérinaire en premier attaché aux remontes de l'armée, membre de plusieurs sociétés savantes. 1 v., 162 p.   2 fr.

L'industrie de l'éducation de la race cuniculine est créée et elle marche vers le progrès. C'est dans le but de la voir se propager dans les campagnes comme une des industries peut-être les plus propres à tarir les sources du paupérisme et de la misère que l'auteur a publié cette nouvelle édition de son *Guide pratique* en l'enrichissant d'un grand nombre de données nouvelles. En résumé l'auteur démontre qu'aucune viande ne peut être produite à aussi bon marché que celle du lapin.

18. Guide pratique de l'éducation lucrative des **Poules**, ou Traité raisonné de Gallinoculture, par le même. 1 volume, 444 pages.   3 fr. 50

L'éducation, la multiplication et l'amélioration des animaux qui peuplent les basses-cours ont fait depuis une quinzaine d'années de notables progrès. Répondant à un besoin de l'économie domestique, l'auteur de ce guide pratique a voulu faire un traité complet de gallinoculture dans lequel, après des considérations historiques, anatomiques et physiologiques sur les poules, il décrit les caractères physiques et moraux de quarante-deux races, apprend à faire un choix parmi ces races si diverses, et indique les moyens de conservation et de multiplication des individus. Des chapitres spéciaux sont consacrés aux maladies, à la pharmacie galinée, à la statistique des poules et des œufs de la France, etc.

19. Guide pratique de l'éducation lucrative des **Oies** et des **Canards**, par le même. 1 vol., 180 pages, avec de nombreuses figures dans le texte.   1 fr. 50

Ces deux monographies sont à la fois utiles, instructives et amusantes. L'auteur décrit les mœurs particulières de chaque espèce et indique le genre de nourriture favorable à leur multiplication, et propre à donner des bénéfices aux éleveurs. Toutes ces notions, encadrées de données historiques, d'anecdotes, de réflexions philosophiques, offrent une lecture des plus attrayantes.

20. Guide pratique du **Pisciculteur**, par M. Pierre Carbonnier, pisciculteur, fabricant d'appareils à éclosion, membre de la section des poissons de la Société impériale d'acclimatation et de plusieurs Sociétés savantes, etc. 1 vol., 200 pages, avec nombreuses figures dans le texte.   2 fr.

Ce n'est pas comme un théoricien ou un savant systématique que M. Carbonnier se présente à ses lecteurs : ce sont les résultats pratiques qu'il a obtenus dans la *piscifacture* construite et exploitée par lui à Champigny qui lui donnent le droit d'indiquer les méthodes et les systèmes qui ont le mieux réussi, c'est-à-dire qui lui ont donné les résultats les plus profitables. Le *Traité de pisciculture* est suivi d'une notice sur les poissons d'eau douce qui vivent dans nos climats, leurs formes, leurs habitudes, enfin les particularités relatives à la culture artificielle de chacun d'eux. Un appendice est consacré aux *aquarium* d'appartement.

21. Guide pratique du **Chasseur médecin**, ou Traité complet sur les maladies du chien. par M. Francis Clater, vétérinaire anglais ; traduit de l'anglais sur la 27e édition. 3e édition française, corrigée et augmentée, par M. Mariot-Didieux, vétérinaire en premier attaché aux remontes de l'armée, etc. 1 vol., 189 pages.   2 fr.

La mention que ce livre a eu en Angleterre vingt-sept éditions dispense de tout commentaire. Le guide que nous avons placé dans notre Bibliothèque en est la troisième édition française. M. Mariot-Didieux, le savant vétérinaire, en acceptant la révision de cette édition, s'est attaché à supprimer dans le texte original des formules; trop compliquées, d'en simplifier d'autres et d'en ajouter de nouvelles. Ainsi entièrement refondu, l'ouvrage est véritablement un traité complet sur les maladies du chien, traité auquel un chapitre sur l'art de mégisser les peaux pour en faire des tapis, sert de complément.

23. Guide pratique du **Vétérinaire** et du **Maréchal** pour le ferrage des chevaux et le traitement des pieds malades, par M. Joseph Godwin, médecin - vétérinaire des écuries de Sa Majesté Britannique ; traduit de l'anglais. 1 vol., 244 pages et 3 planches. 2 fr.

L'auteur de ce guide, praticien profond et expérimenté, a partout substitué les bonnes pratiques aux funestes errements de la routine ; c'est surtout vers l'amélioration de la ferrure que se sont dirigés ses efforts. Les résultats qu'il recommande sont ceux d'une longue expérience, appuyée sur des faits mûrement discutés et comparés.

25. Guide pratique d'**Apiculture** (culture des abeilles), cours professé au jardin du Luxembourg par M. Hamet, apiphile, directeur de l'Apiculteur et des conférences agricoles du Jardin d'acclimatation au bois de Boulogne, etc., etc. 1 vol., 328 pages et 106 figures dans le texte. 2e édit.; nouveau tirage. 3 fr.

Cet ouvrage est l'exposé des meilleures méthodes employées par les bons praticiens ; l'on n'y trouvera donc ni système personnel, ni invention de ruche exclusivement préconisée par l'auteur. Voici les titres généraux de ce guide : Connaissance ou histoire naturelle des abeilles; produits recueillis par elles; leur architecture, travaux et soins intérieurs; essaimage; réunion des essaims; maladie et ennemis des abeilles; des ruches ; leur confection; du rucher; travaux à exécuter pendant le cours de l'année; manipulation des produits des abeilles.

28. Manuel pratique de **Culture maraîchère**, par M. Courtois-Gérard, marchand grainier, horticulteur. 4e édition, augmentée d'un grand nombre de figures et de plusieurs articles nouveaux. Ouvrage couronné d'une médaille d'or par la Société impériale et centrale d'agriculture, d'une grande médaille de vermeil par la Société impériale et centrale d'horticulture. 1 vol., 396 pages et figures dans le texte. 3 fr. 50

Outre les récompenses honorifiques qui viennent d'être mentionnées, l'auteur de ce manuel a obtenu une attestation qui garantit la valeur de son travail aux yeux du public, en même temps qu'elle constate l'exactitude de ses recherches et l'utilité des notions renfermées dans son ouvrage. Cette attestation émane de vingt-cinq jardiniers-maraîchers de la ville de Paris qui, après avoir entendu la lecture du travail de M. Courtois-Gérard, déclarent qu'ils lui donnent toute leur approbation, comme étant conforme aux bonnes méthodes de culture en usage parmi eux, et autorisent l'auteur à le publier sous leur patronage.

Cette nouvelle édition a été augmentée d'un chapitre sur la culture des porte-graines et d'un vocabulaire maraîcher.

38. Guide pratique de la **culture de l'Olivier**, son fruit et son huile, par M. Joseph Reynaud (de Nîmes), négociant et manufacturier. 1 vol., 300 pages. 3 fr.

Ce livre est le fruit de trente-cinq années de durs travaux, de longues veilles, de nombreux voyages, de recherches patientes, de minutieuses expériences : aussi a-t-il été l'objet de nombreuses distinctions, et les procédés de M. J. Raynaud n'ont pas tardé à être pratiqués chez un grand nombre d'extracteurs d'huile.

Voici l'ordre des matières traitées dans ce guide : Origine, légendes, tradition de l'olivier; emploi, usages de ses produits; limites géographiques; description, culture, maladies; olives; comestibles; fabrication de l'huile; expériences diverses; statistiques.

L'ouvrage est terminé par des notes diverses sur l'agriculture.

41. Manuel pratique de **Jardinage**, contenant la manière de cultiver soi-même un jardin ou d'en diriger la culture, par M. Courtois-Gérard, marchand grainier, horticulteur. 6ᵉ édition. 1 vol., 396 pages et 1 planche.   3 fr. 50

Nous renvoyons à la note accompagnant le n° 28 (*Manuel de culture maraîchère*) pour les titres de M. Courtois-Gérard à la confiance publique. Dans le *Manuel du jardinier*, les jardiniers de profession trouveront des conseils, des détails nouveaux et des renseignements pratiques qu'ils peuvent ignorer ; le propriétaire et l'amateur de jardin y puiseront des instructions précises et claires, qui leur éviteront toute espèce de méprises et d'erreur.

Cette sixième édition a été considérablement augmentée.

45. Guide pratique du **Tracé** et de l'ornementation des **jardins d'agrément**, par T. Boxa, ancien architecte, directeur de l'Ecole de dessin industriel de Verviers. 1 vol. de 334 pages. 3ᵉ édition, complétement refondue et ornée de 238 figures.   2 fr. 50

Abandonnant les anciennes théories, l'auteur est parti du principe que si l'on veut obtenir un ensemble agréable, il faut étudier le terrain dont on dispose, s'impressionner de ses divers aspects, et se borner ensuite à l'embellir par des créations conformes à sa situation et en parfait accord avec son caractère naturel. L'auteur n'admet pour les jardins d'agrément que trois grandes divisions : le parc ou jardin paysager, le jardin symétrique, le jardin mixte; cette réduction simplifie singulièrement l'étude de l'art d'orner les jardins.

47. Guide pratique de la **Taille du rosier**, sa culture, ses belles variétés, par Eugène Forney, professeur d'arboriculture à l'amphithéâtre de l'Ecole de médecine, membre professeur de l'Association philotechnique, etc. 1 vol., 208 pages et figures dans le texte.   2 fr.

Ce guide est le résumé des leçons faites par l'auteur sur la taille du rosier à l'amphithéâtre de l'Ecole de médecine, suivi d'un traité sur la culture de ce bel arbrisseau. Cet ouvrage, comme le dit M. Forney, est une œuvre de bonne foi, c'est-à-dire la recherche autant que possible du bon, du vrai et du simple. Comme tout amateur qui n'a pas possédé, aux débuts de l'étude sur la taille, cette routine qui trop souvent tient lieu de savoir-faire, il lui a suffi de se rappeler les difficultés des commencements pour chercher à les aplanir aux personnes étrangères à l'arboriculture. C'est le fruit des efforts de M. Forney pour arriver à la vulgarisation des bons procédés de taille que nous offrons au public.

48. Guide pratique de l'**Acclimatation des animaux domestiques**. Etude des animaux destinés à l'acclimatation, la naturalisation et la domestication : Animaux domestiques, méthodes de perfectionnement, mammifères, oiseaux, poissons, insectes, vers à soie ; précédée de Considérations générales sur les climats, de l'Exposé des diverses classifications d'histoire naturelle, etc., pouvant servir de *Guide au Jardin d'acclimatation* ; par M. le docteur B. Lunel, ancien professeur d'histoire naturelle, membre de plusieurs Sociétés savantes. 1 vol., 188 pages, avec figures dans le texte.   2 fr.

M. le docteur Lunel a résumé d'une manière concise dans ce guide les notions concernant l'acclimatation disséminées dans un grand nombre d'ouvrages volumineux. Ce livre sera consulté avec fruit par toutes les personnes qu'intéresse la grande question de l'acclimatation.

52. Richesse de l'agriculture.— Guide pratique de la **Vidange agricole**, à l'usage des agronomes, propriétaires et fermiers. Description de moyens faciles, économiques, salubres et pratiques, de recueillir, de désinfecter et d'employer utilement en agriculture l'engrais humain, par M. J.-H. TOUCHET, chef de service à la Compagnie Richer. 1 vol. de 88 p., avec figures dans le texte.   1 fr.

Les pages de M. Touchet sont riches en enseignements : son guide, en ce qui concerne les vidanges et les différentes manières d'employer l'engrais humain, est le résumé des meilleures méthodes pratiquées actuellement. Les constructeurs, les entrepreneurs, les propriétaires, les fermiers y trouveront tous des indications utiles.

Sous presse.

3. Guide pratique de l'**Ingénieur agricole**, hydraulique, desséchement, drainage, irrigations, etc., par Jules LAFFINEUR, ingénieur civil et agronome, membre de la Société académique de l'Oise, de plusieurs Sociétés d'agriculture, de drainage, rédacteur fondateur des *Annales du Génie civil*. 1 vol. avec planches.

32. Guide pratique de la **Culture des prairies naturelles**, par M. E. GOBIN, directeur de la colonie agricole du Val d'Yèvres.

33. Guide pratique de la **Culture des prairies artificielles**, par le même.

34. Guide pratique du **Défricheur de landes**, par Jules RIEFFEL, directeur de la colonie agricole de Grandjouan.

42. Guide pratique de la **Culture de l'osier**, ses propriétés, ses divers emplois, par LE DOCTE. 1 vol. avec figures dans le texte.

43. Guide pratique de la **Culture du coton**, par M. SICARD, auteur de la *Monographie du Sorgho*.

49. Guide pratique d'**Entomologie agricole**, avec figures, par H. GOBIN.

50. Guide pratique de **Physiologie végétale**, appliquée à l'agriculture et à l'horticulture, par M. Léon LEROLLES, propriétaire à Marseille.

En préparation.

1. Education agricole dans les Ecoles primaires, par M. **MARIOT-DIDIEUX**.

10. Fabrication, choix et emploi des engrais, par M. **PAULET**.
11. Guide pratique d'analyses, par M. **POURIAUX**.
12. Elevage des chevaux, par M. **MARIOT-DIDIEUX**.
35. Culture du sorgho, par M. **SICARD**.

Projetés.

4. L'ingénieur agricole. Constructions.
6. L'ingénieur agricole. Construction des serres.
13. Du choix des bœufs.
14. — des vaches laitières.
15. — des moutons.
16. — des porcs.
22. Élevage et entretien des oiseaux de volière.
24. Le berger.
26. Sériciculture.
27. Animaux de basse-cour en général.
29. Fabrication du fromage.
30. Laiterie et fabrication du beurre.
31. Culture des céréales.
36. — du tabac.
37. — du mûrier.
39. — du houblon.
40. — de la vigne.
44. De la culture et de l'aménagement des forêts.
46. Jardinier-fleuriste.
51. Pépiniériste.

SÉRIE I.

ÉCONOMIE DOMESTIQUE, COMPTABILITÉ, LÉGISLATION, MÉLANGES.

1. Guide pratique de la **fabrication des vins factices** et des boissons vineuses en général, ou Manière de fabriquer soi-même les vins, cidres, poirés, bières, hydromels, piquettes et toutes sortes de boissons vineuses, par des procédés faciles, économiques et des plus hygiéniques, par M. L.-F. DUBIEF, chimiste, auteur de plusieurs ouvrages qui ont mérité les honneurs de la réimpression en France et à l'étranger. 1 v., 72 pages. 1 fr. 50

L'auteur a publié ce petit ouvrage, non-seulement pour venir en aide aux personnes économes, mais encore, et plus, pour celles dont l'économie est une nécessité. Si elles suivent les prescriptions qui y sont indiquées elles peuvent être assurées de bien fabriquer elles-mêmes et avec facilité toutes sortes de vins, bières, cidres, etc.

2. Guide pratique d'**Economie domestique**, publié sous forme de dictionnaire, contenant des notions d'une application journalière, chauffage, éclairage, blanchissage, dégraissage, préparation et conservation des substances alimentaires, boissons,

liqueurs de toutes sortes, cosmétiques, soins hygiéniques, médecine, pharmacie, etc., etc., par M. le docteur B. LUNEL, mé-
decin-chimiste, etc. 1 vol., 227 pages.   1 fr.

L'économie domestique, longtemps dédaignée, est élevée aujourd'hui au rang
de science. Le guide de M. le docteur Lunel, sous la forme commode de
dictionnaire, constitue une véritable encyclopédie de cette science nouvelle.

14. Guide pratique d'**Hygiène** et de **Médecine usuelle**,
complété par le traitement du choléra épidémique, par le docteur B. LUNEL, chimiste, membre des Académies impériales
des sciences de Caen, etc., ancien médecin commissionné pour
les épidémies, etc. 1 vol., 209 pages.   1 fr.

Ce livre ne s'adresse à aucune spécialité de lecteurs et convient à tout le
monde. Il se subdivise en hygiène privée et en hygiène publique. Dans la
première partie, l'auteur examine dans quelle mesure l'homme qui veut conserver sa santé doit, selon son âge, sa constitution et les circonstances dans
lesquelles il se trouve, user des choses qui l'environnent et de ses propres
facultés, soit pour ses besoins, soit pour ses plaisirs. Dans le second, il s'occupe de tout ce qui concerne la salubrité publique. Un chapitre spécial est
consacré à la médecine des accidents.

16. Manuel pratique d'**Ethnographie**, ou Description des races
humaines ; les différents peuples, leurs caractères naturels,
leurs caractères sociaux ; divisions et subdivisions des différentes races humaines, par M. J. D'OMALIUS D'HALLOY. 5e édition, 1 vol., 127 pages, avec 1 planche.   2 fr.

Après avoir exposé les principes généraux de l'ethnographie, l'auteur décrit les races, rameaux, familles et peuples que l'on distingue dans le genre
humain. Le *Manuel d'ethnographie* est terminé par des tableaux synoptiques
présentant les diverses divisions, avec l'indication approximative de la force
de chaque peuple et de la distribution des familles dans les cinq parties de la
terre. Cet ouvrage est accompagné de nombreuses notes dans lesquelles
l'auteur discute les diverses questions sur lesquelles il ne partage pas les
opinions de la plupart des ethnographes.

17. Guide pratique de **Sténographie**, par M. Charles TONDEUR.
23e édition. 1 volume.   1 fr.

Ce n'est point un système nouveau que M. Tondeur a voulu introduire,
c'est une méthode ecclectique qui renferme en elle ce qu'il y a de plus
simple et de plus heureux dans tous les autres systèmes. La sténographie de
M. Tondeur est à sa *vingt-troisième* édition.

En préparation.

12. Voyageurs et service commercial des chemins de fer, par
M. PALAA.
13.   Personnel des chemins de fer, par le même.

Projetés.

3. Comptabilité manufacturière.
4.   —   agricole.
5. Législation industrielle.
6.   —   commerciale.
7. Guide pratique de Législation agricole.
8. Géographie commerciale.

9. Géographie industrielle.
10. Choix d'une profession.
11. Droit usuel.
15. Maires et adjoints.
18. Électricité médicale.

MODE DE SOUSCRIPTION

à la Bibliothèque des Professions industrielles et agricoles.

Toutes les personnes qui désirent se procurer un ou plusieurs des ouvrages publiés sont priées de nous le faire savoir par la désignation du numéro de la série, et de nous en envoyer le montant par une valeur à vue sur Paris, ou un mandat sur la poste. Elles recevront en échange et *franco*, pour la France et l'Algérie, l'objet de leur demande par le retour du courrier.

Nous prions également les personnes qui pourraient s'intéresser à cette publication de nous désigner les ouvrages qu'elles désireraient acquérir parmi ceux qui ne sont pas encore imprimés; ce sera pour nous une indication précieuse pour l'ordre de publication à donner à ces différents volumes.

Nous ne recevons que les demandes ou communications qui nous parviennent par lettres affranchies.

L'Éditeur, Eugène LACROIX.

M. E. Lacroix a toujours, outre les livres de son fonds, un assortiment aussi complet que possible de toutes les publications qui intéressent MM. les Ingénieurs et Architectes, MM. les Chefs d'usines industrielles et d'exploitations agricoles, MM. les Élèves des Écoles polytechnique et professionnelles.

Il envoie son Catalogue complet contre la réception de 1 franc en timbres-poste.

Il expédie, soit en France, soit à l'étranger, toutes les demandes accompagnées d'un mandat sur la poste ou d'un effet à vue sur Paris.

Il imprime, soit pour son compte, soit pour le compte des auteurs, et il reçoit en dépôt tous les ouvrages de sa spécialité (science, industrie, architecture, beaux-arts, agriculture, etc.).

Il publie tous les trois mois la Bibliographie de tous les ouvrages de sciences industrielles et d'agriculture imprimés en France et en Belgique, pendant le trimestre écoulé. Prix du numéro : 25 c.

Paris. — Typographie BRENUYER ET FILS, rue du Boulevard, 7.

GUIDE PRATIQUE

D'ENTOMOLOGIE AGRICOLE

Paris. — Typographie HENNUYER ET FILS, rue du Boulevard, 7.

BIBLIOTHÈQUE DES PROFESSIONS INDUSTRIELLES ET AGRICOLES.

Série H, N° 49.

GUIDE PRATIQUE

D'ENTOMOLOGIE AGRICOLE

ET

PETIT TRAITÉ

DE LA

DESTRUCTION DES INSECTES NUISIBLES

PAR H. GOBIN

PARIS

LIBRAIRIE SCIENTIFIQUE, INDUSTRIELLE ET AGRICOLE

Eugène LACROIX, éditeur

LIBRAIRE DE LA SOCIÉTÉ DES INGÉNIEURS CIVILS

15, quai Malaquais, 15.

—

1865

PRÉFACE.

L'intention qui m'a guidé quand j'écrivais ce livre, ira sans doute, avec beaucoup d'autres, paver l'enfer.

Qu'elle suive donc la route qui y mène ! Dans le fossé qui détermine la culbute finale, elle trouvera grande et joyeuse compagnie.

Mais si monsieur Cerbère lui faisait, à son entrée dans la géhenne, l'honneur de lui montrer les dents d'une façon par trop incivile, que la présente préface remplace pour lui le soporifique gâteau dont Orphée fit usage.

Pour te désarmer, cher Cerbè..., pardon, cher lecteur, voulais-je dire, reçois l'aveu de mes péchés et pardonne-moi, — si tu veux. — J'ai sur la conscience : 1° d'avoir touché à la science, n'étant pas un savant (tu t'en apercevras de reste) ; 2° d'avoir, sans plus de façons, jeté une cape de paysanne sur le riche costume de l'Entomologie, et, sous cet informe vêtement, caché ses formes imposantes, habile mensonge où le grec et le latin jouent le rôle de la ouate.

Ce déguisement est assez dans le goût du jour ; mais depuis que dure ce carnaval, on a pu remarquer qu'il y avait dans ce genre des spécialités. Aussi, ai-je peur que mon domino rustique paraisse trop peu diaphane. Dame ! il est vrai que le temps n'est plus où les bergères portaient des robes de soie et daignaient épouser des rois. A notre époque prosaïque, je te jure que Vénus, elle-même, vêtue... en Normande, n'inspirerait à aucun poëte le « *vera patuit incessu dea* » de Virgile.

Que ceci te serve d'avertissement, ô bienveillant lecteur !

Nous allons patauger en pleine prose, nous nous mettrons à quatre pattes pour voir nos sujets d'étude de plus près, et si nous nous émancipons jusqu'à quitter le sol, des deux pieds à la fois, — sois tranquille, — notre équipée aérienne n'ira pas plus haut que le vol d'un..... hanneton..... Nous n'essayerons pas de débrouiller le chaos des classifications, — n'aie pas peur, — et, quant à tout l'attirail scientifique, nous l'accrocherons à la panoplie où sont déjà pendus la massue d'Hercule, l'épée de Scanderberg et l'arc d'Ulysse, — tous engins trop forts pour nous. Enfin, nous adopterons pour principe d'être toujours simple, — même au point de nous tromper, plutôt que de recourir aux ressources qu'offre toujours, en cas d'embarras, le pathos scientifique.

Après m'être accusé, je ne puis plus employer un moyen fort connu pour désarmer le lecteur, et qui consiste à se critiquer soi-même. — Ce serait trop d'humilité, n'est-ce pas?

J'aime mieux lui laisser cette petite vengeance, mince compensation de l'ennui que lui causera la lecture de ce livre, et finir comme les comédies espagnoles, par ces mots sacramentels :

Public! pardonne les fautes de l'auteur.

1er février 1865.

GUIDE PRATIQUE

D'ENTOMOLOGIE AGRICOLE

LETTRE I.

D'UN PESSIMISTE A M. A***, MILLIONNAIRE, A B***

12 janvier 1863.

. . . .

Maintenant que j'ai mis un nombre raisonnable de kilomètres entre la Capoue où tu gîtes et mes alternatives et mes combats, entre le moi charnel qui se sentait près de succomber aux tentations ambitieuses et cet autre moi qui niait les jouissances de la fortune, — maintenant, donc, je commence à pouvoir raisonner des effets et des causes.

Vraiment, tu m'as ébloui ; l'auréole de millions qui te sert de cadre m'aveuglait au point que j'ai failli te prendre pour le fils du soleil, ou pour un frère cadet de l'empereur des Chinois.

Maintenant le charme est rompu. — A la distance où je suis, il ne reste de toute cette splendeur que la lueur crépusculaire qui succède à l'embrasement du couchant. Ceci a besoin d'explications ; les voici : Hier au soir nous causions au coin du feu : tu posais dans ton fauteuil comme un grand homme de bronze sur un piédestal de granit, et j'écoutais tes paroles comme autant d'oracles destinés à la postérité ; tu daignais te rappeler le temps où nos propriétés étaient situées en Espagne, où nos châteaux, ouverts à la pluie du ciel, branlaient à tous les vents. Tu me rappelais aussi que, par prudence sans doute, nous cherchions, chaque soir, un gîte chez quelque belle étoile ; puis vint le dénombrement de ces étoiles, accompagné de leurs litanies, long chapelet que nous égrenions gaiement. Pourquoi avoir opposé à ces souvenirs joyeux une froide situation de la vie présente ?... Un mot, un seul mot suffit pour te renverser du piédestal où tu trônais à mes yeux et pour te faire redescendre au rang des simples mortels. « Ce matin, disais-tu, j'ai renvoyé mon fermier, je veux cultiver moi-même. »

Ainsi, c'est bien entendu, tu vas devenir agriculteur, tu vas cultiver toi-même, aussitôt le bail de tes fermiers expiré. Tu vas planter, quoi ? récolter, quoi ? par quels moyens ? Est-ce dans les villes, au Palais ou à la Bourse que tu as appris l'agriculture ? Tu étais propriétaire, gros propriétaire, grand propriétaire, c'est-à-dire que tu pouvais faire le grand seigneur russe et manger tes paysans à Paris, et tu changes le paradis contre un enfer ! Insensé ! Tu veux toucher à la charrue, — prends garde. — Les Anglais ont de la mort de leur roi Charles fait un proverbe qui est de circonstance : « Ne touchez pas à la hache ! »

Voyons, de bonne foi, as-tu donc, pauvre conscrit, l'espérance de sortir de ce défilé où tant de capitaines ont péri ?

Et puis, sais-tu qu'autour de toi tous ceux qui auraient pu devenir tes amis vont être tes rivaux, presque tes ennemis? Sais-tu que la routine va se soulever tout entière contre toi? (Je crois te connaître assez pour te savoir partisan des idées nouvelles.) Sais-tu que tu vas vivre au milieu d'une nature ennemie, comme autrefois les colons défrichant, pour s'y établir, les forêts du nouveau monde?

. Ecoute plutôt! D'abord les paysans voueront à tes innovations une haine dont une bonne part retombera sur toi; les plus pauvres te pilleront comme pays conquis, et les gros bonnets te dénigreront en plein conseil municipal. Ceci n'est rien, — passons.

Toute la création, je te l'ai dit, se lèvera contre toi. Il est décidé parmi les lapins qu'on va, sans plus tarder, attaquer tes taillis. Les chevreuils doivent fourrager tes récoltes; les granivores à poils et à plumes vont décimer tes épis. Quand les gelées auront bien brûlé tes vignes, la grêle viendra hacher ce qui restera des bourgeons. Tu as des terres dans le val de la Loire, je crois; prends garde aux inondations!

Ce n'est pas tout. Cette guerre-là elle se fait ostensiblement, on voit l'ennemi, on sait à qui on a affaire. Puis, après tout, les combattants ne sont pas trop nombreux.

Mais je t'annonce que tu as une armée campée sur tes terres; qu'en dis-tu? Elle se nombre par millions. Ils ne sont pas gros individuellement, les combattants, mais ils sont tenaces et voraces. De plus, ces ennemis-là ce sont des brigands sans feu ni lieu, qui renaissent comme les têtes de l'hydre à mesure qu'on les tranche, et qu'on ne peut guère chasser de chez soi. Ils sont aussi propriétaires que toi, après tout; où tu es, ils y étaient avant toi, ils y seront après toi, et même malgré toi, je crois qu'ils y seront tant que tu y seras. Et toujours ils te feront la guerre. Prends garde à ton scalp!

« Le génie de l'homme, disait, en 1861, M. Bonjean dans un rapport au Sénat, peut mesurer le cours des astres, percer les montagnes, faire marcher un navire contre la tempête ; les monstres des forêts, il les tue ou les soumet à ses lois ; mais devant ces myriades d'insectes, qui, de tous les points de l'horizon, viennent s'abattre sur ces champs cultivés avec tant de sueurs, sa force n'est que faiblesse. Son œil n'est pas assez perçant pour apercevoir seulement la plupart d'entre eux ; sa main est trop lente pour les frapper, et d'ailleurs quand il les écraserait par millions, ils renaîtraient par milliards. D'en haut, d'en bas, à droite, à gauche, leurs innombrables légions se succèdent et se relayent sans relâche, sans trêve ni repos. Sa saison, son arbre, sa plante, chacun connaît son poste de combat et nul ne s'y trompe jamais. »

Que dis-tu du tableau ? Veux-tu des preuves ?

La fécondité des insectes est telle, que dans un seul dacus de l'olivier on a pu compter jusqu'à 2,000 œufs ; que dans la Prusse orientale on a pu ramasser en un jour, sur une seule verderie, 4 boisseaux ou 180 millions environ d'œufs de la *phalœna monacha;* que dans une autre verderie de la haute Silésie on en recueillit en neuf semaines 117 kilogrammes, soit 230 ou 240 millions.

Et ne m'accuse pas d'aller au loin chercher des preuves menteuses. Ces chiffres sont empruntés, il est vrai, au Bulletin de la Société protectrice des animaux, dans un article du docteur Gloger, de Berlin ; mais ici, en France, sous tes yeux, je compterai quand tu voudras les œufs que la pyrale dépose sur les feuilles de la vigne, les petits d'un puceron, les pontes des bombyx, etc.

Cette fécondité a sa raison d'être dans certains cas, et n'en eût-elle pas, qu'il faudrait la subir encore, comme tous les fléaux qui fondent sur nous. A propos de fléaux, un dessin de Gavarni me revient en mémoire : il représente une femme pauvrement vêtue qui descend de la Courtille, ramenant *son homme*, ivre, titubant et déclamant des paroles sans suite aux maisons qui filent devant lui. La légende, empreinte d'une profonde philosophie, est ainsi conçue, si je me la rappelle bien : « Le loup a la faim, le chien la puce, le lièvre le trac, et la femme... l'ivrogne, chacun son lot. »

« Chacun son lot ! » La Fontaine avait déjà dit : « Chacun sa besace. » C'est la charge apparente, l'ennemi visible, outre l'ennemi intérieur que chacun porte en soi, et qui n'est autre que lui-même, disent d'autres moralistes.

Or, pour en revenir à l'agriculture dont je ne m'éloigne pas autant que tu pourrais le croire, les végétaux, tout comme les animaux, ont leur lot. Le blé a le charançon, l'alucite, la teigne, la cécydomie, la larve du hanneton, etc. ; la vigne a la pyrale, la cochylis ; l'olivier, le dacus ; la betterave a dans l'atomaria linéaire un ennemi acharné. Le chêne lui-même (*robur*), l'emblème de la force, ne peut résister aux scolytes et autres ronge-bois ; l'orme se défend en vain ; les bostriches viennent à bout de détruire les pins et les sapins. Trois mouches font disparaître le cadavre d'un cheval et le dévorent aussi vite que pourrait le faire un lion. Juge par là avec quelle activité le genre animal s'agite pour maintenir les végétaux dans une limite raisonnable.

D'abord simples agents de police de la nature, ils sont, à force de zèle, devenus ses tyrans ; ils ont décrété la peine de mort contre les végétaux suspects, et tous le sont devenus à leurs yeux. La Nature leur avait dit : « La végétation ne doit point envahir la terre, l'homme doit s'y mouvoir en liberté, et ses yeux doivent toujours apercevoir l'éther quand il lèvera la tête. » Depuis lors, les malins gardes champêtres, sous prétexte de remplir leur mandat, s'opposent à toute culture. — *Attende cur negare !*

Mon pauvre planteur de choux, tu n'avais sans doute pas envisagé la question agricole à ce point de vue, et tu me taxes d'exagération, j'en suis sûr ; peut-être même me crois-tu capable d'employer ce moyen pour te détourner de tes projets ?

En tout cas, pour ne pas encourir le reproche de t'effrayer par de vaines chimères, je t'annonce tout une suite de lettres relatives à ce sujet. Ces lettres, tu les liras ou ne les liras pas, peu m'importe ; j'aurai fait mon devoir.

En attendant, que Dieu bénisse tes moissons.

VALE.

LETTRE II.

27 janvier.

Puisque tu acceptes ma proposition, il faut que je m'exécute, mais c'est à la condition que tu ne m'abandonneras pas en route et que tu ne me feras pas prêcher dans le désert.

Ceci posé, je te promets d'abréger autant que possible les détails techniques, de t'en donner tout juste ce qu'il te faudra pour comprendre la classification, et de te les donner les plus clairs possible.

Si malgré tout cela tu éprouves de l'ennui, rappelle-toi qu'il en est de l'entomologie comme des arts :

> Ces fruits si doux dont l'écorce est amère.

dis-toi donc qu'il faut en passer par là, et laisse-moi te faire un peu l'anatomie d'un de nos insectes ; d'après celui-là, tu jugeras les autres. Une fois que tu pourras te rendre compte des similitudes et des différences qui existent entre eux, nous passerons à la classification, après quoi nous fermerons la porte et laisserons la science dans l'antichambre.

Les insectes sont complétement privés de squelette, mais, par contre, revêtus d'une enveloppe plus ou moins solide (ordinairement en raison des milieux auxquels ils sont destinés).

Ils sont doués d'un système nerveux ganglionnaire plus ou moins complet, d'un liquide circulatoire blanc, des sens très-développés de la vue, de l'odorat et de l'audition. Ils sont privés de poumons proprement dits, et de la voix, quoique quelques-uns puissent produire par le frottement de certaines parties de leur corps une espèce de cri ou de bourdonnement perceptible à une certaine distance.

Leur forme les divise naturellement en trois parties : la tête, le thorax et l'abdomen.

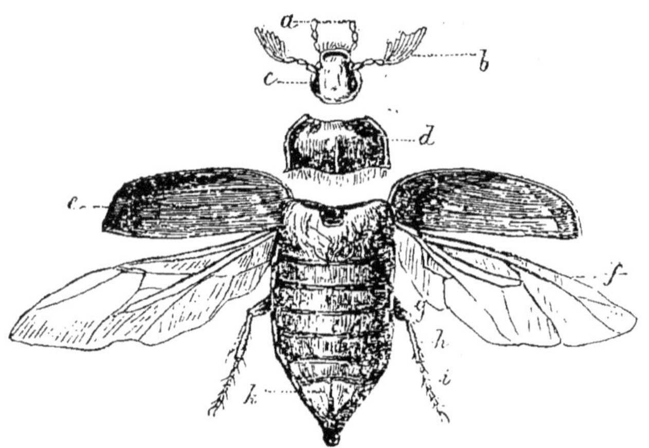

Fig. 1.   Hanneton. Parties détachées du corps.

a. Palpes.   *c.* Elytres.   *h.* Cuisse.
b. Antennes.   *f.* Ailes.   *i.* Tarse.
c. Yeux lisses.   *g.* Hanches.   *k.* Abdomen.
d. Corselet.

1° *La tête.* — La tête n'est pas chez l'insecte le centre de la vie comme chez l'homme et les vertébrés ; c'est un appendice auquel s'accrochent les organes de la préhension, de la mastication, du toucher, de la vue, de l'ouïe, et peut-être ceux de l'odorat.

Les organes de la préhension et ceux de la mastication varient suivant le régime auquel l'insecte est destiné. Il arrive même qu'ils varient dans les différentes métamorphoses que l'insecte subit avant d'arriver à l'état parfait. La chenille, qui doit vivre sur les végétaux, en ronger les feuilles et parfois la fibre, possède une paire de mandibules d'une force suffisante, tandis que le papillon, que les tristes réalités d'ici-bas n'influencent plus guère, déroulera sa pompe en spirale pour puiser le nectar au fond du calice des fleurs. Les carnassiers sont armés en guerre. Leur lèvre supérieure ou labre est armée de chaque côté d'une dent cornée ou mandibule, ordinairement fort dure. Outre cela, ils ont encore, en arrière, des mâchoires composées d'un cylindre ou d'une lame souvent armée de dentelures ou de poils. De chaque côté de cet appareil se trouvent des appendices appelés palpes labiaux, fort commodes, à ce qu'il paraîtrait, pour maintenir les aliments sous l'action de la mâchoire, après avoir aidé à les saisir.

Le sens du tact s'exerce par les antennes, tantôt en forme de soie (filiformes) tantôt en forme de fil aminci (sétacées), de grains de chapelets (moniliformes) ou en massue (claviforme) ou en forme de scie, dentée, sur leur longueur, ou disposées en peigne ou en éventail, etc. Le nombre d'articles qui les composent, varie suivant la classe, l'espèce, le genre ou l'ordre des insectes, et sert tout autant que leur forme à établir la classification.

Quant aux yeux, ils sont de deux espèces : tantôt lisses, tantôt taillés à facettes, dont chacune forme un organe complet pour la vision.

1.

Qulquefois les deux espèces se trouvent réunies dans le même individu. Les coléoptères ont des yeux en réseau, et on y compte parfois jusqu'à vingt-cinq milles facettes.

2° *Thorax*. — Le thorax réunit la tête à l'abdomen. Dans certains insectes il se confond avec ce dernier. Dans les coléoptères et les diptères, il est toujours distinct et formé de trois parties : 1° le prothorax, qui se rapproche de la tête ; 2° le mésothorax, puis 3° le métathorax, qui se rapproche de l'abdomen. C'est à ce point du corps que s'attachent les ailes, les élytres, les pattes et l'écusson, quand il existe.

Les pattes se divisent aussi en trois parties; le premier article qui s'attache au thorax s'appelle la hanche, le deuxième s'appelle la cuisse, et le troisième le tarse ; celui-ci se trouve à son tour formé de petits articles, de nombre variable, qui ont permis de classer, sous ce rapport, les insectes dans des cadres généraux.

3° *L'abdomen*. — Il est formé d'un nombre variable d'anneaux. C'est lui qui renferme et protége, avec une partie des organes de la digestion, ceux de la reproduction. Ces derniers sont quelquefois accompagnés d'appendices extérieurs (tarières) ou d'instruments de défense (aiguillons).

PHYSIOLOGIE.

Puisque nous voulons nous former un idée générale sur les insectes, voyons un peu comme « tous ces petits mondes-là » respirent, digèrent, se reproduisent, et comment circule le sang.

1° La *digestion*. —Tu les a vus manger, prenons maintenant un de ces Lucullus, au sortir de son restaurant, et

sàns crainte de troubler sa digestion, regardons-la s'o-
pérer.

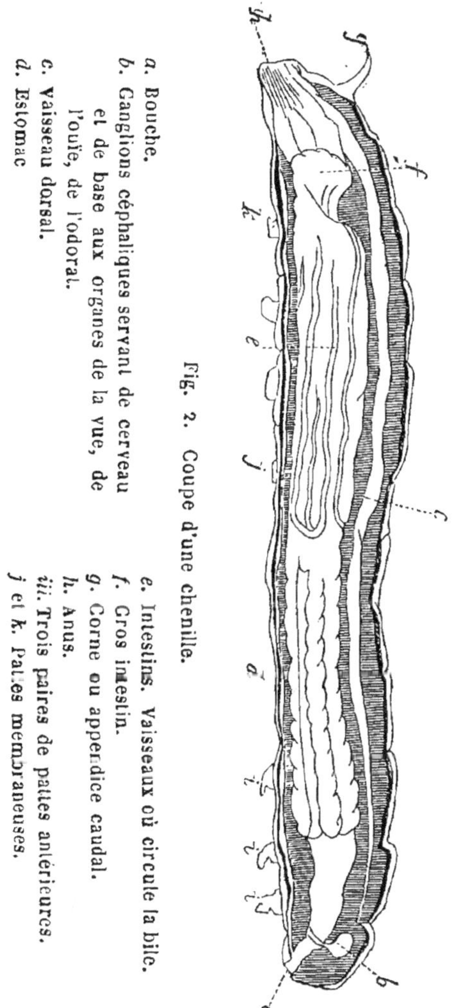

Fig. 2. Coupe d'une chenille.

a. Bouche.
b. Ganglions céphaliques servant de cerveau et de base aux organes de la vue, de l'ouïe, de l'odorat.
c. Vaisseau dorsal.
d. Estomac
e. Intestins. Vaisseaux où circule la bile.
f. Gros intestin.
g. Corne ou appendice caudal.
h. Anus.
iii. Trois paires de pattes antérieures.
j et k. Pattes membraneuses.

Les aliments, une fois introduits dans le tube digestif,
passent successivement dans ses trois renflements, dont le

premier est le jabot, le deuxième, le gésier, et le troisième, le ventricule chylique. Le jabot sert en quelque sorte de réservoir, le gésier leur fait subir une seconde trituration à l'aide des parois musculaires et des pièces cornées qui le composent. Dans le troisième, ou ventricule chylique, s'opère la véritable digestion, sous l'action de la salive qu'y versent les canaux excréteurs de tubes flottants ou d'utricules. Les villosités de ce troisième estomac secrètent aussi le suc gastrique auquel se mêle la bile. Le chyle est, par une simple imbibition, entraîné dans le système circulatoire.

Il est à remarquer que dans les insectes, comme dans les animaux d'un ordre plus relevé, la longueur des intestins dépend du régime ; qu'il est plus long chez ceux qui se nourrissent de végétaux que chez ceux qui vivent de matières animales.

2° *Circulation*. — Chez les insectes, le sang est aqueux et incolore. Répandu dans tous les interstices que les organes et les tissus laissent entre eux, il circule irrégulièrement dans toutes les parties du corps.

Le cœur est remplacé par une cavité appelée *vaisseau dorsal*, qu'on aperçoit dans la partie supérieure médiane de l'abdomen, et animé, comme le cœur, de mouvements de dilatation et de contraction. Le sang, amené dans ce cœur rudimentaire par des ouvertures latérales munies de valvules, y reçoit son mouvement d'impulsion. D'autres appareils en miniature, exactement semblables, sont logés dans les pattes.

3° *Respiration*. — L'air est introduit à l'intérieur par les stigmates situés sur le côté de chaque anneau du thorax ou de l'abdomen. Ces stigmates sont les ouvertures de trachées, qui répandent l'air dans tout le corps. Le

sang, se rencontrant avec l'air, subit directement l'héma-
tose. La respiration des insectes est très-active, et compa-
rativement à leur taille, ils consomment une quantité
d'air plus considérable que bien des animaux d'un ordre
supérieur.

Quelques insectes aquatiques paraissent respirer par
l'extrémité de l'abdomen, et conservent en dessous de
leurs étuis une certaine quantité d'air.

Beaucoup de larves respirent par des stigmates placés
postérieurement sur l'abdomen, d'autres par des feuillets
analogues aux ouïes des poissons.

4° *Reproduction*. — Presque tous les insectes sont ovi-
pares; les sexes sont parfaitement distincts.

Dans quelques genres, les femelles sont munies d'une
sorte de tarière destinée à faciliter l'introduction des œufs
dans les corps résistants à l'abri desquels ils doivent se
développer. Cet appareil se compose ordinairement de
deux pièces entre lesquelles glisse l'oviducte. Les œufs
sont enduits d'une matière agglutinative qui les fixe soli-
dement sur les surfaces, quand ils ont besoin d'être ainsi
protégés. Dans d'autres cas, la femelle s'enfonce dans la
terre pour y déposer ses œufs. Il arrive parfois que la femelle dépose sa ponte dans le corps même d'un autre insecte, n'appartenant pas au même ordre qu'elle ; mais quoi
qu'il arrive, son instinct la porte toujours à placer sa
progéniture dans un milieu où les jeunes larves trouveront la nourriture qui leur convient spécialement.

Très-peu d'insectes naissent avec la forme qu'ils doivent conserver; la chenille ou la larve sortie de l'œuf
change plusieurs fois de peau avant de se métamorphoser
en nymphe ou chrysalide.

L'insecte parfait offre souvent des différences entre les

deux sexes; mais presque toujours le mâle écrase de son luxe de couleur la femelle, terne et grisâtre ; parfois il arrive que, comme dans le lampyre, la femelle soit exclusivement douée. Ajoutons vite que, par compensation, la nature lui a rogné les ailes.

Quant à la longévité des insectes, les centenaires ont trois ans, et encore dans des espèces privilégiées et depuis leur sortie de l'œuf; les autres vivent autant que les roses, « l'espace d'un printemps. » Combien en est-il d'éphémères !

LETTRE III.

CLASSIFICATION. — ORDRES ET CARACTÈRES.

15 février 1863.

Le nombre de paires de pattes et celui des articles qui composent leurs tarses, l'absence ou le nombre des ailes ainsi que leur forme, les appendices qui constituent la bouche, leur forme, leur nombre, celui des métamorphoses, etc., tels sont les principaux caractères sur lesquels on a basé la classification.

On divise les insectes en douze ordres, dont sept surtout sont nuisibles à l'agriculture.

Les douze ordres sont : les *coléoptères, orthoptères, névroptères, hyménoptères, lépidoptères, hémiptères, rhipiptères, diptères, suceurs, parasites, thysanoures* et *myriapodes*.

Laissons de côté les névroptères, rhipiptères, suceurs, parasites et thysanoures, qui commettent si peu de ravages, que ce n'est guère la peine d'en parler.

1° LES COLÉOPTÈRES (de *coléos*, étui ; et *ptéron*, aile).

On réunit sous ce nom tous les insectes pourvus d'élytres ou étuis, et subissant les métamorphoses complètes, c'est-à-dire passant successivement de l'état d'œuf à ceux de larve, de nymphe et d'insecte parfait. Leur bouche est conformée pour la mastication et se compose d'un labre, de deux mandibules, deux mâchoires, un ou deux palpes maxillaires et de deux palpes labiaux (V. fig. 1). La tête est accompagnée, en outre, de deux antennes, souvent composées de onze articles, et de deux yeux à réseaux. Le corselet est bien distinct de l'abdomen, et ses trois divisions, pro-méso et méthathorax donnent chacune insertion à une paire de pattes. Le prothorax est à peu près seul visible chez les coléoptères; il est recouvert d'une écaille plus ou moins bombée, et il faut retourner l'insecte sens dessus-dessous pour se rendre compte de la dimension totale du thorax entier; on aperçoit alors une ligne qui le divise en deux parties sur sa longueur. C'est le *sternum*, qui se prolonge plus ou moins en avant ou en arrière, dans certains genres.

Le prothorax donne donc insertion à la première paire de pattes. Le mésothorax supporte l'attache de la seconde paire, en dessous, et, en dessus, celle des élytres ordinairement douées d'une certaine consistance, et formant à leur point d'attache une petite figure triangulaire appelée *écusson*. Les ailes inférieures, qui servent seules au vol, sont fixées sur le métathorax; fines et transparentes comme de la gaze, elles sont, au repos, repliées en travers pour tenir sous les étuis.

L'abdomen, moins consistant en dessus qu'en dessous, se compose de six ou sept anneaux munis chacun, des deux côtés et à la partie latéro-inférieure, d'un stigmate.

La larve présente généralement l'aspect d'un ver mou, à tête cornée. Elle est, comme l'insecte parfait, munie de trois paires de pattes attachées aux trois premiers anneaux; ces appareils sont ordinairement très-courts. Quelquefois il arrive que le dernier anneau de l'abdomen porte une paire de fausses pattes. Le corps est toujours entièrement recouvert d'une peau membraneuse.

On a divisé les coléoptères en quatre sections, suivant qu'ils ont de trois à cinq articles aux tarses des pattes.

Les pentamérés (*penta,* cinq ; *méros,* article) ont cinq articles à tous les tarses.

Les hétéromérés (*heteros,* différent ; *méros,* article) ont cinq articles aux quatre pattes antérieures et quatre aux postérieures.

Les tétramérés (*tetra,* quatre ; *méros,* article) ont quatre articles à tous les tarses.

Les trimérés (*treis,* trois ; *méros,* article) ont trois articles à tous les tarses.

Chacune de ces quatre sections se divise en un plus ou moins grand nombre de familles. — Les pentamérés en six, les hétéromérés en quatre, les tétramérés en sept, et les trimérés en trois.

Comme mon intention n'est pas de te faire un cours méthodique d'entomologie, mais bien de te signaler au jour le jour les dégâts et leurs auteurs, je t'enverrai un tableau où seront méthodiquement consignés les caractères des sections, familles, tribus et genres, afin de te mettre à même d'analyser les insectes nuisibles dont je t'aurai parlé, et qui te tomberont sous la main.

2° LES ORTHOPTÈRES (*orthos,* droit ; *ptéron,* aile). Cet ordre renferme les insectes qui ont la bouche armée de deux mandibules et de deux machines propres à la mastication, avec labres inférieur et supérieur, palpes maxillaires, etc., mais qui de plus possèdent une lame particulière à cet ordre, et qui, formant la voûte, a pris le nom de *galette* (de *galea,* casque). De leurs quatre ailes, les deux supérieures ou élytres sont moins résistantes que chez les coléoptères ; les deux inférieures toujours membraneuses, mais repliées en long pendant le repos, ne permettent pas toujours aux élytres de se joindre complétement à leur suture, et produisent entre elles un entre-bâillement. L'écusson signalé chez le coléoptère a complétement disparu. Les antennes qui accompagnent la tête sont composées d'un grand nombre d'articles. Les yeux à facettes sont au nombre de deux, mais généralement accompagnés de petites occelles ou yeux lisses. La forme des pattes varie suivant le genre de vie de l'animal (fouisseurs, coureurs ou sauteurs).

L'extrémité de l'abdomen, d'une forme allongée, porte différents appendices, tels que des pinces, des filets ou une tarière à deux lames recouvertes d'un fourreau.

Ces insectes ne subissent que des demi-métamorphoses; les larves et les chrysalides ressemblent, moins les ailes, à l'insecte parfait.

On les divise en *coureurs* et en *sauteurs*.

Les coureurs ont presque toujours les élytres horizontales sur le corps, et la femelle n'a pas de tarière.

Les sauteurs ont les pattes postérieures plus longues que les autres, et conformées pour le saut ; la femelle est munie d'une tarière, et le mâle produit par le frottement de diverses parties du corps un bruit strident.

3° LES HYMÉNOPTÈRES (de *uménos*, nu, et *ptéron*, aile). Ces insectes ont quatre ailes membraneuses et ornées de nervures ; les supérieures, plus grandes, sont comme les inférieures, croisées pendant le repos. Dans l'appareil de la mastication il y a changement, ou plutôt il n'y a plus de mastication. Les mâchoires et la languette réunies constituent une sorte de trompe flexible et mobile qui sert à la succion des aliments.

La tête est munie de trois petits yeux lisses, outre les yeux à facettes, et de deux antennes de forme variable.

Les pattes ont cinq articles aux tarses, et les femelles portent la tarière ou un aiguillon.

Ces insectes subissent des métamorphoses complètes.

On les divise en deux sections : les térébrans ou porte-tarières et les porte-aiguillons.

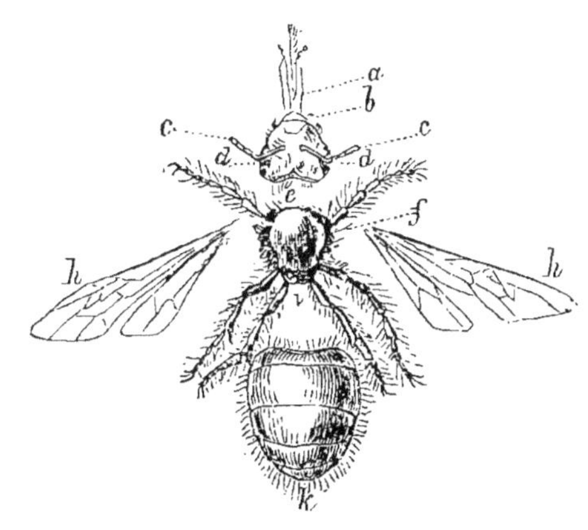

Fig. 3. Hyménoptère (parties détachées du corps).

a.	Languette.	f.	Mésothorax.
b.	Bouches.	i.	Métathorax.
cc.	Antennes.	hh.	Ailes.
dd.	Yeux (à facettes).	k.	Abdomen.
e.	Prothorax.		

La première section est facile à distinguer.

Ceux de la seconde ont ordinairement des antennes simples de treize articles chez le mâle, et de douze chez la femelle. L'abdomen est pédiculé, et les ailes sont veinées.

4° LÉPIDOPTÈRES (*lepidos*, brillant, *ptéron*, aile). Dans cet ordre on range tous les insectes à quatre ailes recouvertes d'une poussière colorée, composée d'écailles microscopiques en dessus et en dessous. La trompe des hyménoptères s'est allongée et roulée en spirale au repos. Les antennes, à articles nombreux, sont diversement terminées. Le thorax est beaucoup moins distinct que chez les coléoptères. L'abdomen, formé de sept ou huit anneaux, n'a ni tarière ni aiguillon, mais il est souvent terminé chez le mâle par une sorte de pince aplatie. Les pattes, au nombre de six, ont toujours cinq articles aux tarses.

Les métamorphoses sont complètes.

La larve, appelée plus communément chenille, est composée de treize segments, allongée et cylindrique. Son corps est tantôt uni, tantôt hérissé d'épines, de poils ou de tubercules. Les trois premiers anneaux portent chacun une paire de pattes; de plus, les quatre ou cinq derniers sont aussi pourvus de pieds membraneux.

On divise les lépidoptères en diurnes, crépusculaires et nocturnes.

Les *diurnes* ont les antennes terminées en massue, les ailes sont couvertes de couleurs éclatantes. La larve est pourvue de seize pieds; la chrysalide nue se fixe par l'extrémité postérieure du corps.

L'insecte parfait ne vole que pendant le jour.

Les *crépusculaires* ont les antennes fusiformes et les ailes horizontales au repos; la chenille est aussi pourvue de seize pattes; mais la nymphe est entourée d'une coque soyeuse ou enfoncée en terre.

Les *nocturnes* ont pour caractères distinctifs: les antennes sétacées, les ailes légèrement inclinées, ou même enroulées autour du corps pendant le repos. Quelquefois elles n'existent qu'à l'état rudimentaire, ou manquent complétement. La trompe est souvent peu distincte.

Ces lépidoptères sont revêtus de couleurs ternes, et ne volent que dans l'obscurité.

5° HÉMIPTÈRES (*hemisus*, moitié; *pteron*, aile). — Des quatre ailes des hémiptères, les ailes supérieures ne sont résistantes que jusqu'à la moitié, et la partie postérieure est presque transparente. Celles de dessous, servant au vol, sont droites au lieu d'être repliées, comme celles des orthoptères ou des coléoptères, et à peine recouvertes par les supérieures, qui ne vont pas toujours jusqu'à moitié de l'abdomen.

La bouche est remplacée par une espèce de tuyau, nommé *bec*, composé de pièces articulées les unes au bout des autres, et renfermant trois petites scies destinées à entamer le parenchyme des végétaux ou l'épiderme des animaux. Les yeux sont lisses et au nombre de deux.

Les métamorphoses, incomplètes, se bornent à l'accroissement du corps et au développement des ailes.

On divise les hémiptères en deux sections :

Les hétéroptères, dont les ailes supérieures sont moitié crustacées, moitié transparentes, et dont le bec prend naissance au front ;

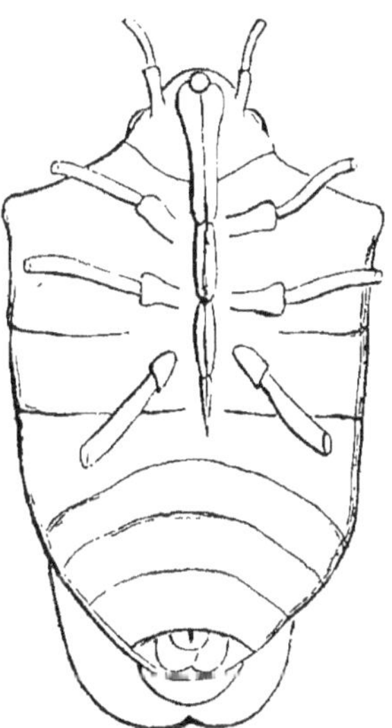

Fig. 4. Hémiptère.
(Vu en dessous pour montrer les détails du suçoir).

Les homoptères, dont les élytres ont partout la même consistance et dont le bec ne commence qu'à la partie inféro-postérieure de la tête.

Dans ces derniers, la femelle est munie d'une tarière.

6° DIPTÈRES (deux ailes). — Les insectes de cet ordre se reconnaissent à leurs ailes, au nombre de deux seulement, ainsi que l'indique leur nom, et toujours membraneuses. Ces ailes sont ordinairement étendues et le plus souvent accompagnées d'un balancier formé de deux corps mobiles placés derrière elles, et qu'on prendrait pour le rudiment d'ailes absentes.

La trompe, au moyen de laquelle l'insecte perce les tissus et absorbe sa nourriture, est formée de soies renfermées dans une gaîne inarticulée. Elle se termine par deux lèvres. Les pieds, au nombre de six, sont longs et grêles et se terminent par un tarse de cinq articles, dont le dernier porte ordinairement deux ou trois pelotes vésiculeuses ou membraneuses.

Ils subissent des métamorphoses complètes. Leurs larves apodes ont la tête aussi molle que le reste du corps et la bouche assez souvent garnie de deux crochets.

Chez quelques genres, les œufs éclosent dans le corps de la femelle, qui est ainsi vivipare.

On les divise en six familles :

1° *Némocères*. Antennes filiformes de six à seize articles ; trompe saillante, extrémité de l'abdomen pointue chez les femelles, garnie de pinces ou de crochets chez les mâles. 2° *Tanystomes*. Antennes de trois articles, suçoir composé de quatre pièces. 3° *Tabaniens*. Antennes de trois articles, dont le dernier est annelé, suçoir de six pièces. Corps en général velu, abdomen triangulaire. 4° *Notacanthes*. Antennes de trois articles, dont le dernier est divisé transversalement ; suçoir de quatre pièces, trompe courte et presque entièrement rentrée dans la bouche. 5° *Athéricères*. Antennes ornées d'une soie latérale à côté du dernier article ; trompe membraneuse, longue, coudée et logée dans une cavité sous la tête, et terminée par deux lèvres. 6° *Pupipares*. Trompe remplacée par deux lames coriaces et velues, deux soies pour suçoir ; la tête paraît divisée en deux parties, dont l'antérieure porte

la bouche et les antennes, et la postérieure les yeux.
Corps large et aplati. Ailes écartées ou manquant complétement. Abdomen recouvert d'une peau membraneuse
extensible. Les œufs sont déposés dans une espèce de sac
d'où sortent les larves aussitôt l'éclosion.

7° MYRIAPODES (*myria*, dix mille ; *podos*, pied). — Jamais les insectes de cet ordre ne possèdent d'ailes. Le
corps est composé d'un grand nombre d'anneaux portant
chacun une paire de pattes : ce qui donne douze paires de
pattes au minimum ; les yeux, au nombre de deux, taillés
à facettes ; les antennes, de sept articles au moins, filiformes, sont parfois terminées en massue.

Les métamorphoses sont incomplètes. Le corps s'accroît
par l'adjonction de nouveaux segments, munis de leurs
stigmates, et de nouvelles pattes.

On les divise en deux familles :

1° Les *chilognates*, dont le corps est comme crustacé,
dont les antennes n'ont que sept articles : leurs pattes
courtes sont insérées sous chaque anneau par double paire
et terminées par un seul crochet. 2° Les *chilopodes* ont
des antennes de quatorze articles au moins ; le corps mou,
déprimé ; chaque segment de leur corps ne porte qu'une
seule paire de pattes, et les dernières, plus longues que
les autres, sont rejetées en arrière.

Enfin ! nous voici au bout du rouleau. J'avais hâte d'en
finir à cause de toi, qui as en horreur le pédantisme.

Encore une fois, ne t'y trompe pas ; je ne veux pas te
faire un cours, mais bien te mettre à même d'étudier les
insectes dont j'aurai à te parler. — C'est fini et bien fini. —
Faisons une croix et pardonne les fautes de l'auteur,
comme disent les comédies espagnoles.

Si tu veux de plus amples renseignements plus tard, tu

pourras t'adresser à Cuvier, Latreille, Linnée, pour la classification ; pour la description des différents genres, à Fabricius, Boisduval, Dejean, etc. Pour te guider dans l'étude des mœurs, à Duméril, Audouin, Menneville, Bazin, et alors...

Mais alors, j'écouterai tes leçons.

VALE.

LETTRE IV.

RAVAGES DES INSECTES ET MOYENS GÉNÉRAUX DE DESTRUCTION.

Crème de poésie saupoudrée d'insectes. — Un gentilhomme timide. — Un locataire solide au poste. — Moyen infaillible de détruire les insectes. — La question des lapins en Espagne avant l'année 100. — Les chenilles plaident et sont condamnées. — Ce qu'il faut faire. — Ce qu'il faut savoir. — Remèdes connus. — Des petits des oiseaux l'insecte est la pâture. — Rendez donc service, bergeronnette ! — Un moyen pour suppléer aux mauvaises dents. — Le chemin de Corinthe... Les vainqueurs seront mis à l'ordre du jour...

16 mars 1863.

Quelle mouche, je veux dire quel diptère, t'a donc piqué, ami ? Quelles tirades ! quel style ! quel enthousiasme ! — ou plutôt non — quelle naïveté ! et c'est toi qui oses écrire ainsi ! Mais tu vas te poser en Florian du hanneton, en don Quichotte de la cétoine !

Permets-moi d'emprunter un instant ton style.

Rien n'est charmant, poétique, j'en conviens, comme ce feu d'artifice, cet éblouissement de couleurs d'un tourbillon d'insectes bourdonnant au soleil du printemps. Et quand ils se reposent, quoi de plus innocent, de plus pastoral ! C'est d'après eux qu'on a créé cette image poétique de sylphes se roulant embrassés au cœur des roses, et, dans les transports de leurs amours, favorisant celles des fleurs. — Licence poétique.

Très-bien, — pâmons-nous ! — Mais avant de perdre

connaissance, tâchons d'en lier une plus intime avec eux. Saisissons-en un, avance la main... tiens, ils sont tous envolés ! Ils ne veulent pas, à ce qu'il paraît, être admirés de trop près.

Pourtant en voici un sur ce lis. Qu'il est joli ! tout vêtu de pourpre, comme un empereur ou un cardinal. Il n'a pas l'air d'un brigand, au moins, celui-là, il n'est pas capable de se rendre compte du dommage qu'il a pu te causer. Mais crois-moi, sa terreur indique une conscience bourrelée. Lui et tous ceux de sa race sont ennemis de l'homme ; ils le sentent et fuient à son approche.

D'autres ont un mauvais caractère. Prends-les en flagrant délit, ils ne nieront pas le crime. Ne cherche pas à leur inculquer le respect de la propriété, ils te répondraient (s'ils pouvaient parler), et cela d'un air revêche : Que voulez-vous, je suis né là, je suis casanier ; du reste, mes forces épuisées et ma santé chancelante ne me permettent pas de voyager. Mon médecin me défend les tracas. Puis, mes organes affaiblis ne peuvent digérer que les aliments que je trouve ici. Je m'y suis établi confortablement, et compte laisser mes propriétés à mes enfants.

Invente donc des huissiers capables de mettre à la porte de semblables locataires.

Les paysans prennent leur parti des ravages continus qu'exercent certains insectes, quand ils connaissent la cause ; ils le prennent encore quand ils ne la connaissent pas. Ils se contentent de maudire les ravageurs et de se plaindre énergiquement du dégât dont ils ne soupçonnent pas toujours l'importance ; mais toi ?

Tu ne voudras pas planter pour que les insectes récoltent.

Laisse là tes idées poétiques pillées dans *l'Insecte* de

Michelet. Ne t'inquiète pas de savoir si l'insecte souffre :
non ! Ecrase-le d'abord. C'est là du reste le premier, le
plus simple et le plus sûr moyen de s'en débarrasser,
quand on peut l'employer. Mais, s'il est facile de trouver
et de détruire les larves du hanneton ou l'insecte parfait,
si la courtilière et autres se laissent volontiers écraser,
il n'en est pas de même de tous les autres : la cécydomie,
le dacus de l'olivier, l'oscine linéaire, la pyrale de la
vigne, la cochylis de la grappe, combien de temps ont-
ils intrigué les savants. Ceux-là étudie-les de l'extrémité
des tarses au dernier article des antennes, dresse-leur des
piéges, tue-les, disperse-les, et tu auras rendu service,
d'abord à toi en particulier, et à tout le monde en général.

Veux-tu savoir jusqu'à quel point les infiniment petits
ont, à certaines époques d'ignorance, usurpé le domaine
de l'homme. Voici deux ou trois exemples pris au
hasard :

Vers le premier siècle de l'ère chrétienne, au dire de
Strabon, l'Espagne dut envoyer une ambassade à Rome
pour demander protection contre les lapins qui mena-
çaient de l'affamer.

Puis, pendant le moyen âge, ce sont des prières, des
processions, des exorcismes pour obtenir la disparition de
tel ou tel insecte.

Au commencement du seizième siècle, Villenauxe (arron-
dissement de Compiègne) intenta un procès aux chenilles
et aux insectes qui désolaient ses vergers. On donna d'office un avocat à ses parties adverses, et le 9 juillet 1516,
Jean Milon, official de Troyes en Champagne, prononça
cette sentence : « Parties ouïes, faisant droit sur la requête
des habitants de Villenauxe, admonestons les chenilles de
se retirer dans six jours, et faute de ce faire, les déclarons

maudites et excommuniées. » (*Les Récits d'un vieux chasseur*, par Joseph Lavallée.)

Aujourd'hui on s'adresse moins aux avocats et au ciel pour obtenir secours contre les ennemis jadis insaisissables; mais la science elle-même ne fournit bien souvent que des moyens impuissants au point de vue de l'économie pratique.

Je ne crois pas que la menace ait fait fuir les chenilles de Villenauxe, pas plus que l'exorcisme n'a chassé les hannetons du canton de Lausanne; mais il est certain qu'une croisade contre eux et un échenillage consciencieux tous les ans nous en délivrerait.

Il faudrait que les lois obligeassent les propriétaires et les fermiers à la destruction des mauvaises herbes de leurs champs, cultivés ou non, à celle de certains insectes dont les dégâts intermittents sont cantonnés dans certaines régions, et prennent quelquefois l'importance d'un fléau. Il faudrait de plus que ces lois fussent rigoureusement observées. A quoi te servirait de t'y conformer si ton voisin laissait l'herbe pousser chez lui, séparée de ton champ par une simple haie, obstacle vite franchi; si chez lui les chenilles filaient tranquillement.

Quelques observations pratiques permettent d'éviter certaines pertes causées par les insectes. C'est ainsi qu'on a remarqué que les larves qui attaquent les plantes-racines étaient beaucoup plus nombreuses dans les terrains en repos sous pâturage et dans les prairies naturelles que dans les terres cultivées. Il ne faudra donc pas, sur des défrichements de cette nature, cultiver sans des façons nombreuses, variées et profondes ni semer des plantes-racines, dont ces larves sont surtout friandes.

Il faudra se garder de tirer ses semences des contrées

où l'alucite ronge les blés ; ses plants de vignes des pays où la pyrale fait des dégâts ; ses jeunes arbres d'une pépinière infestée du puceron lanigère.

Dans tes bois, fais exploiter les arbres abattus par le vent, et enlever aussitôt que possible le produit de tes coupes. Laisse seuls quelques troncs d'appât, sorte de souricières où vont se faire brûler les bostriches, scolytes et autres xylophages.

C'est l'hygiène, ce sont les préservatifs.

Quant aux moyens d'action, aux remèdes curatifs, pour être plus nombreux, ils n'en sont guère plus efficaces.

Les engrais, les façons culturales, l'écobuage, l'échaudage, les feux crépusculaires, l'emploi des substances combinées, l'écorçage pour les arbres atteints ou qu'on veut préserver, voilà pour la grande culture les seules ressources contre l'ennemi.

L'arrosage des engrais liquides, le guano, la suie, le tourteau de colza, détruisent les larves d'un grand nombre d'insectes. Les labours profonds ramènent à la surface les larves de hanneton que la volaille des fermes et les oiseaux des champs recherchent avec avidité. L'écobuage du sol et du chaume est plus puissant encore pour anéantir les œufs déposés en germe par la calamobie et la cécydomie sur les tiges du blé, et par le colapsis atra (barbotte) sur celles de la luzerne. L'échaudage est employé en Bourgogne pour détruire les œufs de la pyrale, de la cochylis et de la noctuelle. Ailleurs, on emploie contre eux et l'alucite les feux crépusculaires. Contre le charançon, on se sert de benzine goudronnée ; contre les pucerons, d'eau de chaux, d'eau de savon, de poudre de pyrèthre. La machine inventée par M. Bella s'emploie contre l'altise. Enfin, on dépose le blé pour le mettre à l'abri des insectes dans les greniers mobiles de MM. Sallaville ou Pavy, ou dans des silos [1].

Quant à la culture forestière, il faut courir les risques et apporter le plus de soin possible à l'exploitation.

Ajoute à ces moyens le respect des oiseaux, précieux auxiliaires de l'homme, dont je te cite les principaux :

. Le hibou détruit les insectes nocturnes et crépusculaires ;

Le corbeau est friand des larves de hanneton ;

Le pic nettoie les arbres cariés des insectes qui augmentent le mal ;

La caille, la perdrix, le râle mangent les lombrics ;

Le coucou mange les chenilles velues que dédaignent les autres oiseaux ;

Le merle détruit les limaçons et beaucoup d'insectes nuisibles ;

L'étourneau, les mordelles et les sauterelles ;

L'alouette, les vers, les grillons, les sauterelles, les œufs de fourmis, la cécydomie, les larves des taupins ;

Le moineau, les vers blancs, le hanneton, les pucerons, etc. Il lui faut, pour nourrir sa couvée, environ quatre cents chenilles par jour ;

Le bouvreuil chasse les parasites du gros bétail ;

Une couvée de troglodytes consomme cent cinquante chenilles par jour ;

Le roitelet en détruit tout autant ;

Le rossignol est un grand destructeur de chenilles de cossus et de scolytes ; il détruit aussi les œufs de fourmis ;

La fauvette s'attaque aux insectes agiles, tels que les

---

[1] A l'Exposition universelle de Londres en 1862, la Commission n'admit que les réductions des deux créations si utiles de M. Em. Pavy et de M. Doyère, dont les services méritaient mieux.

mouches, les petits scarabés, et détruit aussi les pucerons;

L'hirondelle chasse continuellement les insectes, guêpes, etc. ;

Le pinson s'attaque aux aphydes;

La mésange apporte chaque jour à sa couvée des centaines de chenilles.

On prétend que les ravages exercés par la pyrale dans le Mâconais ont suivi de près la fuite des petits oiseaux.

Je sais qu'un grand nombre de ces auxiliaires vivent pendant le quart de l'année aux dépens du cultivateur; mais pendant les trois autres quarts, ils sont bien obligés de devenir nos auxiliaires. Quand les grains ne sont pas encore mûrs, quand ils sont enfermés dans les greniers, il faut bien qu'ils vivent de ce qu'ils trouvent, et ce qu'ils trouvent à cette époque, ce sont les insectes ou leurs larves et les mauvaises graines des champs. C'est du reste une question tout à fait à l'ordre du jour que l'influence protectrice des oiseaux utiles à l'agriculture. Le Muséum d'histoire naturelle avait envoyé à l'exposition universelle de Londres un groupe composé des principaux types des mammifères et des oiseaux utiles ou nuisibles des trois régions agricoles de la France. M. Florent-Prévost s'est livré à de nombreuses dissections ayant pour but de déterminer la nourriture particulière à chacun d'eux, et la publication de ses résultats devrait former un cours élémentaire d'histoire naturelle appliquée, destiné aux écoles de la campagne.

Un oiseau charmant, et qui n'a pas le défaut d'attaquer le grain, c'est la bergeronnette; aussi peut-on l'enfermer (et on le fait dans le Midi) dans les greniers infestés de charançons. Vingt bergeronnettes suffisent, dit-on, pour détruire les charançons dans un grenier. Mais il faut tout dire : l'homme reconnaissant, comme toujours, les récompense de ce service en les mangeant, quand elles sont grasses. — Obligez-le donc !

Les ravages produits par les insectes varient suivant la partie qu'ils attaquent et selon les armes qu'ils emploient, selon la vigueur ou la faiblesse de la plante.

En général, les végétaux vigoureux, les cultures prospères sont moins profondément atteints que les végétaux languissants et les cultures manquées.

« Les insectes, dit Raspail, produisent sur la végétation des influences bien différentes, selon qu'ils sont munis de mandibules ou de suçoirs. Les premiers n'opèrent que des solutions de continuité ; les seconds donnent lieu à des phénomènes physiologiques. » M. de Candolle (*Phys. végét.*, t. III) a hasardé l'opinion que les courtilières, les vers du hanneton et autres larves de coléoptères nuisent aux arbres, non-seulement en coupant leurs racines, mais encore en les empoisonnant. « Je présume, dit-il, que ces larves ont les mâchoires trop faibles pour couper les racines sans chercher à les ramollir, mais qu'elles arrivent à ce résultat à l'aide de sucs abondants que la plupart transsudent de leur bouche, sucs souvent âcres et acides. »

Raspail démontre la fausseté de cette opinion, nie que ces larves transsudent des sucs dans ce but, prétend leur mâchoires assez fortes, et explique leurs ravages par un incessant dégât qui détruit le système radiculaire à mesure qu'il se forme.

Quoi qu'il en soit des moyens qu'ils emploient, ces larves, ces insectes font languir la végétation et même périr la plante en s'attaquant aux organes de la nutrition souterraine.

Quelques-uns vivent des jeunes pousses ou des tissus

encore tendres; d'autres s'attaquent aux fruits, à leurs différentes phases de maturation ; d'autres encore, au lieu de désorganiser les tissus, en font naître de nouveaux (galles, bédéguars, etc.). Enfin, chacun agit selon... ses mâchoires.

Les moyens de destruction économiques sont basés, le plus souvent, sur l'observation des mœurs particulières de l'insecte qu'on veut détruire, l'endroit où sont déposés les œufs, l'époque de l'éclosion, le mode de nutrition des larves ou chenilles, le lieu où s'opère la métamorphose en nymphe, le moment où il arrive à l'état parfait, sa manière de se nourrir, les moyens qu'il emploie pour cacher ses œufs, l'époque de sa ponte, enfin sur tous les indices qui peuvent conduire au moyen d'éviter ses ravages en tirant parti des produits avant qu'il les attaque, en cherchant à détruire les germes de reproduction pour arriver à supprimer l'insecte, soit parfait, soit dans ses métamorphoses.

C'est ainsi que M. Guérin-Méneville a pu indiquer le moyen de tirer parti des olives attaquées par le dacus oleæ et celui de détruire la calamobie ou aiguillonier ; c'est ainsi que M. V. Audouin a pu enseigner à restreindre les ravages de la pyrale de la vigne, M. Bella ceux des altises, M. Eug. Robert ceux des bombix et des bostriches, MM. Darcet, Dufour, Lottinguet ceux du charançon du blé, M. Chevandier ceux de l'hylésine du pin, etc.

Voilà, mon ami, une liste où il serait glorieux d'être inscrit, bien plus glorieux certes que de s'apitoyer ainsi que tu l'as fait dans ta lettre sur le sort de tes persécuteurs. En chasse donc ! Cherche, tâtonne, observe, dresse des embuscades et des piéges. Peut-être, nouvel Ulysse, trouveras-tu le moyen infaillible de perdre Troie.

A bientôt.

LETTRE V.

Où l'on sent poindre le renouveau. — Visite à la cuisine. — Le dermeste. — Portrait d'un gourmand. — Le blaps mortisaga. — Le
tenebrion meunier. — La blatte des cuisines. — La chasse au grenier. — Les bruches. — Histoire du charançon depuis les temps les
plus reculés. — L'alucite. — La teigne des grains. — Les trogosites.

15 avril 1863.

L'hiver achève d'épuiser sa provision d'eau ; l'hirondelle
est venue remplacer les corbeaux ; voici le printemps
qui s'avance, non pas tant celui du calendrier que celui qui
vient dérouler les bourgeons et faire pousser les fleurs.

Tandis que la séve commence son mouvement ascen-
sionnel, les insectes se dépouillent de leurs langes et se-
couent l'engourdissement où ils ont passé l'hiver.

C'est à qui aura, le premier, abandonné son maillot de
nymphe, pour avoir la primeur des jeunes pousses, à
qui brisera le plus tôt sa coquille pour aller butiner aux
champs.

Si ceux du dehors se préparent à l'attaque, ceux du
dedans sont déjà en campagne.

Grâce à la chaleur de ton foyer, les insectes de la maison fondent déjà sur les provisions.

Si tu en doutes, interroge la ménagère. A la cuisine ils
attaquent le lard, la farine, la graisse ; dans les chambres
ils ont rongé la laine des meubles et des habits.

Vas voir au grenier, tu les trouveras occupés à dévorer ton blé et tes légumes secs. Allons, en chasse ! en chasse !

Commençons par la cuisine.

Voici dans le garde-manger un coléoptère long de trois lignes à peu près, noir, avec la base des élytres cendrée et ponctuée de noir. C'est le dermeste du lard (*dermestes lardarius*). Sa larve, qui a grassement vécu pendant tout l'hiver des provisions renfermées dans cet endroit, est brune et soyeuse. En cherchant bien, on doit en trouver un autre, presque semblable, un peu plus petit, mais couvert de poils gris souris ; c'est le dermeste gris-souris (*dermestes murinus.*)

Tous deux appartiennent à la section des pentamérés, et font partie de la famille des clavicornes, caractérisée par des antennes en massue, quatre palpes, et l'abdomen entièrement recouvert par les élytres.

Toute la tribu à laquelle ils appartiennent, celle des dermestins, a les pieds incomplétement contractiles, les jambes étroites et allongées, le corps ovoïde et garni d'é-cailles ou de poils diversement colorés, la tête enfoncée jusqu'aux yeux dans le corselet, les antennes courtes et les mandibules petites, mais solides.

Un homme auquel s'appliquerait son signalement passerait pour le type du gourmand : corps ovoïde et épais, ou large panse, habillé d'une couleur indécise entre le noir et le gris, ou couleur de drap râpé : « Tout pour le ventre, tout pour la gueule, » dirait Rabelais. Allure lourde, tête enfoncée dans les épaules jusqu'aux yeux, absence totale de cou, prédisposition à l'apoplexie, juste punition des abus de nourriture, gourmand, gourmand type du gourmand, archi-gourmand.

Ajoute que les mœurs du dermeste viennent corroborer

ces présomptions physiognomoniques. On le trouve partout où il y a des matières animales sèches ou en voie de décomposition. Il ne vit que de larcins. Pends-le haut et court.

La farine est attaquée par le blaps annonce-mort (*blaps mortisaga*), autre coléoptère. Celui-ci fait partie de la classe de hétéromérés et de la section des mélasomes.

Tous ceux de cette famille ont les antennes, en totalité ou en partie, grenues, et de grosseur égale dans toute leur longueur, la tête ovoïde, les élytres dures et parfois soudées.

Les membres de la tribu des blapsides, dont cet insecte fait partie, sont aisément reconnaissables à l'absence des ailes, aux élytres terminées en pointe, et embrassant les côtés de l'abdomen ; de plus leur corselet est presque carré.

Enfin, le blaps mortisaga est long de dix lignes environ ; ses élytres sont brunes, très-longues et finement pointillées.

Son nom lui vient de ce que la femelle, cachée derrière les vieilles planches, dans tous les endroits chauds et humides produit, en frottant contre les corps durs son abdomen garni de poils rudes en brosse, un bruit fort distinct qui n'a pour but que d'appeler le mâle, mais que les paysans prennent pour « le tic-tac de l'horloge de la mort. »

Le ténébrion meunier (*tenebrio molitor*), qu'on rencontre fréquemment avec le précédent, appartient à la tribu voisine des blapsides, celle des ténébrions. Il est long de 19 à 20 millimètres, a des antennes en chapelet. L'adodomen est brun en dessous, les élytres bruns-marron,

ou noirâtres, striées ; mais, comme toute la tribu des ténébrions, il a des ailes et des élytres non soudées. Sa
larve est jaune, recouverte d'une peau très-dure, et vit
principalement aux dépens de la farine.

Une larve encore plus vorace que les précédentes, et
qui, à défaut de pain, de viande, de sucre, de laine etc.,
pourra bien s'attaquer à la chaussure, c'est celle de la
blatte des cuisines (*blatta orientalis*), orthoptère coureur,
long de 26 millimètres, large de 15 à peu près, d'un brun
roussâtre ; ses antennes, longues et minces, sont composées de cent articles ; sa tête est petite et garnie de mandibules et de mâchoires ; le corselet s'élargit en arrière
en forme de bouclier ; ces élytres sont marquées d'un sillon ovale, et l'abdomen, écailleux, est terminé par deux
courts filets. Les ailes sont plus courtes que l'abdomen.

Si nous montons au grenier, le gibier ne manquera pas
à notre chasse.

Voici d'abord dans ce tas de légumes secs des indices
de la présence de la bruche du pois (*bruchus pisi*).

Tous les grains qui sont percés d'un petit trou rond
sont vides, ainsi qu'il est facile de s'en assurer en les po-
sant.

Voici ce qui s'est passé : l'année dernière, à l'époque
de la ponte, la femelle du bruchus pisi a déposé ses
œufs dans la silique du pois encore tendre ; la larve
éclose s'est glissée dans la semence, elle a rongé les
germes séminaux et s'est installée dans la graine comme
chez elle. Pendant que la larve jouissait paisiblement des
vivres et du couvert qu'elle avait trouvés là, le pois, en
grossissant, a rebouché le trou par lequel elle s'était introduite. Lorsque l'hiver est arrivé, la larve a agrandi son
domicile au fur et à mesure de son accroissement, mais

en respectant l'épiderme. Quand elle a senti arriver sa métamorphose en nymphe, elle s'est mise à creuser plus profondément à un endroit, et arrivée à l'état parfait, elle a brisé d'un coup de tête la cloison de son ancien gîte devenu prison.

Alors il est sorti du pois un coléoptère tétramère, long de 5 millimètres, noir, avec une partie des tarses fauve, ainsi que la base des antennes, ayant les membres postérieurs très-développés, quelques points blancs vers la naissance des élytres, et une croix blanche à la partie postérieure.

Il y a un autre bruche, le *bruchus seminarius*, qui vit dans le blé, qui a tous les caractères de l'autre et n'en diffère guère que par sa taille, qui est réduite dans la proportion existant entre leurs demeures respectives, un pois et un grain de blé.

Tous deux appartiennent à la section de rhynchophores ou curculionides qui ont pour caractères spécifiques : la tête prolongée antérieurement comme une trompe ou museau, le ventre d'une taille disproportionnée, les antennes coudées et terminées en massue.

Leurs larves, semblables à de petits vers blancs et mous, ont les pieds remplacés par des mamelons.

La section des rhynchophores fournit encore un insecte plus terrible que le précédent, c'est le charançon.

Le charançon, on le trouve presque partout ; depuis qu'il y a du blé, il y a des charançons.

C'est de lui que Virgile disait :

> . . . Populatque ingentem farris acervum
> Curculio. . . . .
>
> (Georg., lib. I.)

A cette époque, il était déjà la terreur des cultivateurs.

Aux Indes on mange les grosses espèces à l'état de larves, sous le nom de ver palmiste. Aux Antilles aussi on le considère comme un mets des plus délicats.

Nous n'avons pas, en France, le bonheur de pouvoir nous venger ainsi, vengeance sauvage du reste, sur les différents genres de charançons qui ravagent nos produits. Dieu sait combien il faudrait de larves de ces insectes pour composer le repas d'un enfant !

Le charançon ou calandre du froment (*calandra granaria*) n'a qu'une ligne et demie de longueur, il est brun plus ou moins foncé ; son corselet est parsemé de petites cavités, et ses élytres sont striées.

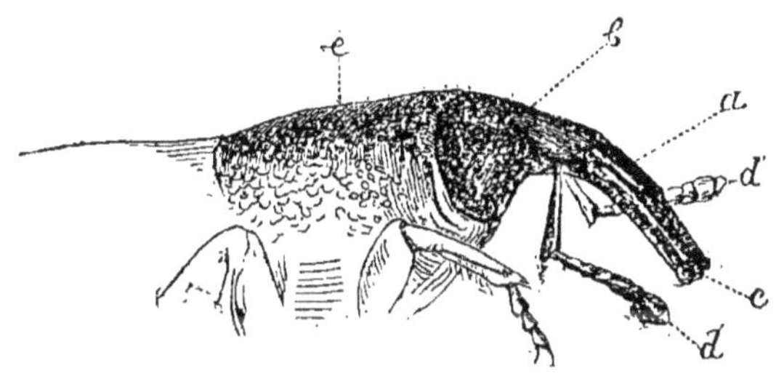

Fig. 5. Calandre du grain (partie antérieure du corps).

a. Trompe.
b. Yeux à facettes.
c. Extrémité de la trompe terminée par 2 lèvres.
d. Antennes.
e. Corselet.

Au commencement d'avril on voit des myriades de calandres sortir de derrière les planches, des fentes des murailles et s'accoupler. La femelle s'enfonce, pour pondre, dans les tas de blé et dépose ses œufs, chacun sur un grain de blé et près du germe, dans la rainure où elle le fixe avec une espèce d'enduit gommeux. La larve éclot au bout de trois ou quatre jours, et s'enfonce dans le grain, en dévorant le germe, qui, plus tendre que le reste, est plus facile à entamer. En vingt jours environ, cette

larve vide son grain de blé, et se change en nymphe,
Quinze jours après, l'insecte se montre à l'état parfait.

Il y a, dans l'année, trois ou quatre générations sous le
climat de Paris.

M. Joyeuse, en 1768, calculait qu'une paire de calandres pouvait, dans l'espace de cinq mois, produire 6,045 petits, qui consommaient chacun un grain de blé. Or dans
le midi de la France, il y a jusqu'à sept ou huit générations par an. Vois un peu à quel chiffre effrayant on arrive.

On a proposé une foule de moyens pour détruire ce terrible insecte :

1° Dans le Midi, ainsi que je te l'ai déjà dit, on enferme des bergeronnettes dans les greniers, dont on grille
les fenêtres pour les empêcher de se sauver.

2° On conseille de remuer souvent le grain, la calandre
étant ennemie du dérangement. De là l'invention des greniers mobiles exposés par MM. John Sinclair et Sallaville.

3° L'exposition subite des grains à une température de
39 degrés Réaumur fait, dit-on, périr l'insecte sans attaquer le grain.

4° On peut faire des fumigations, soit de tabac, soit
d'autres substances. M. Lafont avait proposé de frotter
avec de l'oignon les murs et les instruments du grenier.

5° M. Dufour, de Saint-Sever (Landes), proposa en 1844
de conserver le blé dans l'obscurité complète, où la calandre ne peut se développer.

6° M. Darcet a, en 1839, conseillé l'emploi de l'acide
sulfureux et de la fleur de soufre.

7° Un chimiste proposait la vapeur dégagée d'un sel
ammoniacal au moyen de la chaux, vapeur qui détruisait
l'insecte sans attaquer le germe du grain.

8° En 1768, M. Lottinguet, de Strasbourg, proposa à la

Société d'agriculture de Limoges un moyen plus économique et qu'on emploie encore de préférence à tous les
autres.

On remue à la pelle les tas de grains, autour desquels
on en a disposé de plus petits auxquels on se garde bien
de toucher. Quand on suppose que l'insecte, effrayé, a
quitté les gros tas, on relève vivement les petits et on les
jette dans l'eau bouillante.

Ce moyen est excellent, surtout au printemps, et en le
répétant un nombre de fois suffisant, on peut espérer détruire la première génération, qui est la plus nombreuse.

On a parlé, dans ces dernières années, de la benzine
comme moyen de destruction des calandres ; mais si des
expériences ont été faites, j'en ignore complétement le
résultat.

Enfin, en 1842, M. Herpin a construit un tarare insec-
ticide, que M. Doyère perfectionnait en 1852. Un autre
système plus parfait vient d'être soumis par M. Robin à
l'approbation de la Société d'agriculture. L'appareil se
compose d'une étuve chauffée à 70 degrés par l'intermédiaire d'un bain-marie et dans laquelle circule le blé étendu
sur plusieurs toiles sans fin superposées.

La calandre forme un sous-genre dans le genre charançon, dont elle se distingue par des antennes brisées,
de sept à neuf articles, la longueur du corselet, son bec
cylindrique et ses tarses sans poils.

Le blé d'Egypte est souvent infesté des chenilles d'un
lépidoptère presque aussi dangereux que la calandre. C'est
l'alucite ou œcophore (*alucita granella*). La chenille dé-
crite par Réaumur, et sur laquelle Duhamel et Tillet ont
publié des observations, est blanche avec la tête brune. Sa
manière de procéder se rapproche de celle de la calandre.

Elle attaque un grain de blé où elle pénètre par la fente longitudinale, qu'elle perce au milieu et qu'elle vide au

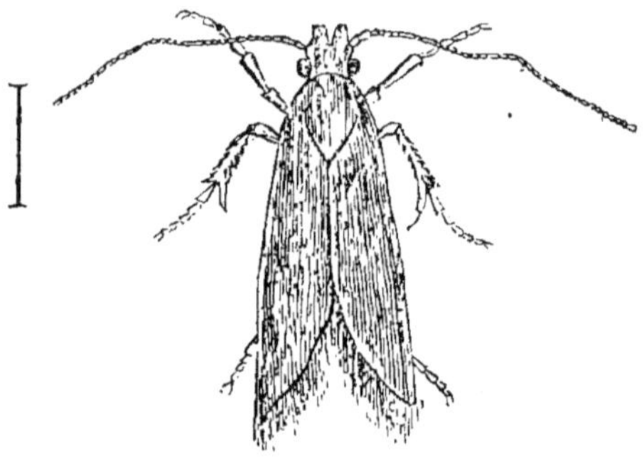

Fig. 6. Alucite des grains à l'état parfait.

fur et à mesure qu'elle s'accroît, en ménageant l'enveloppe. Elle y accomplit ses métamorphoses et n'en sort qu'à l'état parfait. C'est alors un papillon à ailes d'un gris

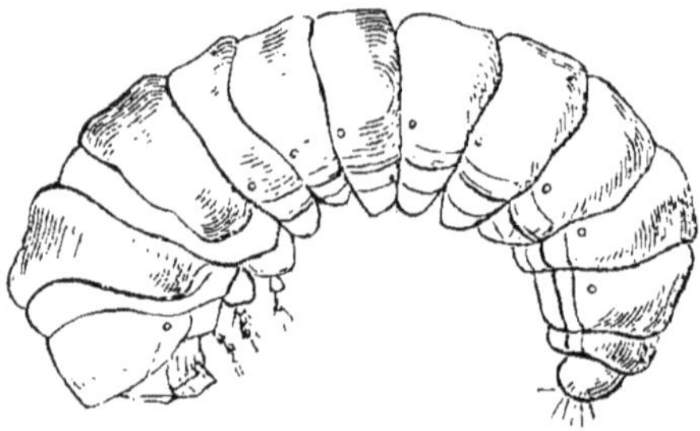

Fig. 7. Alucite à l'état de chenille.

luisant, avec des taches plus blanches ou moins foncées, parfois à peine appréciables ; ces ailes sont horizontales, quoique très-rapprochées, et en forme de chappe. Aussitôt libre, l'alucite sort des greniers et va faire sa ponte sur les céréales encore sur pied. Dans le Midi, où ses ravages sont

beaucoup plus fréquents que dans le Nord, l'alucite fait
six pontes.

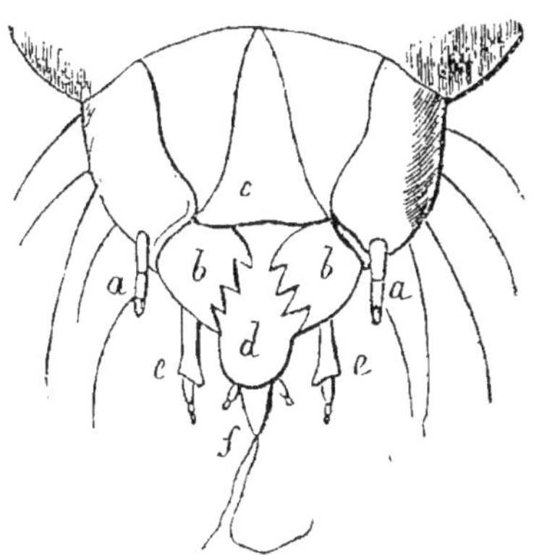

Fig. 8.   Tête d'une chenille d'alucite.

aa. Palpes labiaux.   *c.* Lèvre supérieure.   *ee.* Palpes maxillaires
bb. Mandibules.   *d.* Lèvre inférieure.   *f.* Filière.

En Amérique, quelque temps après la guerre de l'indépendance, l'alucite, connue sous le nom d'*hessian fly*, produisit d'affreux dégâts. Elle y était venue d'Europe, où l'on
avait déjà eu depuis longtemps à s'en plaindre, soit avec
les blés, soit avec les approvisionnements envoyés à l'armée anglaise et qui étaient tirés de la Hesse allemande.

L'étuvage, l'échaudage, le tararage du grain sont les
moyens employés pour détruire cet insecte. Le tarare tue-
teigne de M. Doyère, surtout, produit d'excellents résultats.

On confond ordinairement avec la précédente l'alucite
des céréales (*alucita cereatella*). Il faut du reste y regar-
der de près pour les distinguer ; la seule différence sensible
consiste dans la couleur des taches des ailes, qui s'enlèvent

en gris plus foncé, au lieu d'être plus claires que le reste de l'aile.

La teigne des grains (*tinea granella*), autre lépidoptère, a vu souvent ses dégâts mis sur le dos de l'alucite. La manière d'opérer est cependant bien différente : elle lie avec de la soie plusieurs grains de blé, s'en fait un fourreau, tout tapissé de soie lui-même, comme un salon élégant, et de là ronge tout le blé qui est à sa portée.

L'avoine, le seigle, elle attaque toutes les céréales, et ses ravages, commencés bien avant la moisson, se continuent jusqu'après la semaille, car elle se laisse enterrer avec le grain.

La chenille, jaune d'abord, devient grise, puis noire en vieillissant.

Le papillon, qui, comme celui de l'alucite, appartient à la section des nocturnes et à la tribu des tinéides, est cendré avec des taches brunes ; ses ailes, très-rapprochées, enveloppent presque le corps.

Le trogosite mauritanique (*trogosita mauritanica*) fait dans le Midi des ravages comparables à ceux des insectes qui précèdent. C'est un coléoptère tétramère, de la section des xylophages, long de 3 lignes, à ventre brun, à élytres noirâtres et striées.

Sa larve est blanche avec la tête noire, composée de douze segments et munie de six paires de pattes.

Elle attaque le grain à l'extérieur, bien différente en cela de l'alucite, de la calandre, etc., et lorsque l'approche de sa métamorphose la force à chercher un abri paisible dans les crevasses des murs ou les fentes des planchers, elle fait la guerre aux larves des autres rongeurs de blé qu'elle y rencontre. L'insecte parfait, quoique habitant aussi les greniers, ne touche pas aux grains et continue les

exploits de la larve contre les chenilles de l'alucite et autres confrères.

A la fin de juillet, la femelle vient faire sa ponte sur le
grain; on a remarqué que la larve, lorsqu'elle quitte les
monceaux de blé, se sert de ses deux crochets abdominaux
pour se suspendre aux murailles et aux plafonds et y faire
la chasse.

Cet insecte paraît nous être venu d'Algérie avec les blés
de Barbarie. On peut citer à l'appui de cette opinion
qu'il est rare au centre de la France, où le climat est trop
froid pour lui, et que lorsque les hivers sont rudes dans
le Midi, ses ravages sont bien moins sensibles.

Pour échapper aux ravages de cet insecte ou le détruire,
on emploie différents moyens : 1° on ne vanne le blé
qu'au commencement de l'hiver et non de suite après la
moisson; de cette façon, la larve se trouve rejetée avec les
autres débris.

2° On enferme le blé dans des sacs aussitôt après le battage et on le conserve dans cet état.

3° On lui fait la chasse à l'époque où la larve se sus-
pend aux planchers ou aux murailles. C'est, je le crois, le
moyen le plus efficace.

Le trogosite bleu (*trogosita cœrulea*) est semblable au
précédent, il n'en diffère que par sa brillante couleur bleue
et les quelques marques enfoncées qu'on aperçoit sur sa
tête. Sa larve doit avoir les mêmes habitudes, mais elle
est beaucoup moins répandue que celle du trogosite mauritanique.

Je clos ici ma liste de proscription pour aujourd'hui.
Aussi bien, je crois qu'il ne reste guère d'insectes de l'été
passé, et ceux de cette année ne sont pas en avance.

Attendons le joli mois de mai et les hannetons.

3.

LETTRE VI.

23 mai 1865.

Allons, l'heure a sonné! le printemps règne de droit... mais non pas de fait. Les poëtes sont encore cette année en avance sur l'almanach. Il n'est pas encore question des « tièdes bouffées de mai » qui doivent faire ouvrir « les roses frileuses »; mais, grâce à Dieu, il y a des hannetons. — Ce sera sans doute le plus clair du printemps de cette année.

Il fut un temps où nous aimâmes les hannetons, — pas comme comestible [1], mais comme passe-temps. — Alors le hanneton était pour nous une bête du bon Dieu, inoffensive et douce créature, bonne tout au plus à voler avec un fil à la patte, ou à se battre, l'abdomen fixé sur une table au moyen de glu, contre un adversaire de même espèce et non moins chevaleresque qu'englué.

S'il a fallu du temps pour nous faire revenir de nos

---

[1] Un professeur de chimie, M. Girardin, je crois, avait fait moudre des hannetons et proposait de se servir de la farine pour différents usages, — après tout, pourquoi pas ? Quand on mange des huîtres toutes vives, on peut bien manger du hanneton réduit en poussière.

préventions optimistes, tu le sais, — si même nous en sommes bien revenus !...

Aussi ai-je pris la précaution de me munir d'un modèle pour le portrait que je veux t'en envoyer, me défiant de « la magie des souvenirs (V. fig. 1). »

Le hanneton (*melolontha vulgaris*) est un coléoptère pentaméré, de la section des lamellicornes et de la sous-tribu des phyllophages. Il a les élytres couleur... hanneton (quelle naïveté !) et le reste du corps noir, avec une tache blanche, triangulaire, des deux côtés de chaque anneau de l'abdomen, les pattes et la massue des antennes rousses.

Les antennes sont de huit à dix articles, comme celles de tous les phyllophages, et se terminent par un éventail composé de sept feuillets chez le mâle et de six, moitié plus petits, chez la femelle.

Quand l'époque de la ponte est arrivée, la femelle creuse en terre, avec ses pattes antérieures, un trou de 15 à 16 centimètres de profondeur, au fond duquel elle dépose ses œufs, d'un jaune clair et d'une forme un peu allongée.

Six semaines après, l'éclosion a lieu. Les jeunes larves sont d'un blanc sale, ridées, avec une grosse tête écailleuse, elles sont munies de trois paires de pattes; leur corps se compose de treize segments.

Les jardiniers, dont elles font le désespoir, les nomment vers blancs, taons, turcs, mans, etc.

Pendant les trois années qu'elles restent en terre, elles vivent exclusivement de racines, attaquant légèrement celles des arbres, mais dévorant celles des végétaux moins résistants et des plantes annuelles.

L'insecte parfait, qui apparaît à cette époque, mange les feuilles des arbres, comme sa larve mange les racines.

Ce qui fait de l'innocent hanneton un affreux dévastateur, dont il faut se défaire à tout prix.

C'est surtout après les hivers doux et secs qu'il foisonne, et quelquefois à tel point qu'on a vu des bois entiers dépouillés en peu d'instants, juste au moment où ils avaient tant besoin de feuilles.

. En 1479, selon Stettlers, «furent pour leurs dommages — les larves de hannetons — citées au tribunal ecclésiastique de Lausanne, et condamnées au bannissement. »

En 1574, les hannetons sont si abondants en Angleterre, que leurs corps empêchent plusieurs moulins de tourner sur la Savern. En 1688, c'est le tour de l'Irlande : « l'air en est obscurci. »

En 1841, pendant le mois de mai, dans les environs de Mâcon, des nuées de hannetons franchissent la Saône dans la direction du sud-est, et s'abattent sur les vignes. Les rues en étaient jonchées, et à certaines heures, en passant sur le pont, il fallait faire des moulinets avec sa canne pour n'en être pas couvert.

Les moyens ne sont pas rares pour détruire le hanneton, soit à l'état de larve, soit à celui d'insecte parfait.

A l'état de larve, on lui fait la guerre par les façons (labours, binages, hersages) qu'on donne au sol. Une femme ou un enfant, marchant derrière les instruments, en peut écraser un grand nombre. Les engrais pulvérulents (chaux, suie, guano, etc.) le chassent. On peut aussi semer des plantes d'appât dans les vergers et détruire d'un seul coup un grand nombre de larves rassemblées autour de leurs racines.

Quant à l'insecte parfait, il faudrait, pendant plusieurs années de suite, faire des battues pour le détruire au moment où il sort de la nymphe. En attendant la guerre particulière que chacun peut lui faire, en secouant les arbres pendant le jour, on en diminue toujours le nombre.

En 1574, on a payé jusqu'à 5 francs l'hectolitre d'insectes parfaits. En 1844, le département de la Sarthe en a fait recueillir, au moyen de primes, 3,500 hectolitres, et on évalue à 250 millions le nombre d'insectes détruits par ce moyen.

Non-seulement les oiseaux des champs, mais la volaille, le dindon, la poule sont friands des hannetons, et le rat, le hérisson, la fourmi, la belette en détruisent autant qu'ils en rencontrent.

Quant aux services que la taupe rend en cette occasion, ils sont nuls, malgré le dire de certains agriculteurs entêtés dans l'affection qu'ils lui ont vouée. Un grand nombre de dissections avaient prouvé qu'elle ne détruisait pas de larves de hanneton. Une dernière expérience bien concluante a porté le dernier coup à sa réputation. — On garnit un tonneau de 25 centimètres de terre dans laquelle se trouvaient en abondance des lombrics et des larves de hanneton. Les taupes qu'on y avait placées moururent de faim, après avoir détruit les lombrics. Les larves de hanneton seules avaient survécu.

Il existe, en France, trois autres variétés de hannetons :

Le hanneton foulon (*melolontha fullo*), long d'un pouce et demi, ayant le ventre cendré, la poitrine velue et roussâtre, les élytres noires marquées de blanc, le corselet orné de trois lignes blanches, dont les deux latérales sont coupées. On ne le trouve guère que dans le midi ; sa larve commet les mêmes dégâts que celle du hanneton commun, mais l'insecte parfait ne paraît que vers le mois de juillet, où on le trouve occupé à ronger les feuilles du tilleul, du peuplier et surtout du chêne.

Le hanneton solstitial (*melolontha solstitialis*), qui atteint rarement à la taille d'un pouce, est testacé, avec des parties plus foncées ; le ventre est brun avec des bandes grises, les élytres garnies de trois ou quatre nervures plus pâles ; il a, sous la forme de larve, les mêmes mœurs que les précédents. Il ne paraît guère à l'état d'insecte parfait que vers le mois d'août.

. Le hanneton équinoxial (*melolontha æstiva*) est également testacé ; son corselet est pâle et sans poils, ses élytres sont verdâtres, avec la suture plus noire, et sont pointillées sans nervures ; larves et insectes parfaits commettent les mêmes dégâts que les autres variétés ; il est beaucoup plus petit que le précédent.

On trouve souvent, aux environs de Paris, un petit hanneton noir, long à peine de 6 à 7 millimètres, appelé le hanneton horticole ; mais ses ravages, modifiés par l'exiguïté de sa taille, sont loin d'égaler ceux des précédents.

Si, avec la béquille d'Asmodée, on pouvait rendre transparentes les écorces des arbres dans toute une forêt, on serait, à cette époque surtout, étonné du prodigieux fourmillement des insectes qui font du bois leur demeure habituelle. On ne peut mieux comparer un arbre ainsi attaqué qu'à un cadavre en décomposition dévoré par les vers.

La présence des matières amylacées signalée dans ces dernières années par M. Payen explique en partie les ravages causés par les insectes auxquels elles servent de nourriture. Les excréments que laissent derrière elles les larves n'en contiennent pas. On comprend, du reste, que la fécule est certainement la matière la plus appropriée à l'absorption qu'elles puissent rencontrer dans les bois.

Les larves des bostriches, des scolytes et autres xylophages percent et taillent en plein bois, se creusent des cavernes, s'y métamorphosent et sortent de là sous la

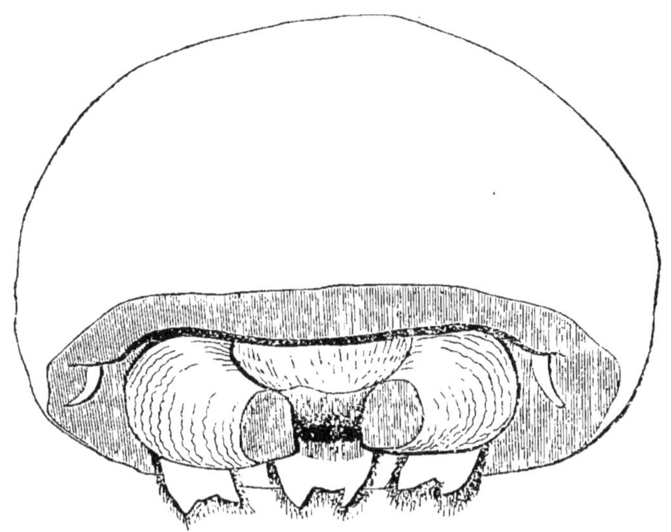

Fig. 9. Tête d'une larve de xylophage.

forme de coléoptères à antennes foliées dès leur base, toujours courtes, en forme de massue, et composées de onze articles. Toutes ces larves sont allongées, mamelonnées, armées de fortes mandibules, et un peu plus grosses du côté antérieur que de l'abdomen.

Les bostriches ont toujours les antennes terminées en massue simple ou par trois feuillets ; les tarses ont les articles entiers, et la tête n'est jamais, chez eux, terminée en trompe.

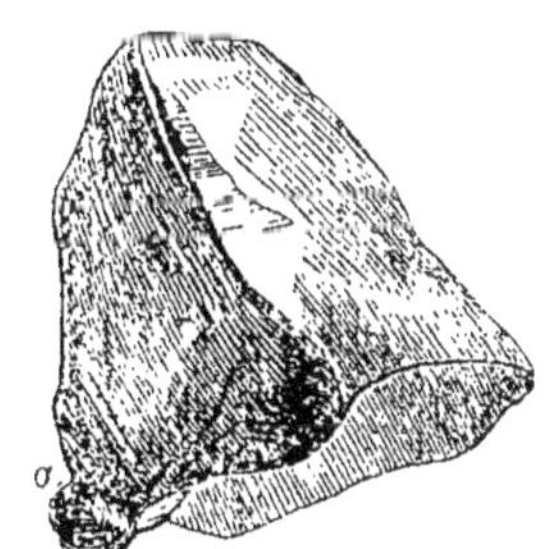

Fig. 10.
Partie cornée des mandibules
d'un xylophage.

Le bostriche capucin (*bostrichus capucinus*) est long de

5 lignes, noir avec le ventre et les élytres rouges, le corselet bombé avec des points en relief.

Le bostriche tarière (*bostrichus terebrans*) est brun, avec le corselet bordé et les élytres ornées de stries crénelées.

Le bostriche du pin sylvestre (*bostrichus pinastri*) est long de 4 lignes et demie; il est brun-marron, avec les élytres et l'abdomen rouges.

Le bostriche typographe (*bostrichus micographus* ou *abietiperda*) habite les écorces des épicéas; il a un peu plus d'une ligne de longueur; il est noir avec le corps légèrement tronqué et les élytres entières.

Le bostriche rayé des bois de service (*bostrichus lineatus*) et celui du sapin blanc (*bostrichus curvidens*) font dans les forêts de sapins blancs quelques dégâts, de même que le bostriche du mélèze (*bostrichus lancis*), espèce particulière à cet arbre.

Les scolytes ne diffèrent des bostriches qu'en ce qu'ils ont le pénultième article des tarses bilobé. La forme générale du corps est toujours cylindrique, comme celle de tous les xylophages destinés à passer une grande partie de leur vie dans des galeries; celles des scolytes sont tortueuses, et de là leur vient leur nom de *scoliotès* (tortuosité).

Le scolyte destructeur (*scolytes destructor*) est long de 5 millimètres, brun, luisant; son corps est épais et cylindrique, ses élytres sont striées et tronquées, son front est pubescent.

La larve habite sous l'écorce du chêne et de l'orme. En 1836 elle se multiplia tellement, qu'on dut abattre, dans le bois de Vincennes, cinquante mille pieds de chênes attaqués par elle.

« Ces larves, dit M. Rambosson, perforent l'écorce du

chêne et de l'orme, et s'avancent ensuite à la surface du
jeune bois, en rongeant devant elles le tissu du liber et
de l'aubier, suivant une direction longitudinale. La femelle dépose un nombre plus ou moins considérable d'œufs
sur la paroi latérale de la galerie ainsi pratiquée, et les
larves qui naissent de ces œufs, rongeant de la même manière le tissu végétal d'alentour, creusent autant de galeries secondaires, dont la direction est transversale, et
dont le diamètre s'accroît à mesure que le parasite s'é-
loigne du berceau préparé par sa mère, et en vieillissant
augmente lui-même de volume. L'espace taraudé de la
sorte par une seule famille de xylophages occupe, d'ordinaire, 12 ou 15 centimètres en tous sens, quelquefois
beaucoup plus; et la rapidité avec laquelle ces insectes se
multiplient est très-grande. Aussi arrive-t-il souvent qu'en
fort peu de temps ils séparent l'écorce de l'aubier, sur
une partie considérable du tronc et des grosses branches
des arbres où ils ont établi leur demeure. »

En 1844, M. Eugène Robert reprit des observations déjà
commencées par M. Audouin, et étudia, sur les arbres des
promenades publiques de Paris, les meilleurs moyens de
destruction. Ayant remarqué que les larves du scolyte
périssent dès qu'elles ne sont plus protégées contre les
variations atmosphériques, il incisa largement l'écorce
des arbres attaqués, et le succès justifia complétement
l'expérience; les larves périrent ou émigrèrent, l'écorce
se reforma, et la végétation reprit sa vigueur. On eut
même, depuis, et avec la même réussite, recours à la dé-
cortication complète.

Le scolyte typographe (*scolytus typographus*) est un
des plus terribles de ce genre; il fait dans les bois de pins
des ravages analogues à ceux du scolyte destructeur dans

les bois d'ormes et de chênes. Ratzebourg rapporte qu'en une seule année ces larves firent périr dans les forêts du Hartz, en Allemagne, plus de quinze cent mille arbres verts.

Il est testacé, velu, jaunâtre; ses élytres sont garnies de stries tronquées et dentées à l'extrémité.

Le scolyte ligniperde (*scolytus ligniperda*) est long de 2 lignes, noir, légèrement velu, avec deux lignes de stries légèrement crénelées sur les élytres, les antennes et les pattes rouges, et les quatre pattes postérieures dentées; on le trouve dans les bois résineux, en compagnie du scolyte typographe.

Le scolyte de l'olivier (*scolytus oleæ*), qu'on ne trouve que dans le midi de la France, est gris, couvert de poils; ses antennes sont roussâtres et terminées par un éventail.

Le scolyte oleiperde (*scolytus oleiperda*), qu'on rencontre avec le précédent, est brun, velu; ses élytres sont testacées et couvertes de stries, ses pattes sont fauves.

Tous deux nuisent fort aux oliviers.

L'hylésine piniperde (*hylesina piniperda*) est encore une habitante dangereuse des bois. Elle est longue de 5 millimètres, d'un marron noirâtre, plus foncé sur le corselet, quelquefois d'un fauve testacé. Les élytres sont ridées et crénelées en avant, au moins deux fois aussi longues que le prothorax, avec des stries ponctuées, dont plusieurs contournées de poils courts et roides.

Les femelles déposent leur ponte sur les souches, les arbres abattus, mais rarement sur ceux qui sont debout. Elles creusent une galerie dans le liber et y introduisent leurs œufs, au nombre de cent cinquante environ. Les larves éclosent quelques jours après et se creusent des galeries nouvelles, puis subissent leurs métamorphoses, paraissent à l'état parfait (pour ceux de la première ponte éclos en avril et en mai) vers la fin du mois de juillet. Ils vivent jusqu'à l'hiver sous cette forme, ordinairement sur les pousses de deux à trois ans qu'ils rongent jusqu'au bourgeon terminal, et à l'hiver ils rentrent dans le tronc.

Ces dégâts, lorsqu'ils sont commis sur un arbre vivant, arrêtent la séve et forcent l'arbre à se courber à cet endroit pour reprendre ensuite la direction verticale.

« Les éclaircies exagérées dans les jeunes pineraies, l'abatage des arbres à une trop grande hauteur au-dessus du sol et le séjour prolongé dans les forêts du produit des coupes et des arbres renversés par le vent, amènent ses ravages. Son éclosion ayant lieu dès le mois de juillet, les coupes des pineraies doivent se faire avant cette époque. Il y a quelquefois, dans l'arrière-saison, une reproduction assez abondante d'hylésines, reproduction que je crois devoir attribuer à une seconde génération. Il faut donc prendre garde, pendant toute la saison d'été, de laisser séjourner dans les pineraies le bois mort et les arbres abattus. » (E. Chevandier. *Mémoire à l'Académie des sciences*, 12 février 1852.)

Dans les forêts, on diminue les ravages des bostriches et des scolytes, en abattant quelques arbres qu'on laisse sur le sol et qu'on nomme *arbres d'appât*; ces insectes s'y réfugient, et au bout de quelque temps, avant l'éclosion des œufs, on enlève l'écorce de ces arbres pour la brûler ou on les sort de la forêt. On écorce sur pied ceux dont l'écorce rugueuse et fendue offre des retraites faciles aux dévastateurs. Enfin, dans quelques cas, on emploie des femmes et des enfants à faire une recherche générale des insectes nuisibles.

Un coléoptère moins dangereux et qui, s'il fait quelques dégâts dans les jardins, sait se les faire pardonner par la richesse de sa couleur et sa gentillesse, c'est le criocère du lis (*crioceris merdigera*). Au mois de mai, sa larve longue d'un centimètre, ramassée, de forme presque ovale, d'un jaune pâle et verdâtre, avec la tête noire, armée de mandibules tranchantes, se montre en troupes nombreuses sur le lis. Habile à se dérober au danger d'être enlevée au vol par les oiseaux, elle se recouvre de ses excréments, qu'elle fait remonter jusque sur sa tête, au moyen d'une contraction de ses segments, d'où lui vient son nom. L'insecte parfait, un des plus printaniers, est noir en dessous et à les élytres et le corselet d'un beau rouge pourpre. Le petit cri qu'il fait entendre est produit par le frottement du prothorax contre le mésothorax.

Nous sommes un moment sortis du bois pour étudier le criocère, dont nous retrouverons plus tard d'autres variétés ; retournons-y pour signaler le bupreste du saule.

Le bupreste du saule appartient à cette brillante famille qu'on avait baptisée les richards, à cause de l'opulence de leurs costumes. Regrettons doublement que cette étymologie n'ait pas prévalu, d'autant plus que celle qui la remplace, quoique tirée du grec, n'a pas de raison d'être. Il y a longtemps qu'on ne croit plus que ces insectes ont la propriété de faire *enfler les bœufs* (ἔους πρηστης, bœuf, renflement) qui les avalent en buvant ou en mangeant.

Les buprestes, comme tous les individus appartenant à la classe des sternoxes, ont le corps dur et la tête engagée jusqu'aux yeux dans le corselet. Leur marche est lente, mais leur vol est agile. Leurs larves vivent dans le bois sec.

Le bupreste du saule (*buprestus salicis*), qu'on rencontre

souvent sur le saule et sur la chicorée sauvage, ne dément pas la réputation d'élégance de costume traditionnelle dans sa famille. Il est d'un vert bleuâtre métallique ; ses élytres ont des reflets cuivreux ; mais il faut le voir à la loupe pour bien admirer la richesse de ces teintes. La femelle est armée d'une tarière avec laquelle elle introduit, dans le bois et les végétaux, des œufs dont les larves causent de nombreux dégâts.

Les nitidules sont encore une tribu d'élégants insectes, ainsi que le dit l'étymologie de leur nom (*nitidus, brillant*), dont quelques variétés vivent sous l'écorce des arbres. Ce sont d'abord :

La nitidule tomenteuse (*nitidula tomentosa*) qu'on trouve aussi quelquefois sur les fleurs, presque fauve, quelquefois sa couleur est d'un jaune verdâtre. Elle est surtout reconnaissable aux quatre premiers articles de ses tarses, qui sont presque cylindriques.

La nitidule à quatre mouchetures (*nitidula quadriguttata*) dont le corps est d'un noir luisant et dont les antennes finement pointillées sont décorées de quatre taches blanches.

On accuse aussi la nitidule verte (*nitidula viridis*) de s'être laissée prendre en flagrant délit de ravages dans les forêts par M. Watcher, mais l'accusation ne s'est pas reproduite ; peut-être était-ce de sa part un moment d'erreur.

Un autre genre de la tribu des nitidulaires a été observé pour la première fois en 1839 par M. Armand Bazin. Voici le résultat de ses observations :

« Atomaria linealis (Stephens) ; at. pygmea (Heer). Il est étroit, linéaire, long à peine d'un demi-millimètre. Sa couleur varie du roux ferrugineux au brun noir. Il se montre entre mai et juin, plus rarement en juillet et en août. Très-friand de la betterave, il se reproduit avec une rapidité surprenante et sait se dérober à tous les yeux ; il va se cachant dans le sol où il ronge les germes des betteraves, au fur et à mesure qu'ils apparaissent. Il n'est pas rare d'en trouver plusieurs autour d'une même graine. Quand leur nombre est considérable et que leur éclosion précède la levée des betteraves, la récolte est entièrement compromise. Mais si les insectes ne paraissent qu'après les plantes, les dommages sont moins grands. Ils attaquent les racines, y creusent de petits trous et les minent en partie, mais ne les détruisent pas toujours. Les betteraves échappent souvent à la mort, si la terre est humide, compacte et la végétation active. Cet insecte ne se contente pas d'attaquer les racines ; quand le temps est beau, il sort de terre, monte sur la tige et mange les feuilles… il arrive souvent qu'un certain nombre d'insectes sont occupés à ronger la racine, pendant que d'autres se nourrissent aux dépens de la feuille. »

Les moyens employés avec le plus de succès par M. Bazin contre cet insecte sont : 1º Faire alterner les récoltes ; 2º plomber le sol avec les rouleaux ; 3º fumer fortement le sol pour activer la végétation ; 4º ne pas économiser la semence. (*Mémoire à l'Académie des sciences*, 1854.)

C'est aussi au mois de mai que la larve du taupin fait ses plus grands ravages. La plus terrible est celle du taupin nébuleux (*elater murinus*). Elle est reconnaissable à sa forme cylindrique et à sa couleur jaune plus ou moins foncée, suivant l'âge ; sa tête est accompagnée de deux petites antennes, et outre ses six pattes, elle est pourvue, au dernier anneau de l'abdomen, d'un mamelon qui facilite la marche.

Elle fait quelquefois dans les champs de blé des ravages

fort importants, et quelquefois annihile complétement la semence ; ses ravages s'étendent souvent aux racines des crucifères (choux, rutabagas, etc.), quelque soin qu'on ait

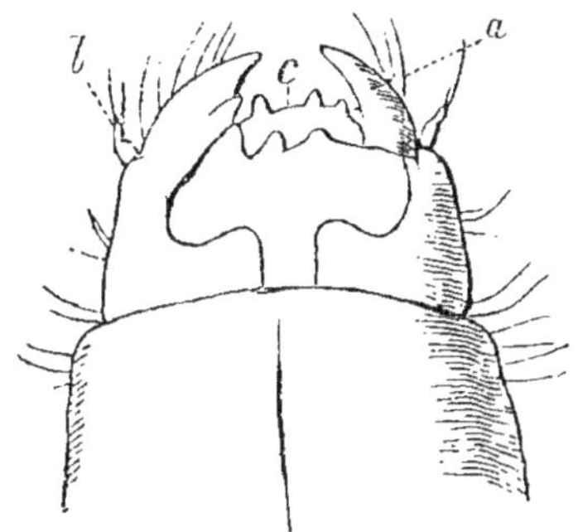

Fig. 11. Tête d'une larve d'élater
(vue en dessus).

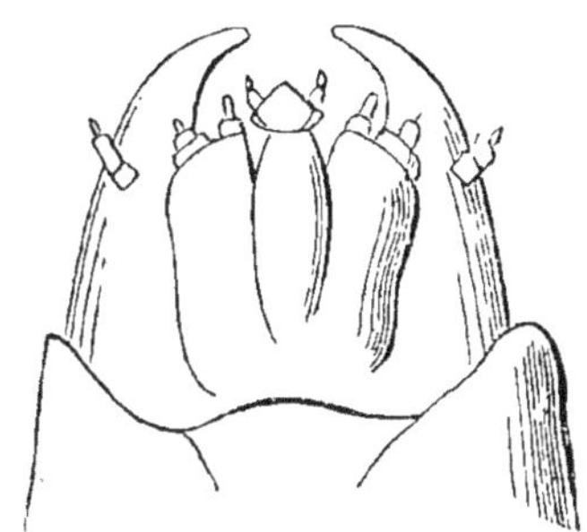
Fig. 12. Tête d'une larve d'élater
(vue en dessous).

a. Mandibules.   *b*. Palpes.   *c*. Labre.

pris, en les transplantant, d'en tremper le pied dans une bouillie faite de noir animal, d'urine, etc. Ses ravages sont d'autant plus considérables, que ces cultures succèdent soit à une jachère morte ou à un pâturage, soit à une praire naturelle ou artificielle vivace.

L'insecte parfait est brun cendré, long de cinq à six lignes ; ses antennes et ses tarses sont rougeâtres ; il est couvert de poils et porte deux petits tubercules sur le corselet.

Le taupin ferrugineux (*elater ferrugineus*) a le corps noir et les élytres rouges, ainsi que le corselet ; il est long de dix lignes et habite plus spécialement le bois pourri. Sa larve ressemble à celle du tenebrio molitor.

Le taupin du maïs (*elater maïdis*) est petit, d'un rouge noirâtre ; sa larve, longue de 15 à 18 millimètres, est formée de douze anneaux, outre la tête, et ornée de deux points blancs bordés de brun à la base du dernier. Ses ravages sur les cultures de maïs du sud-est de la France ont été signalés par M. Dufour, de Saint-Sever. Elle ronge les racines de la plante, qu'elle épuise d'abord et fait bientôt périr.

Mais la larve la plus commune avec celle du taupin nébuleux, est celle du taupin strié (*elater striatus*), et c'est aussi la plus vorace. L'insecte parfait est noir sale, avec des stries sur les élytres.

Il est peu de moyens de détruire ces larves, qui, par la manière dont elles attaquent les plantes, échappent à l'observation; et souvent quand on s'aperçoit de leurs dégâts, il est trop tard, le mal est sans remède.

Le corbeau, le rat et autres auxiliaires de l'homme en détruisent une certaine quantité, aidés par les insectes carnassiers, le carabe doré, le calasome sycophante, les cicindèles. Lorsque l'hiver a été long et dur, on peut espérer n'en pas avoir beaucoup. La nature est parfois prévoyante.

Je ne voudrais pas avoir l'air de chercher une querelle d'allemand à des gens paisibles et inoffensifs; c'est pourquoi je sépare immédiatement des staphylins, ateuchus, bousiers, géotrupes et autres habitants ordinaires des engrais l'oryctès nasicorne pour lui dire son fait.

C'est un gros lamellicorne, vivant ordinairement dans les détritus des tanneries, et qui, transporté avec eux dans nos jardins où ils servent d'engrais, ronge impitoyablement toutes les racines. Il est brun-marron, lisse, moins une strie près de la suture des élytres; son chaperon triangulaire porte une corne recourbée en arrière comme celle que le rhinocéros a sur le nez; son corselet porte trois petites dents.

Voici ce qu'en dit M. Raybaud-Lange dans sa monographie de l'olivier.

« Sa larve, gros ver blanc à tête noire, se loge dans la souche de l'olivier, la ronge, y détermine la carie et même la mort, si l'on n'a la précaution de rechercher le parasite incommode en découvrant les racines, de l'extirper de sa tanière et d'enlever toutes les parties de bois gâtées sous son passage. M. Labrousse conseillait l'emploi de la suie autour des racines, d'autres préféraient la chaux; mais tous ces moyens réussissent rarement; un instrument bien tranchant est le remède le plus efficace. »

Ma lettre est bien longue, mon ami, et cependant je n'ai pas nommé la moitié de ceux qui vont fondre sur tes produits durant ce beau mois des fleurs — et des insectes. Va, je te plains en te voyant aux prises avec tous les infiniment petits de la création.

Il y a des moments où je me demande s'ils ne vont pas dévorer mon ami. — Défends-toi.   VALE.

LETTRE VII.

De l'efflorescence du colza... et des paradoxes. — Les pentatomes. —
L'inoffensive bête à bon Dieu. — L'yponomente du cerisier. — Comment la chrysis ignisa met ses enfants en nourrice. — Le cynips
rosæ, galle du rosier. — Les piérides. — L'hépiale. — La zeuzère
du marronnier d'Inde. — La trichie ermite. — La psyché stomoxelle.
— Les lucanes, à quoi sert leur coiffure biscornue? — Quelques
charençons. — La cléonie, insecte cosaque. — Psylles. — Des effets
et des causes.

30 mai 1865.

Un danger sérieux, plus sérieux que tous ceux que je
t'ai jusqu'à présent signalés, — est sur le point de te menacer. — Il ne s'agit pas là d'insectes dévorant des grains,
rongeant des arbres, détruisant les plus belles fleurs de
ton jardin.

Il s'agit de toi, c'est un danger personnel. — Mieux
même, — il s'agit de ce qu'il y a de plus précieux pour
toi, — quoique tu t'en serves assez rarement, — il s'agit
de ta raison.

On disait jadis :

> Lorsque la fève fleurit,
> L'abondance des fous grandit.

Maintenant, il n'est plus question de la fève, mais l'é-
poque de la floraison du colza est, tous les ans, dit-on,
marquée par une recrudescence de lubies, de toquades
(puisque le mot est usité), de paradoxes plus baroques
les uns que les autres...

Il est probable qu'il avait passé auprès d'un champ de colza en fleur, ce causeur qui hier soir, à propos d'insectes, soutenait paradoxalement — que la destruction de l'insecte amènerait avant peu de temps un changement dans le régime gouvernemental des nations.

L'insecte, disait-il, c'est la digue qui empêche les vagues des idées de venir s'étaler sur les bas-fonds où végète le paysan. — Supprimez l'insecte, c'est-à-dire la nécessité pour le paysan de produire le double, parfois le triple de sa consommation, — il deviendra lazzarone, — il redressera son échine pliée, et, délivré de son tyran, il s'étendra à l'ombre. — Puis, entre ses instants de sommeil et de digestion, il songera, — et à peine échappé aux chaînes de l'esclavage, il voudra déjà commander. Il confondra dans sa haine pour les oppresseurs ceux qui le guident et ceux qui l'oppriment, et ce sera un défilé complet de Spartacus, de Mazaniellos, de Cromwells, qui ne finira plus.

Car, ajoutait-il en finissant, l'insecte est le maître du paysan.—Travaille, lui dit-il. Eh quoi! tu te relèves? allons, courbe les reins. — Je mange. — Travaille pour nous deux. Tu ne veux plus? à ton aise. Je prendrai d'abord ma part et tu auras le reste, et ta femme et tes enfants mourront de faim cet hiver, si tu ne travailles pas. — Et l'esclave obéit.

C'était un paradoxe; mais de même que rien dans la nature n'est parfaitement noir ni parfaitement blanc, rien, non plus, n'est d'une vérité ou d'un faux absolu, et le paradoxe avait du vrai.

Toujours est-il que le colza, s'il influe sur les idées, ne détruit pas les bons sentiments; car un insecte, qui nonseulement en aspire le parfum, mais encore mange la plante elle-même, est cité pour sa tendresse maternelle, à l'égal de la poule : conduisant et surveillant ses petits avec autant d'amour que celle-ci ses poussins.

C'est le pentatome des crucifères (*pentatoma brassicæ*), hémiptère hétéroptère, appartenant à la famille des géocorises. L'insecte parfait est rouge avec des taches noires, et la tête et les ailes revêtues de cette dernière couleur. Il a, comme tout le genre pentatome, la gaîne du suçoir en forme d'alène, et composé de quatre articles distincts. Les tarses n'en ont que trois ; les antennes sont filiformes, et le corps est court et élargi (V. fig. 4).

Le pentatome gris (*pentatoma griseus*), qu'on rencontre ordinairement sur le saule, est celui qui a le plus de droit aux éloges par ses beaux sentiments. Malheureusement ces vertus sont compensées chez tous les individus de ce genre par une odeur repoussante.

Du reste, la femelle du pentatome fait bien de veiller sur ses petits, car, si parfois la couvée était rencontrée par une larve de coccinelle, il pourrait manquer quelques brebis à la rentrée au bercail. Oui, l'inoffensive bête à bon Dieu, la coccinelle si riche de couleurs, si ronde de forme, si douce en apparence, est, à l'état de larve, férocement carnassière. C'est pourquoi je te conseille d'épargner, en quelque lieu que tu les trouves et à quelques variétés qu'elles appartiennent, les larves d'un gris sale, molles, piquetées de point jaunes, munies de six pattes et d'une paire de mandibules, en raison de leur férocité : ce sont d'utiles auxiliaires.

Faisons une promenade autour de la maison, ce champ est assez vaste pour nos observations, et nous rencontrerons, sans nous exposer aux averses, un spécimen des ravageurs éclos à cette heure sur toute ta propriété.

Commençons par les arbres fruitiers du verger. Voici

la larve de l'yponomente du cerisier (*yponomenta cerasi*), lépidoptère nocturne, assez semblable à la teigne des draps. Ses ailes supérieures sont d'un gris plombé et marquées d'une vingtaine de points noirs ; la larve, aussi bien que l'insecte parfait, vit aux dépens du cerisier ; elle est longue de six lignes, et vit en société.

Dans ton verger as-tu des ruches? Prends garde à la chrysis enflammée (*chrysis ignisa*). C'est un nom assez terrible et qui contraste avec l'apparence de l'insecte, quoique, d'un autre côté, il rende bien l'aspect rutilant de ses couleurs. Il est bien peu d'insectes, même parmi les insectes exotiques qu'on rencontre au Mexique, au Brésil, dans l'Inde, si brillants qu'ils soient, qui puissent lutter avec elle.

Quoique les descriptions trop poétiques aient fait, pour ainsi dire, proscrire par le bon goût l'abus des pierres précieuses comme points de comparaison, figure-toi une petite mouche dont le corselet a été taillé, littéralement, dans une émeraude et l'abdomen dans quelque pierre inconnue, plus brillante que le rubis et d'un rouge plus délicat encore. Quant à la forme (tu pourrais cependant la reconnaître à sa couleur), elle est charmante; l'abdomen est uni, arrondi au bout, terminé par quatre dents distinctes, et de même largeur que le corselet. Mais la tarrière rétractile qu'il contient est accompagnée d'un petit aiguillon. Ses ailes sont transparentes et sans nervures. Les antennes, de treize articles, sont courbées et dans une agitation continuelle.

La chrysis est un insecte trop beau pour se livrer à de rudes travaux, et cependant sa larve a besoin d'une nourriture choisie, que ne peut lui préparer sa mère, occupée tout le long du jour à faire étinceler au soleil ses brillantes couleurs. — Que faire ? — Eh mon Dieu ! c'est bien simple. Il ne s'agit que de s'introduire, sans être vu, dans une ruche et là de déposer ses œufs à proximité de la nourriture qui ne leur était pas destinée. — Tant pis pour vous, pauvres abeilles !

Sic vos non vobis mellificatis apes.

Mais il arrive aussi que la malheureuse chrysis, aperçue par quelques sentinelles, au moment de son entrée clandestine, est assaillie, maltraitée et parfois tuée.

Un autre hyménoptère, appartenant comme la chrysis à la famille des pupivores, c'est le cynips de la rose (*cynips rosæ*) de la tribu des gallicoles ; il est l'auteur de la gale du rosier sauvage.

Celui-là n'est pas dangereux pour toi, je ne t'en parle que pour établir ce fait, qu'avec l'extrémité de son abdomen dentelée en scie, il entame l'épiderme du rosier, et au moyen de son oviducte roulé en spirale dans l'intérieur du corps, il y introduit ses œufs. De là ces excroissances de différentes formes appelées galles, dans lesquelles les larves, tantôt seules, tantôt par troupe, après avoir rongé la substance, se transforment en nymphes.

Le lierre terrestre, l'églantier, le quercus baccarum, le quercus pedunculatus, le quercus folii sont habités par autant d'espèces particulières.

Autour de nous volent ces papillons blancs qui paraissent les premiers au printemps. Ils appartiennent à la tribu des piérides, et n'ont pas le bord des ailes inférieures frangé de découpures, mais elles forment en se repliant une espèce de gouttière où l'abdomen se trouve enveloppé. Le plus grand des deux est la piéride du chou (*pieris bras-*

sicæ), l'autre la petite piéride du chou (*pieris rapæ*). La femelle a les ailes entièrement blanches, le mâle les a ornées d'une tache noire. La chenille, très-velue et d'un noir presque brun, vit sur les crucifères et quelquefois sur la carotte. La piéride blanche veinée de vert (*pieris napi*), qui a absolument les mêmes mœurs, affectionne principalement le navet. Elle n'a que 15 lignes de long, la pointe des ailes est noire ; elle porte en dessous des veinures élargies de couleur verte, d'où lui vient son nom.

Dans le Midi, la piéride cratægi fait souvent périr les amandiers en dévorant leurs feuilles deux ou trois ans de suite. Aussi a-t-on grand soin de faire écheniller soigneusement. C'est un grand papillon qui a plus de deux pouces d'envergure, dont les ailes blanches, à demi-transparentes, ont de grandes nervures noires et une petite lisière noire. Sa chenille, gris noirâtre, a des raies d'un noir plus accentué ; elle est couverte de poils jaunes mélangés de blancs. Sa forme est cylindrique.

Un autre lépidoptère, de la classe des nocturnes, l'hépiale du houblon (*hepialus humuli*) attaque les racines du houblon à l'état de larve, et cause parfois de grands dégâts. L'insecte parfait a chez le mâle les ailes supérieures d'un blanc argenté, sans taches ; chez la femelle, elles sont jaunes avec des taches rouges. Tous deux ont les antennes beaucoup plus courtes que le thorax.

Un genre différent, de la même tribu des hépialites, nous fournit encore une larve qui habite quelquefois dans le bois, mais plus souvent dans la moelle du marronnier d'Inde, du tilleul, du noyer, et souvent dans celle du poirier et du pommier. C'est celle de la zeuzère du marronnier (*zeuzera æsculi*) ; elle est longue, à l'état parfait, d'environ 40 millimètres. Le mâle a les antennes garnies à leur naissance d'un double rang de barbes et terminées par un filet ; elles sont, chez la femelle, simples et cotonneuses à la base. Les ailes sont blanches dans les deux sexes, ornées de taches bleues, et l'abdomen est entouré d'anneaux bleuâtres.

La psyché stomoxelle appartient à la même classe des nocturnes, et y forme une tribu, celle des psychides ; elle n'attaque ni les arbres ni les fruits, mais elle est atteinte et convaincue de causer dans les prairies des ravages dont on a longtemps ignoré la cause. Depuis 1858, elle a été accusée par M. Belibet, secrétaire de la Société d'agriculture du Puy, d'avoir causé des dégâts considérables dans les prairies de ce pays, en coupant par le pied le chaume des graminées.

« La femelle est aptère, et le mâle seul, dit M. Milne-Edwards, a la faculté de se déplacer par le vol. Il en résulte que les œufs pondus par cet insecte destructeur doivent se trouver dans les lieux mêmes où ils viennent d'exercer leurs ravages. Par conséquent, si on brûlait sur place les herbes dans les endroits ravagés, on pourrait espérer détruire la source du mal. »

Cet insecte a les antennes plumeuses ou pectinées, le corps très-velu, les ailes chargées de peu d'écailles et souvent diaphanes. La chenille aptère est vermiforme, et ne sort de son fourreau ni pour s'accoupler ni pour pondre ; elle est glabre, décolorée ; les trois premiers anneaux de son corps sont cornés et le reste est mou.

La trichie ermite (*trichia eremita*) est un gros coléoptère pentaméré qu'on ne rencontre guère aux environs de Paris, mais assez commun dans le Midi, où sa larve, habitant dans le terreau, produit les mêmes ravages que celle de l'oryctès nasicorne et autres mangeurs de racines transportés dans nos cultures avec les engrais. L'insecte parfait, qu'on trouve sur les fleurs, est long d'un pouce environ. Sa couleur varie du brun au noir luisant et cuivreux. Ces élytres sont rugueuses et ont quelques stries peu marquées.

On doit déjà voir, au crépuscule, voler un coléoptère du reste bien connu, le lucane cerf-volant (*lucanus cervus*), le géant des coléoptères, si bien reconnaissable à ses énormes mandibules, dont les dents bizarrement découpées donnent à ce pauvre insecte une apparence terrible que dément sa démarche lourde et embarrassée parmi les obstacles où ses cornes lui servent tout au plus à ne pas se cogner le front.

Les antennes de ce lamellicorne, sont dentelées en peigne, et ses pattes terminées par des crochets égaux. Il est noir dessous et marron foncé en dessus. Les mandibules de la femelle sont beaucoup moins exagérées que celles du mâle, lisses et noirs.

La larve, qui, comme celle de tous les individus de ce genre, vit dans les détritus du vieux bois, quelquefois aussi dans le bois sec et le terreau, fut, au dire de certains auteurs latins, un mets jadis en grande réputation à Rome. Elles auraient été, selon ces dires, ce fameux *cossus* dont on a tant parlé. Après un séjour de six ans dans les matières sus-énoncées, la susdite larve se construit une coque ovoïde, où elle subit ses dernières métamorphoses.

Le lucane parallélipipède (*lucanus parallelipipedus*) n'a guère que 10 lignes de long, il est d'un noir mat, finement chagriné et strié, avec deux tubercules lisses sur la tête, et une forte dent aux mandibules, qui sont semblables dans les deux sexes. Pourquoi la nature, ordinairement peu disposée à user la matière en superfluités, a-t-elle doué le lucane cerf-volant d'une mâchoire aussi exagérée et surtout aussi peu en rapport avec son régime alimentaire ? Ne serait-ce pas pour qu'il pût mieux se suspendre aux écorces des arbres, sur lesquelles il reste collé pendant toute la journée, mais alors pourquoi le parallélipipède ne partagerait-il pas cet avantage, lui qui a exactement les mêmes mœurs ?

Des cornes passons à la trompe.

La section des rhynchophores ou curculionides fournit pas mal de ravageurs. Le genre charançon proprement dit est représenté en ce moment dans les bois, par le charançon du pin (*curculio pini*) et celui du sapin (*curculio abietis*). Le premier, long de 3 lignes, est noir avec des mouchetures et des raies transversales d'un gris jaunâtre ; il attaque principalement le pain sylvestre et maritime, où sa larve s'introduit dans les jeunes pousses, qu'elle fait périr. Le deuxième est long de 6 lignes, noir avec les élytres chargées d'un duvet jaune et gris, marquées de gros points enfoncés ; son corselet est chagriné. Il vit dans les jeunes pousses des différents sapins.

Je te ferai remarquer que ces insectes se distinguent des attelabes, avec lesquels on pourrait les confondre à première vue, par leurs antennes brisées, le bec épais et court, et le sillon latéral de la trompe, où sont insérées les antennes, courbe ou oblique et toujours situé près de l'œil.

Les charançons sont indigènes sans doute, ou du moins il y a si longtemps qu'ils sont établis chez nous, qu'ils y ont acquis le droit de bourgeoisie, mais voici qu'un insecte originaire de l'Ukraine (Russie méridionale) a l'air de nous menacer d'une invasion. Il a été présenté à la Société impériale et centrale d'agriculture en 1861, par M. Arthur Sanrey, sous le nom de *cléonus*, et comme un

terrible destructeur de betteraves. Il s'est mis en route
pour fondre sur nous, car les cultivateurs d'Allemagne
signalent déjà sa présence dans les cultures de betteraves
de la Bohême. Ne perdons pas l'espérance de voir bientôt
son arrivée saluée en France.

T'ai-je dit que c'était un coléoptère faisant partie des
rhynchophores, et formant le genre cléonus... sans qualifi-
catif (il en attend encore un, ou s'il en est pourvu, je l'i-
gnore)? Il a 15 millimètres de long, sa couleur grise cendrée devient d'un noir mat dans l'humidité. Sa tête est
terminée par une forte trompe. Ses deux élytres sont très-
cornées et portent quelques mouchetures protubérantes.
Ses ailes ne lui permettent de voler que d'une manière
irrégulière et toujours parabolique... Dès les premiers
jours du printemps on signale la présence de ces ennemis.
Ordinairement les cultures des porte-graines, dont la végétation est plus précoce, sont les premières envahies ;
mais au fur et à mesure de la levée des cotylédons dans
les champs, on voit arriver les insectes comme par en-
chantement. Avril est leur première époque, mai celle
de leurs plus grands dégâts... A partir de juin jusqu'au
commencement de juillet, leurs ravages décroissent successivement. On peut se faire une idée du nombre énorme
de ces insectes par cette observation : sur une ligne de
betteraves formant un cinquantième d'hectare, il a été
ramassé en mai et juin dix-huit mille six cents individus
(environ un million par hectare).

Les psylles sont des hémiptères de la section des homoptères. Ils appartiennent à la famille des aphidiens.
Leurs piqûres sur les arbres où ils vivent déterminent par
fois des excroissances analogues aux galles. Leur genre
est distingué, au milieu des autres aphidiens, par des an-

tennes composées de dix à onze articles, et terminées par deux soies ; ils sautent et volent.

Le psylle du sapin (*psylla abietis*), d'un vert jaunâtre avec les ailes vertes, se multiplie souvent au point de détruire toutes les jeunes pousses des sapins et des épicéas. Le psylle du frêne (*psylla fraxini*) et le psylle de l'aulne (*psylla alni*) exercent sur ces deux arbres des ravages semblables. Les larves sont couvertes d'un duvet cotonneux qu'elles remplacent immédiatement par des filaments assez longs, si l'on s'avise de les en dégarnir.

Combien de temps ces ravages si variés n'ont-ils pas été expliqués dans les campagnes par des pratiques de sorcellerie ? Combien de siècles a-t-il fallu pour que les observations de la science en déterminassent la véritable cause. En 1735, les paysans prétendaient avoir vu, les uns « la vieille femme, » d'autres « le vieil invalide » jeter des sorts sur leurs terres ravagées par la chenille de la noctuelle lambda. Tu verras prochainement combien de temps on accusa la justice divine des ravages de la pyrale. L'oïdium, la maladie des pommes de terre sont-elles des maladies spontanées, où existaient-elles depuis longtemps, à l'état latent, et n'ont-elles été que dans ces dernières années assez caractérisées pour être définies ? Peut-être ne sommes-nous pas au bout, et des insectes encore inconnus, des maladies nouvelles, viendront-ils fondre sur les biens de la terre et entraver leur production déjà si pénible.

En attendant, favorise la multiplication des oiseaux et des insectes auxiliaires, échenille avec soin, fume abondamment, et si quelque cas nouveau se présente, étudie-le avec attention, essaye, tâtonne longtemps s'il le faut. Si tu réussis, tu en seras récompensé tout le premier.

LETTRE VIII.

7 juin 1863.

A mesure que la chaleur augmente, l'insecte sent décupler son activité; plus d'engourdissement, plus de paresse !

Quand une chaleur torride écrase l'homme, quand la nature, le traitant en marâtre, rend plus pénible l'accomplissement de sa destinée :

> A la sueur de ton visaige
> Tu gagneras ta pauvre vie,
> Après travail et long usaige,
> Voici la mort qui te convie.

Ses ennemis s'élancent plus ardents à la curée et entonnent la fanfare de la victoire.

Ils pullulent de tous côtés à cette époque de l'année; plus que jamais, ils commettent des dégâts, dévorent la verdure, les organes de la respiration des plantes. La pyrale, surtout, non qu'elle soit plus vorace que les autres, mais en raison de sa multiplicité et de l'importance des pertes qu'elle occasionne, se fait remarquer durant le mois de juin.

La pyrale de la vigne (*pyralis vitana*) est un lépido-

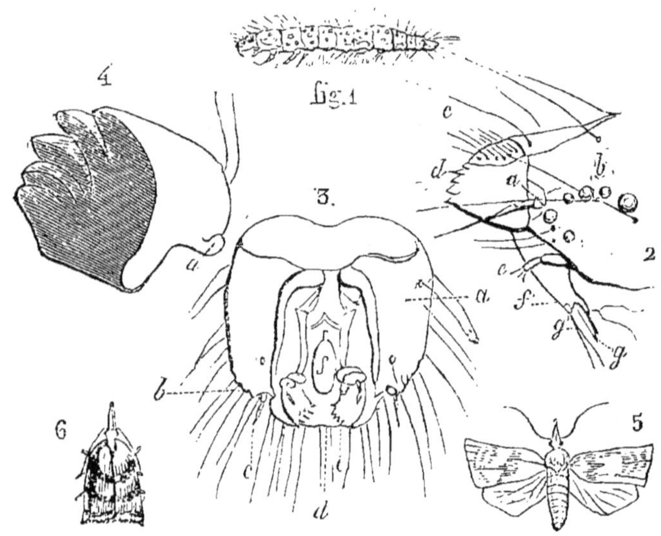

Fig. 13. La pyrale (d'après **M.** Audouin).

1. Chenille de la pyrale (grandeur naturelle).

ƒ2. Tête d'une chenille de la pyrale (vue de profil).

a. Antennes.   d. Mandibule.   g. Filière.
b. Yeux lisses.   c. Palpe maxillaire.   g'. Palpe labial.
e. Labre.   f. Lèvre inférieure.

3. Tête vue en dessus.

a. Tête.   c. Palpe maxillaire.   e. Mandibule.
b. Yeux.   d. Labre.   f. Lèvre inférieure.

4. Mandibule cornée d'une chenille.

5. Pyrale à l'état parfait (femelle).

6. Pyrale à l'état parfait (mâle).

ptère nocturne, de la tribu des tordeuses. M. Victor Audouin, dans son remarquable ouvrage publié en 1840 : *Histoire des insectes nuisibles à la vigne, et de la pyrale en particulier*, a longuement étudié l'histoire de cet insecte et les moyens de le détruire ; il en donne un signalement complet jusque dans ses variétés les plus rares. Je ne puis mieux faire que de lui emprunter, comme on emprunte aux riches, les renseignements qui te sont nécessaires, te renvoyant à lui-même si tu en veux davantage.

Voici le signalement : « papillon jaunâtre, à reflets plus ou moins dorés ; palpes labiaux allongés, comprimés, infléchis et renflés dans leur milieu ; antennes jaunâtres, garnies de petites écailles noirâtres. Ailes antérieures d'un jaune pâle, à reflets d'un vert doré avec une tache près de leur base, et trois bandes transversales brunes, la première surtout et la seconde obliques et sinuées ; la dernière placée au sommet, presque droite. Cette tache et ces bandes sont très-marquées dans les mâles et affaiblies ou nulles chez les femelles. Ailes postérieures de couleur grise violacée uniforme. Pattes et abdomen d'un jaune grisâtre. De l'extrémité des palpes à l'extrémité des ailes, le papillon au repos a de 11 à 16 millimètres. »

Son antiquité est fort respectable. On la trouve désignée dans une comédie de Plaute, *la Castillaire*, sous le nom d'*involvulorum*, et Marcus Portius Cato l'appelait *involvulus*.

En France, il n'en est pas question avant la fin du seizième siècle. En 1562, les vignerons d'Argenteuil font par ordre de l'évêque de Paris des prières publiques avec des exorcismes, sans sortir de l'église, pour chasser les « *besianos, seu diablotinos, luysetas becardos.* » Tel était leur nom à cette époque. Ils disparurent, puis reparurent cinquante ans plus tard à Colombes, près d'Argenteuil, et ce fut encore à l'église qu'on demanda protection contre eux. Mgr de Gondy ordonna au mois de mai une procession autour de l'église et des vignes environnantes.

Cent ans après, Aï est attaqué et implore la miséricorde divine. En 1746, on la retrouve à Romanèche, et toujours le peuple emploie pour unique remède les prières de l'Église. Il voulait que le Ciel l'aidât, sans songer à s'aider lui-même.

En 1787, l'abbé Roberjot, curé de Saint-Verrand, adressa à la Société d'agriculture de Paris un mémoire où sont consignées ses observations de huit années sur la pyrale. C'est le point de départ des études scientifiques qui vont se succéder rapidement. Le mal avait envahi non-seulement le Mâconnais, mais l'Aulnis, et Aï se plaignait toujours.

Bosc, le premier, étudia, avec le secours d'une science profonde, les ravages du vignoble d'Argenteuil, où la pyrale avait reparu. Le Languedoc était aussi envahi par le fléau et se recommandait à tous les saints du paradis. Saint Simon eut pitié d'un village placé sous son invocation, où l'insecte était plus abondant que partout ailleurs, et, faisant un miracle, en délivra la commune.

Le mal va s'étendant partout, les désastres grandissent dans certaines localités, plus de vendanges ; au commencement de ce siècle, le fléau redouble, et l'année 1810 est si désastreuse, qu'on remet en vigueur la loi sur l'échenillage dans plusieurs départements, où on exige sa plus stricte exécution.

En 1825, après quelques années de répit, la pyrale reparaît dans le Mâconnais; mais cette fois elle est peu nombreuse, quelques soins suffiraient pour arrêter cette nouvelle invasion ; les vignerons ne s'en occupent pas, et le mal grandit pour ne s'apaiser qu'en 1834.

Maintenant la pyrale est répandue sur presque toute la France, plus ou moins, selon les circonstances atmosphériques, la nature du sol, la provenance et la qualité du cépage. On combat le fléau partout, et cependant le mal diminue peu.

M. Audouin conseille, comme moyens préventifs, l'enfouissement des souches et l'assainissement des échalas, en les soumettant soit à une chaleur de 100 degrés centigrades, soit à la vapeur du soufre, afin du détruire les larves qui y cherchent un refuge pendant l'hiver. On détruit ainsi, dit-il, un tiers des larves.

Comme remèdes curatifs, après en avoir essayé plusieurs, on a reconnu que le plus efficace était la cueillette des pontes déposées sur les feuilles de vigne. Elles ont l'apparence de taches grises avant l'éclosion du ver, et deviennent blanches quand il ne reste plus que le nid soyeux. Contre l'insecte parfait on emploie les feux crépusculaires, qui, la nuit, attirent le papillon et le détruisent. Un moyen qui paraît plus économique a été proposé en 1844 par M. Raclet, c'est l'échaudage ; il consiste à verser de l'eau bouillante sur les ceps qui sont attaqués. Il paraît que le liquide pénètre le réseau soyeux où s'est réfugié l'insecte et le détruit immédiatement. Il faut toutefois avoir soin de ne commencer l'échaudage qu'au-dessous des coursons, pour ne pas offenser les bourgeons. Ce moyen revient à 50 francs environ par hectare.

Pour te faire comprendre l'opportunité de ces différents systèmes, il faut que je te décrive les mœurs et la manière d'agir de cette chenille.

Mores et studia et populos et prælia dicam.

Les chenilles sorties au mois d'août de l'année dernière

ont immédiatement fait leurs préparatifs pour passer le reste de l'été, l'automne et l'hiver dans quelque fente de charnier ou sous l'écorce même du cep, si elles y peuvent trouver la plus petite anfractuosité. Elles tapissent leur retraite de fine soie blanche, et s'enferment là pour neuf mois, sans boire ni manger ; jusqu'à présent elles ne sont pas bien terribles.

Mais cette année, aussitôt que mai est arrivé, elles sont sorties de leurs retraites, et à l'aide de fils habilement tendus (ce sont de prodigues fileuses), elles ont rapproché les feuilles et les petites grappes, de façon à se faire une espèce de fourreau, une salle à manger près de l'office, pour avoir, comme le rat de La Fontaine, le vivre et le couvert. Quand le buffet sera vide ou qu'une circonstance leur aura rendu ennuyeuse leur demeure, elles iront plus loin porter leurs pénates et recommencer leur installation sur de nouveaux frais. A mesure que les feuilles poussent, elles descendent plus bas, multipliant leurs habitations et leurs dégâts. Il faut voir les magnifiques planches de l'ouvrage déjà cité, et que j'ai sous les yeux, pour comprendre l'importance du fléau ; c'est plus vrai, c'est-à-dire plus horrible que nature. Quand elles sont arrivées à tout leur accroissement, elles ne se contentent plus de couper les pédoncules des feuilles, elles entament les grains de raisin et s'en font de nouvelles demeures. Cette larve a alors un pouce de longueur, elle reste avec la tête noire et une plaque brunâtre au-dessus du premier anneau ; elle est parsemée de poils sur le reste du corps ; elle est très-agile. Bientôt on voit ces chenilles se retirer dans un de leurs abris précédents, où elles se métamorphosent en chrysalides, puis en papillons.

La pyrale a de nombreux ennemis, dont nous parlerons à l'article des insectes auxiliaires de l'homme.

Un grand nombre d'insectes se trouvent sur la vigne, qu'ils dévorent de compte à demi avec la pyrale. Plusieurs ne sont pas encore à l'état parfait ; mais puisque nous sommes occupé de la vigne, épuisons la liste de ses principaux ennemis.

D'abord la larve du hanneton en attaque quelquefois les racines.

Parmi les coléoptères, le genre euchlore nous fournit l'euchlore de la vigne (*euchlora vitis*). L'insecte parfait, long de 15 à 20 millimètres, est court et épais, d'un vert métallique, brillant ; ses antennes et la région de [la bouche sont brunes. Le corselet et la tête sont criblés de petits points enfoncés, très-serrés, le prothorax est bordé d'une teinte plus jaunâtre que le reste. L'écusson est arrondi et ponctué, ainsi que les élytres, qui présentent quelques nervures peu prononcées. Le dessous du corps est d'un vert cuivreux ainsi que les pattes, armées d'épines brunâtres.

La larve ressemble beaucoup à celle du hanneton, quoique beaucoup plus petite ; elle vit dans la torro et attaque la racine des ceps ; rarement elle se montre, mais l'insecte parfait est facile à prendre. La modicité de leur nombre a rendu jusqu'à présent leurs ravages fort restreints.

Dans la famille des rhynchopores, la tribu des attelabes au corselet conique, au museau allongé et légèrement dilaté à l'extrémité, nous fournissent trois ampélophages.

1° Le rhynchite bacchus (*rhynchites bacchus*), long de 8 à 9 millimètres, doré, plus ou moins verdâtre ou rougeâtre et légèrement velouté. Sa tête est courte, ses antennes noires, et son rostre d'un noir violacé, fort long. Le prothorax est pointillé et armé, chez la femelle seulement, d'une petite épine placée sur le côté et dirigée en avant ;

2° Le rhynchite du peuplier (*rhynchytes populi*) de taille et de formes pareilles au précédent, est d'une couleur plus bleuâtre, entièrement glabre ; sa trompe est plus courte. son corselet armé d'épines dans les deux sexes. Sa ponctuation est moins vigoureuse que celle du rhynchite bacchus ;

3° Le rhynchite du bouleau (*rhynchites betuleti*) est long seulement de 5 à 6 millimètres. Sa couleur verte, très-brillante en dessus, est légèrement voilée par la soie qui recouvre le dessous du corps. Le bec est bronzé ainsi que les pattes, le prothorax est armé d'une épine latérale et bronzé ainsi que les élytres.

Ces trois variétés, souvent confondues par les viticulteurs et ceux qui ont essayé d'en donner l'histoire, ont des mœurs complétement analogues et nuisent également à la vigne.

Lorsqu'il est nouvellement arrivé à l'état parfait, le rhynchite se borne à ronger le parenchyme sans percer la feuille, c'est seulement au moment de la ponte qu'il devient terrible. Le rhynchite femelle fait avec ses mandibules une entaille au pédoncule de la feuille, qui reste ainsi suspendue à sa tige, dont elle n'est qu'imparfaitement détachée. Cette opération a pour but d'empêcher la circulation de la séve, qui eût gêné la larve. Alors la femelle, après avoir pondu un œuf, roule la feuille de façon à lui donner l'apparence d'un cigare. La larve, aussitôt son éclosion, ronge la feuille desséchée, et quand elle a acquis tout son développement, s'y change en nymphe et en insecte parfait. Cette larve est apode, blanche, avec la tête brune, et longue de quatre à cinq millimètres. Outre que ces feuilles ainsi coupées privent le pied de sa nourriture par l'absorption folliacée, les grappes, ne se trouvant plus garanties des rayons directs du soleil, en souffrent aussi.

L'eumolpe ou écrivain est un coléoptère de la tribu des chrysomélines, assez dangereux pour mériter une mention.

L'eumolpe de la vigne (*eumolpus vitis*, synonymie *cryptocephalus vitis*) est long de 6 millimètres, noir et revêtu d'une pubescence grisâtre. Les antennes sont noires avec les quatre premiers articles rougeâtres. La tête et le thorax sont finement pointillés, ainsi que les élytres, qui sont recouvertes d'une pubescence gris fauve par-dessus leur couleur d'un rouge-brique.

Il est vulgairement connu sous les noms d'écrivain, à cause des dessins que trace la larve en rongeant les feuilles ; de gribouri, de lisette, de diablotin, etc.

M. Thénard s'est assuré que ses dégâts ne se bornaient pas à la destruction des feuilles, et que sa larve se retirait pour passer l'hiver près du collet de la plante, dont elle dévorait les radicelles. Il employa avec succès, pour la déloger, les tourteaux de colza et de navette pulvérisés, répandus sur terre et enterrés par les cultures.

M. Audouin, toujours dans l'ouvrage en question que je continue à piller, cite la cochylis de la grappe (*cochylis omphaciella*) comme une émule de la pyrale : c'est à l'état parfait un lépidoptère long de sept ou huit millimètres, d'un jaune pâle, avec quelques reflets argentins sur la tête et sur le thorax Les antennes sont d'un gris clair. Les ailes antérieures présentent vers leur milieu une bande transversale brune qui se rétrécit vers le bord intérieur, et sur laquelle on distingue quelques marbrures entremêlées d'espaces ferrugineux. On voit encore de chaque côté de la bande brune une ligne argentée et une série de taches de même nuance près du bord frangé. Ces taches et ces lignes, quoique assez distinctes, se fondent plus ou moins avec la couleur du fond des ailes. Les ailes postérieures, ainsi que leurs franges, sont entièrement d'un gris-perle noir.

La chenille, née d'œufs déposés tantôt sur les bourgeons de la vigne, tantôt sur la peau même du grain de raisin, est longue d'environ 8 millimètres, et ressemble un peu à celle de la pyrale ; mais elle est moins allongée relativement à sa grosseur. Sa couleur varie du gris au rose violacé en vieillissant. La tête et le premier anneau du corps sont d'un brun rougeâtre foncé.

La chenille appartenant à la première génération, née tout près de la grappe, tend des soies de façon à embrasser les fleurs ou les petits grains de raisin, puis se met à les dévorer. Trois larves suffisent pour détruire une grappe entière. La seconde génération, qui éclôt vers la fin de juillet, fait encore plus de ravages que la première. Les grains ont grossi, et la vorace chenille, perçant la peau, y pénètre, — s'y enfonce en partie et dévore l'intérieur.— En vivant sagement, chaque insecte pourrait consommer trois ou quatre grains de raisin et avoir vécu à l'aise, mais comme elles sont en pays conquis, elles gâchent le plus qu'elles peuvent, goûtent, entament, font les difficiles et finissent par faire moisir toute la grappe, surtout si l'année est humide.

Cet insecte, qui a tant d'analogies avec la pyrale, ne peut être détruit par les mêmes moyens, à cause de sa petitesse et de l'endroit qu'il habite. — Impossible, en effet, d'aller le chercher dans la grappe, les feux crépusculaires n'auraient prise que sur une génération. Quant à les employer pour détruire l'autre, ce serait trop coûteux et le jeu ne vaudrait pas... l'éclairage.— On conseille d'échauder les charniers où la chenille file son cocon pour passer l'hiver, mais il faut un échaudage complet et qui pénètre jusqu'au cœur du bois.

Il existe une autre espèce de cochylis qui varie par la forme et la couleur, mais conserve les mêmes mœurs, c'est la cochylis de la vigne, — heureusement qu'on la rencontre très-peu en France.

Un autre lépidoptère nocturne, aussi de la tribu des tordeuses, la tordeuse hépatique (*tortryx hyperanca*), s'attaque aux feuilles de vigne qu'elle roule en cornets pour s'y transformer. Le papillon qui en sort a les ailes antérieures d'un rouge-brique avec des raies brunes, une tache de même couleur à la base et une autre à la suture. Les ailes postérieures sont d'un gris obscur, frangées d'une ligne plus pâle. — La partie antérieure du corps, tête, pattes, thorax, est de la couleur des ailes antérieures, les postérieures entraînent celle du reste du corps.

En feuilletant l'ouvrage de M. Audouin, d'où j'extrais un abrégé à ton usage, je viens de tomber sur un cas grave, juges-en :

Plusieurs auteurs anciens classent parmi les mangeurs de vigne l'ilytie des vignobles (*ilytia vinetella*). (Suit une description.) — Je présume que c'est la chenille qui attaque soit les feuilles, soit les fruits, soit les racines des ceps, et je cherche sa manière d'opérer. — O stupéfaction ! — Une petite ligne placée au bas de la description m'apprend que la chenille est inconnue. — Tout comme cette petite négation qui, placée à la fin d'une phrase allemande ayant un sens positif, semble vous narguer en disant : Ah ! bien oui, — mais non. — C'est vexant. — Je t'envoie une description succincte du papillon, en te priant de m'en envoyer une très-détaillée de la chenille, — si tu la trouves.

Dans la série des insectes cités comme nuisibles à la vigne, je ne vois plus guère que l'écaille caja.

C'est un lépidoptère long de 4 centimètres, avec les ailes antérieures brunes, ornées de rigoles blanchâtres irrégulières, et les ailes postérieures rouges avec six ou sept taches d'un bleu foncé, ceintes de noir, — le prothorax est orné d'un collier rouge, les antennes sont blanches, l'abdomen rouge avec trois rangées longitudinales de taches noires. Tout le dessous du corps est garni de poils rouges.

La chenille est noire et poilue, les trois premiers anneaux et les pattes sont garnis de poils d'un roux vif implantés sur des tubercules d'un blanc bleuâtre; les pattes sont brunes, ainsi que le dessous de l'abdomen; la tête est d'un noir brillant; les stigmates, d'une blancheur éclatante, ressemblent à une rangée de perles.

Cette chenille, lorsqu'elle se trouve en grand nombre dans une vigne, peut causer un sensible dommage. On cite comme exemple une vigne de trente ares, où l'on aurait tué, dans une matinée, douze cents de ces grosses chenilles. Heureusement que sa taille, d'environ 4 centimètres, la rend facile à voir et à tuer.

Quant au procris mange-vigne, qui porte à lui tout seul le nom qui convient à toute la bande, on ne l'a pas trouvé en France, dit-on; ses stations les plus septentrionales ne dépassent pas le nord de l'Italie.

Je ne te parle pas de l'altise, — nous aurons à nous occuper d'elle pour d'autres méfaits, et ses torts envers la vigne grossiront l'acte d'accusation.

Ni de beaucoup d'autres, dont les dégâts sont si peu sensibles, qu'il vaut mieux ne pas perdre son temps à s'en occuper.

Avant de terminer ma lettre,—un mot sur un insecte qui, à la vérité, n'attaque pas la vigne,—mais se trouve partout, au jardin, dans les champs, dans les bois, et est encore plus importun que nuisible,—je veux parler des fourmis.

Une description du genre serait inutile; je ne veux pas non plus te faire l'historique de leurs mœurs et gouvernement, mais je veux t'engager à t'en débarrasser le plus possible et t'indiquer quelques moyens pour parvenir à ce but.

En voici un assez original : on enduit de miel un pot à fleur, qu'on retourne sens dessus dessous au-dessus de l'entrée de la fourmilière. Les fourmis grimpent aussitôt après les parois, et quand le pot est bien garni, on le secoue dans l'eau ou dans le feu.

Je ne t'engagerai pas à acclimater chez toi la fourmi rousse, qui cependant détruit ou chasse toutes les autres, ce serait faire comme ce nigaud qui avait élevé des punaises pour se débarrasser des puces, mais je t'engage à arroser les fourmilières, quelles qu'elles soient, avec une grande quantité d'eau bouillante, ou à les enfumer. Mais le meilleur de tous les moyens, c'est une culture suivie. —Point de danger que tu voies une fourmilière là où la charrue passe souvent.

LETTRE IX.

Toute contrefaçon de l'homme est sévèrement défendue. — Splendeur et misère des cétoines. — La cantharide et ses applications. — Les rhynchœnes. — La calamobie. — Les chrysomèles. — La colaspis atra. — La courtilière. — Le dacus de l'olivier. — Les buveurs de sang. — Les bibions. — Un voyageur en retard depuis la sortie de l'arche de Noé.

12 juin 1863.

Nous autres hommes, si fiers de notre prétendue royauté universelle, nous aimons à nous déclarer inimitables pour le reste de la création. — Qu'un animal singe tant soit peu le moindre de nos gestes, vite nous le mettons dans une baraque, et tous ceux qui sont admis à le voir crient au miracle. — Cette prétention d'originalité, sans copie possible, est assez orgueilleuse. — Mais si nous admettons jusqu'à un certain point comme possible la parodie des actes physiques, nous repoussons formellement toute contrefaçon d'un action purement intellectuelle. Nous ne voulons pas admettre qu'une même loi régisse — Sa Majesté l'homme — et l'insecte, son esclave, — souvent révolté.

Cette loi existe pourtant. Expliquez donc sans elle les innombrables analogies entre l'homme et l'insecte qui se trouvent si bien à point pour sortir de peine les écrivains embarrassés de remplir leurs pages, et les poëtes égarés à la poursuite d'une cheville introuvable. Une fois qu'elle est admise, il faut bien convenir qu'on rencontre à chaque pas dans les jardins les acteurs de la *Comédie humaine*, déguisés en insectes à un plus ou moins grand nombre de pattes, richement ou pauvrement vêtus, pourvus d'ailes légères ou condamnés à ramper péniblement.

Auquel des personnages de Balzac trouves-tu que ressemble la cétoine dorée (son nom dit l'éclat de sa parure), qui ne vit que du miel le plus pur des fleurs, qui n'habite que les plus belles, les roses ; elle qui, sybarite délicate, préfère les roses blanches à toutes les autres ? « Si, par hasard, vous la trouvez sur une autre rose, c'est un grand hasard ; elle y est mal couchée, mal logée, » dit Alphonse Karr.

Tout, jusque-là, n'est que luxe et élégance, — mais avant d'en arriver là, elle a fait un long stage.— Pour quelques jours d'éclat et de soleil, elle a passé tout un long hiver dans l'obscurité, vivant de bois pourri ; — elle a mis à gagner sa fortune quatre fois plus de temps qu'elle n'aura pour en jouir ; aussi est-elle difficile pour des jouissances si chèrement achetées.

Elle est proche parente du hanneton, qui n'a jamais pu arriver à devenir riche, et s'en est vengé en multipliant. Aussi n'est-ce qu'un phyllophage, et la cétoine est-elle une mélitophylle. Voilà son signalement et tout ce qui peut t'aider à constater son identité : (Extrait des registres de la mairie mélolonthopolis) : Taille, 20 millimètres ; couleur, d'un vert bronzé ou doré ; chaque élytre est marquée de deux nervures saillantes et de petites taches blanches ondées. Signes particuliers : une petite bosse à la base des élytres, où viennent aboutir les nervures.

Une autre larve, habitant les mêmes arbres pourris, en tout semblable comme mœurs, donne un insecte parfait de même forme, mais beaucoup plus petit (il n'a que 9 lignes) et porteur d'une véritable livrée de croque-mort. La cétoine velue (*cetonia hirta*), si pauvrement vêtue, pourrait bien représenter le cadet de famille frustré de ses droits naturels par la loi factice du droit d'aînesse, d'autant plus qu'il a conservé des instincts aussi distingués que ceux de l'aîné, — fruits d'une bonne éducation. Mais quel costume râpé ! Le corps est noirâtre, hérissé de poils roux ; les élytres sont ordinairement marquées de rares petites taches blanches, encore manquent-elles quelquefois. Son corselet est séparé en deux par une ligne saillante, — quelque rapiéçage sans doute : heureusement que les fleurs ne vendent pas leur miel !

Un autre insecte, aussi brillant que la cétoine dorée, *rachète*, par une odeur désagréable, l'éclat de sa toilette. Si elle n'avait que ce *défaut-là !* mais elle y joint d'autres *qualités*, tel que de faire venir des vésicatoires, quand elle vous touche, et de vous empoisonner, quand on l'avale. De plus, sa larve habite dans les frênes, les lilas, pour lesquels elle est aussi désagréable que pour le reste du monde.

C'est, tu le devines bien, la cantharide vésicante (*mylabris* ou *cantharis vesicatoria*). Ainsi ne va pas te reposer *sub tegmine fagi*.

Sa larve, molle, munie de six pattes courtes et de mâchoires écailleuses, vit sur les racines des arbres, dont l'insecte parfait ronge plus tard les feuilles : frênes, troënes, lilas, jasmins d'Espagne, etc. Puis, au milieu du mois de juin, après avoir passé quelques jours sous la forme de chrysalide, on voit, sous l'ombrage de ces arbres, un insecte d'un vert doré à antennes filiformes et noires, à corselet découpé en cœur, à élytres minces et flexibles, plus longues que l'abdomen, brillant, reluisant du glacis d'or qui miroite par-dessus sa belle couleur verte.

La cantharide de la chicorée (*cantharis cicchorei*), qui se rencontre sur cette fleur, remplace, dit-on, en Chine, la cantharide vésicante. Elle est longue de 6 à 7 lignes, noire, velue, et semble porter trois bandes jaunes en écharpe. Une autre variété a passé pendant longtemps pour un remède souverain contre la rage.

Sur les feuilles de l'aune vit un petit charançon qui les dévore, c'est le rhinchœne de l'aune (*rhynchœnus alni*). Il est long de 5 millimètres, gris jaunâtre, avec quatre taches brunes sur les élytres.

Un autre, double en grosseur du précédent, vit dans les têtes d'artichauts et de chardons, c'est le rhinobatus de l'artichaut (*rhinobatus cinaræ*) ; il est oblong, noirâtre, et paraît recouvert d'une poussière grise. Ils sont bien peu dangereux tous deux pour appartenir à une aussi terrible race ; — mais aie toujours l'œil sur eux, — on ne sait ce qu'ils peuvent devenir d'un jour à l'autre, et rien n'est plus terrible qu'un charançon enragé.

En 1845, M. Guérin-Méneville a observé pour la première fois, aux environs de Barbézieux (Cbarente), un coléoptère de la section des longicornes, formant le sous-genre calamobie et qui s'appelle *agapantha marginella* ou calamobie de Méneville (*calamobia Menevillii*). La taille de l'insecte parfait varie de 10 à 12 millimètres. Son corps est cylindrique, pubescent ; ses antennes sétacées, frangées en dessous, de la longueur du corps dans les femelles, beaucoup plus longues dans les mâles et toujours de douze articles ; les élytres sont linéaires, arrondies ; les pattes, de longueur moyenne et égales.

Cet insecte s'attaquait de préférence au blé de Saint-Léonard. La femelle perce un petit trou circulaire dans la tige, près de l'épi, et y introduit un œuf (or, ses ovaires en contiennent environ deux cents, — juge les ravages).

L'œuf, ainsi introduit, tombe au premier nœud du chaume, il en éclôt une petite larve qui recommence le même trajet en sens inverse, arrive près de l'épi et ronge circulairement l'intérieur du tuyau. L'épi se flétrit, reste vide de grains et, au premier coup de vent, tombe. La larve, alors, descend dans le chaume, et, perçant successivement tous les nœuds, va se loger tout au bas de la tige, à 5 ou 8 centimètres du collet, pour y passer l'hiver. A l'époque de la moisson, elle occupe déjà cette place : ce qui a indiqué naturellement à M. Guérin-Méneville le moyen de le détruire. Il propose de couper les grains attaqués par la calamobie, à 15 ou 20 centimètres du sol, et de brûler le chaume et l'insecte par la même occasion.

La chrysomèle des céréales (*chrysomela cerealis*), qu'on rencontre quelquefois sur le genêt, vit le plus ordinairement sur les tiges des céréales, aux dépens desquelles elle se nourrit dans ses deux états ; elle est d'un beau vert doré, avec trois bandes bleues sur le corselet et cinq sur les élytres, toutes dirigées longitudinalement. Elle est longue de 4 lignes.

La chrysomèle du sarrasin (*chrysomela polygoni*) est d'un bleu verdâtre, avec les pattes rouges. Sa larve ravage les cultures de sarrasin.

Les larves de ces deux insectes sont oblongues, pourvues de pattes écailleuses. Un mamelon, situé à l'extrémité de l'abdomen, leur sert à s'aider dans leur marche et à se suspendre pour se transformer.

Comme celles du bouleau, du peuplier, etc., ces chrysomèles ont, à l'état parfait, les antennes insérées au-devant de la tête et écartées à la base, la tête droite et peu cachée sous le corselet.

M. Ag. de Gasparin signala, en 1854, un insecte nommé *colaspis atra*, appartenant à la section des eupodes, qui commettait ses ravages sur les luzernes du département de Vaucluse, et qui s'est multiplié au point de faire manquer la seconde coupe de luzerne. Cette chrysoméline a environ 6 ou 7 millimètres de long. Son corps est entièrement noir, avec les antennes filiformes, plus longues que la moitié du corps, et jaunes à leur base. La recette suivante a été inventée pour le détruire.

On compose une poudre de la manière suivante :

Cendres de bois desséchées.............	25 litres.
Goudron de houille.................	2 —
Eau...........................	5 —
Aloès hépatique en poudre..........	50 —

M. Gilis, vétérinaire à Molières (Tarn-et-Garonne), auteur de cette composition, recommande de répandre cette poudre, vers la première quinzaine de juin, sur les luzernes et autant que possible par un beau soleil. Trente-six ou quarante-huit heures après, tous les insectes sont, à ce qu'il paraît, morts.

Ce *colaspis atra* est appelé *négril* ou *barbotte* dans le Midi. Il se réunit, pour pondre, dans un espace relativement étroit ; on peut encore profiter de cette occasion et recouvrir exactement l'espace qu'il occupe avec de la paille sèche et y mettre le feu : la luzerne n'en souffrira pas et n'en sera même que plus verte et plus vigoureuse.

Je ne sais qui a appliqué à la taupe le vers de Virgile :

Monstrum horrendum, etc.

La taupe-grillon (*grillotalpa*) a droit d'en réclamer le partage, malgré ses gros yeux lisses, fort brillants. C'est, avec la larve du hanneton, le désespoir des jardiniers ;

car, aussi délicate de goût que laide de formes, elle goûte aux primeurs avant les fins gourmets. L'insecte parfait est un orthoptère, long d'un pouce et demi, brun roussâtre, ayant les jambes antérieures élargies en pelles et garnies de quatre dents. Ses élytres ne recouvrent que la moitié de l'abdomen ; les ailes sont de leur longueur chez le mâle, et de celle de l'abdomen chez les femelles.

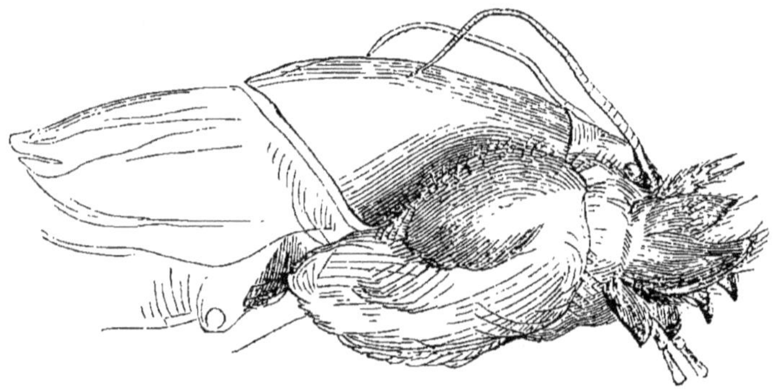

Fig. 14.   Partie antérieure d'une courtilière.

Il est peu de moyens pour détruire ces insectes, que Bosc prétend insectophages. La chasse qu'on leur fait est une chasse individuelle : on arrose légèrement une plate-bande, on l'unit bien avec le dos d'un râteau, et la courtilière, attirée par la fraîcheur, y vient creuser ses galeries, qui se trahissent par une légère élévation sur tout leur parcours.

Alors on suit ces galeries en y introduisant son doigt, et l'on arrive ainsi au trou vertical au fond duquel est la courtillière. Il faut verser dans ce trou un verre d'eau contenant quelques gouttes d'huile, ou de l'eau de vaisselle, enfin quelque matière grasse que ce soit ; l'insecte, dont les stigmates ne peuvent plus fonctionner, remonte et vient mourir sur le sol.

De l'eau de savon, une dissolution de sulfate de cuivre, de tannin, les eaux qui ont servi à laver les toisons, suffisent pour cet usage.

On a cherché à exploiter le goût que manifestent les chats pour les courtilières. Il serait avantageux qu'on réussît, car c'est pendant la nuit que ces insectes commettent ordinairement leurs dégâts. J'ai vu souvent des enfants tenant une courtilière lui faire mordre le bord de leurs vêtements, l'exciter, puis, donnant une secousse vive, retirer le corps et laisser la tête fixée à sa morsure. Quelques-uns faisaient ainsi des garnitures aux devants de leurs blouses.

Dans le midi de la France, l'olivier est attaqué par un diptère athéricère de la tribu des muscides, signalé en 1846 par M. Guérin-Méneville. On l'appelle le dacus de l'olivier (*dacus oleæ*; synonymie, *phloiotribes oleæ*). Sa larve est connue en Provence sous le nom de *chiron*. Elle est blanchâtre, et sa bouche est armée de deux crochets. Son éclosion a lieu au mois de mai; elle se nourrit d'abord de feuilles nouvelles, puis pénètre dans le fruit et en dévore toute la substance. Au bout de trois mois elle se transforme en nymphe et, cinq semaines après, paraît à l'état parfait. J'emprunte sa description à M. Raybaud-Lange dans sa *Monographie de l'olivier*.

« Le ver de l'olive, dit-il, est engendré par un diptère (*dacus oleæ, cynips oleæ, stomoxus keironi*) un peu plus petit et moins brun que la mouche ordinaire. Dans toute la basse Provence, depuis Draguignan, Grasse, etc., jusqu'à l'extrémité des Alpes-Maritimes, on le désigne vulgairement sous le nom de *keïron*.

« A l'état parfait, cet insecte porte deux antennes à palettes, la tête est jaunâtre, le corselet est marqué en dessus de bandes longitudinales, les yeux grands, d'un vert bleu et changeant. Le keïron est l'ennemi juré de tous les producteurs d'huile; c'est lui qui cause le plus de mal aux récoltes. Une seule mouche pique et infeste de ses œufs des milliers d'olives, dont les larves dévorent rapidement la pulpe, puis arrivent à l'état parfait pour se multiplier de nouveau; de telle sorte que dans une saison il se crée plusieurs générations, et que le dommage est de plus en plus grand. A la fin de la cueillette, les olives manquent, et les larves ne sachant plus où déposer leurs œufs, la race diminue par l'excès même de sa fécondité. La disparition de cet insecte ravageur, coûtant au midi de la France et à l'Italie des pertes incalculables chaque année, pourrait s'obtenir, ou ses effets être considérablement diminués, par l'adoption de moyens semblables à celui de l'échenillage, qui obligeraient toutes les contrées infestées à cueillir les olives avant l'hiver, et dans une période déterminée... A Nice, le chevalier Brémond observa, il y a quelques années, dans ses pépinières, un jeune olivier dont les fruits restaient intacts, tandis que les autres étaient dévorés par le keïron. Cette variété, obtenue de semis, fut multipliée, et le même fait constaté. N'y aurait-il pas là une découverte d'un grand intérêt et qui mériterait d'être répandue parmi les propriétaires?»

M. Guérin-Méneville propose, lui, de cueillir le fruit un peu prématurément, lorsque les larves sont encore dedans; on obtient ainsi une demi-récolte d'huile. Suivant le docteur Campagno, de Perpignan, les olivers arrosés et badigeonnés d'un lait de chaux sont à l'abri de ces insectes.

Ne serait-il pas bon, aussi, de protéger un peu les oiseaux insectivores dans les régions où le dacus abonde?

Un insecte auquel les oiseaux, s'ils nous étaient vraiment dévoués, devraient faire une guerre active, c'est l'asile frelon (*asilus crabiformis*). Durant les grandes chaleurs et surtout à la fin de l'été, cet incommode diptère se multiplie par son effrayante activité dans tous les endroits où il y a chance de rencontrer du bétail ou des hommes, — du sang à boire. Il vole très-vite et saisit, à défaut d'animaux à sang rouge, le premier insecte venu, parfois son semblable, et, se cramponnant à sa proie avec ses pattes, il l'emporte tout en la suçant, ou se laisse emporter par elle, suivant leur force respective.

L'asile frelon a environ un pouce de long; il varie du brun clair au jaune doré; l'abdomen est noir avec la partie postérieure jaune.

Sa blessure est fort douloureuse et explique bien ces folles paniques qui s'emparent souvent de tous les animaux présents à une foire tenue par les grandes chaleurs. On ne peut guère attribuer qu'à des piqûres aussi douloureuses que les siennes ces terreurs qui agitent tous les animaux, leur font rompre leurs liens et se ruer comme un torrent à travers la foule, écrasant tout sur leur passage.

L'asile gris (*asilus forcipatus*), plus petit que le premier, tout gris et couvert de poils hérissés, est encore plus agile, mais sa blessure fait moins souffrir; en revanche, il est plus commun.

Il n'y a guère moyen d'éviter l'importunité de ces deux altérés de sang : il faudrait, pour se mettre à l'abri, s'envelopper d'épaisses couvertures et en faire autant pour le bétail. Or les asiles ne paraissent qu'au moment de la plus grande chaleur : — heureusement, sous ce rapport, qu'elle dure peu dans nos climats et que le moindre rafraîchissement de l'atmosphère, leur enlevant toute leur agilité, délivre leurs victimes.

Certains théologiens croient les reconnaître dans une des dix plaies d'Egypte. Toujours est-il que le *kib* — c'est leur nom en arabe — force, au dire de Bruce, les troupeaux à quitter, pendant les grandes chaleurs, les riches pâturages du Nil et à se réfugier dans le désert.

Tous les diptères ne sont heureusement pas aussi féroces. Deux espèces du genre bibion vivent en nombreuses sociétés sur les arbres fruitiers, sur lesquels ils se fixent, immobiles. Suivant Bonnet, c'est surtout aux fleurs qu'ils nuisent.

Le bibion de Saint-Marc est long de huit à dix millimètres, noir et garni de poils. Le mâle a les ailes hyalines, la femelle les a noirâtres, avec le bord extérieur brun.

Le bibion précoce est un peu plus petit encore. Le mâle est revêtu de poils blancs, son corps est noir, ses ailes sont hyalines, blanches à leur extrémité et bordées extérieurement de brun pâle. La femelle est rouge-vermillon, avec la tête, le prothorax, les flancs, l'écusson et les pieds noirs ; ses ailes, un peu brunes, se teignent de noir vers le bord extérieur.

La femelle, dans ces deux genres, dépose ses œufs dans la terre, d'où les larves sortent au printemps.

C'est un nom effrayant que celui de *trox horridus, trox hispidus,* trox horrible. Le coléoptère pentamère qui le porte le mérite jusqu'à un certain point. C'est un lamellicorne long de 12 millimètres, noir, avec le corselet inégal, les élytres striées et portant de petites touffes de poils. Ses jambes antérieures sont bidentées. Il exerce ses ravages dans les couches des jardins.

Un autre insecte, que je te cite seulement pour mémoire, car il n'est pas encore arrivé jusque chez nous, c'est le *lethrus cephalote*, qui se trouve en ce moment dans la Hongrie, venant de la Russie. Il est proche parent du précédent, appartient aux mêmes classe et section, mais fait partie de la tribu des scarabéides. Il est entièrement d'un noir luisant. Sa taille est de 20 à 22 millimètres, son corps arrondi, court et bombé; sa tête, grande, porte un sillon longitudinal et quelques dépressions; ses mandibules sont multidentées et garnies, chez le mâle, d'une dent robuste et très-longue, dirigée en bas. Ses élytres sont soudées, ses pattes organisées pour fouir. Il a la détestable industrie de couper les bourgeons de vigne et de les emporter dans sa tanière en marchant à reculons; aussi l'a-t-on baptisé *le coupeur* dans les pays qu'il habite. A l'époque des amours, les mâles se livrent de violents combats, pendant lesquels la femelle pousse l'amant par derrière hors du trou, qu'elle s'empresse de refermer.

Noé avait-il pris avec lui dans l'arche une paire de chaque espèce d'insectes? On serait tenté de le croire, en voyant tant de retardataires nous venir petit à petit, en prenant le chemin suivi par le flot humain qui de l'Orient vint s'abattre sur l'Occident. Ce serait, dans cette supposition, autant de voyageurs qui se sont amusés sur la route, mais qui arriveront tôt ou tard au but, dussent-ils pour cela prendre — comme le petit Chaperon rouge — leurs jambes à leur cou et faire... quatorze lieues en quinze siècles.

LETTRE X.

20 juin 1863.

Il était une fois un peintre, peintre réaliste, consciencieux, méticuleux, s'il en fut, à qui, je ne sais par quel hasard, incomba la commande d'un tableau représentant Jésus-Christ au jardin des Oliviers. Grand embarras pour notre homme, il n'avait jamais vu d'oliviers, — il est vrai qu'il n'avait non plus jamais vu le Christ, — mais s'il comptait sur un miracle de la foi pour se tirer d'affaire à cet égard, il n'en était pas moins dans l'anxiété à propos des oliviers. — « Que n'allez-vous en Provence ? » lui dit quelqu'un. — Le conseil était bon et fut mis de suite à profit. Quinze jours après, notre artiste revint furieux, sans rapporter la moindre étude d'olivier et déblatérant contre le présent de Minerve aux Athéniens. — « Beau cadeau qu'elle leur fit là ! disait-il ; on appelle cela un arbre, — une touffe d'osier ! un paquet de jonc !... un balai ! un... » Enfin c'était à faire prendre le réalisme en horreur... Si bien que, pour se tirer d'embarras, l'habile homme accumula tant de ténèbres dans les fonds de son tableau, qu'une profonde nuit enveloppe le secret de ses mécomptes, qu'il a tus, pour ne point déprécier le réalisme... et son tableau.

Sur ce *feuillage* on rencontre souvent une protubérance grise, semblable aux galles produites sur les arbres sauvages et domestiques par les piqûres de certains insectes, et qui n'en est pas moins un insecte bien vivant. C'est une gallinsecte, la cochenille ou kermès, qui a la modestie, — recélant une aussi belle couleur que la pourpre, — de rester terne et incolore.

La femelle de la cochenille de l'olivier (*coccus oleæ*) est d'un noir violet, avec une poussière blanche répandue sur tout le corps, et de la grosseur d'un pois.

« La cochenille (*pou* ou *kermès*), dit M. Raybaud-Lange, est un petit insecte bien dangereux par sa propagation ; se répandant tantôt sur un quartier, tantôt sur un autre et y exerçant ses ravages. »

« J'ai observé, dit M. Bernard, sur toute la côte depuis Marseille jusqu'à Antibes, du kermès sur les oliviers. Dans quelques contrées comme la Cadière, Ollioules, Solliers, Grimaud, Hyères, Cannes, etc., cet insecte était tellement multiplié, que beaucoup de particuliers avaient été dans la nécessité de couper les grosses branches de leurs arbres et de les renouveler entièrement. Cette espèce de kermès est bien différente de celles du figuier, de l'oranger, du mûrier, etc., mais elle est aussi prolifique que les autres. J'ai trouvé, sous quelques-uns de ces insectes, jusqu'à deux mille œufs. Voici en peut de mots leur histoire. En naissant ils se répandent sur la partie inférieure des feuilles et sur les pousses les plus tendres. Ils sont d'abord d'un rouge fort lavé ; ils deviennent ensuite plus grisâtres et conservent pendant assez longtemps cette couleur. Lorsqu'ils ont quatre ou cinq mois, ils abandonnent les feuilles et s'attaquent aux branches ; ils ne changent plus guère de position alors. Ils sont plus longs que larges, et une de leurs extrémités est aigüe, tandis que l'autre est arrondie. A mesure qu'ils grossissent, leur peau se colore davantage en rouge, et lorsqu'ils ont acquis toute leur grosseur, ils sont d'un brun foncé et leur robe est relevée de nervures. »

« Cet insecte malfaisant continue M. Raybaud-Lange, ne se nourrit pas des olives ; il nuit seulement à l'arbre en aspirant les sucs à son profit et en lui occasionnant des extravasions de séve dangereuses. Il est d'autant plus nuisible, que sa multiplication n'a pas de limites. Le kermès n'exerce ses ravages que dans les parties les plus chaudes du Midi. A mesure qu'on s'éloigne du littoral, son apparition est plus rare. Chez nous, il est à peu près inconnu. Dans les régions où il habite de préférence, un hiver un peu rigoureux le fait souvent disparaître : *Il n'est pas d'autre moyen d'arrêter son invasion.* »

La cochenille du pêcher (*coccus persicæ*) est oblongue et d'une couleur ferrugineuse. Comme les mœurs générales diffèrent peu dans ce genre, la biographie de celle-ci pourra servir pour les autres.

Née au mois de juin, elle a vécu ou plutôt végété sur les feuilles, pouvant à peine remuer, jusqu'à la chute des feuilles qui l'ont entraînée avec elles. Au printemps suivant, elle a regrimpé sur l'arbre, choisi un endroit favorable, puis s'y est fixée en enfonçant son bec dans le parenchyme. C'est alors que son accroissement a lieu, elle grossit, grossit... et arrive à la taille d'une lentille.

Le mâle, beaucoup plus petit qu'elle, rouge, ayant les ailes deux fois de la longueur de l'abdomen, blanches, opaques et bordées d'une bande rouge sur le côté extérieur, vient se poser sur la feuille qu'occupe la femelle.

« Ledit époux, qui est singulièrement petit relativement à la gallinsecte, se promène sur elle, la parcourt en tous sens, car elle est pour lui un terrain assez vaste ; il l'examine du nord au sud, de l'est à l'ouest, et ce n'est

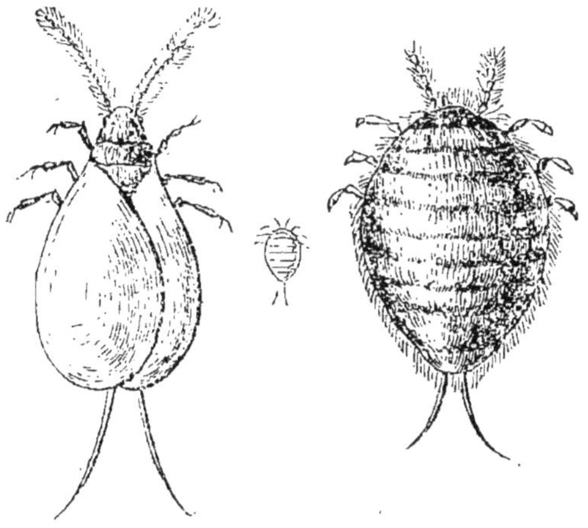

Fig. 15. — Cochenilles mâle et femelle.

que lorsqu'il est fatigué de parcourir l'objet aimé qu'il risque positivement l'aveu de sa flamme, après quoi il fait encore un ou deux tours de son amante ; puis il s'envole. » (Alphonse Karr, *Voyage autour de mon jardin*, lettre XXXIII.)

La femelle, ainsi fécondée, pond environ deux mille œufs, qu'elle cache soigneusement sous son corps, et meurt. Les œufs donnent naissance à d'imperceptibles gallinsectes qui commencent par dévorer leur mère-abri, puis sortent par l'extrémité de son abdomen et vont sucer l'arbre, comme ont fait leurs parents.

Le mâle est mort aussitôt après la fécondation, — sa mission était remplie.

6.

La cochenille des serres (*coccus adonidum*) est ovale avec le corps roux et poudré de blanc. Elle vit sur les différentes plantes des serres.

La cochenille des orangers (*coccus hesperidium*) a la forme d'un œuf, elle est brune et échancrée postérieurement. Elle nuit au développement des orangers dans le midi de la France.

La cochenille du maïs (*coccus maïdis*), qui a été découverte par M. Dufour, de Saint-Sever, est longue de 6 ou 7 millimètres, son corps paraît poudré d'une sorte de farine blanche sur un fond rose pâle. Elle s'attaque au collet des tiges de maïs et les épuise.

Un buttage énergique devrait diminuer ses ravages.

Autrefois on comprenait sous le nom de *phalènes* les genres bombyx, cossus, noctuelles, pyrales et phalènes proprement dites, de sorte que d'anciennes plaintes ont rendu ces dernières plus effrayantes que leurs ravages ne le méritaient. Cette catégorie est du reste nombreuse, et compte environ un millier d'espèces.

Leurs ailes sont larges, leur vol silencieux ; elles se tiennent immobiles et cachées pendant le jour, ne prenant leur volée que le soir, pour aller soit butiner sur les fleurs, soit à leurs amours.

Les chenilles sont plus allongées relativement à leur grosseur que celle des autres lépidoptères ; elles ont rarement plus de deux paires de pattes intermédiaires, et souvent une seule paire. Leur allure bizarre se ressent de cette pénurie d'appareils de locomotion. Fixant leurs pattes postérieures pour leur servir de point d'appui, elles projettent en avant la partie antérieure de leur corps, pour gagner du terrain, puis s'en servent comme d'un nouveau point d'appui pour attirer leur partie antérieure en se repliant en hauteur sur elles-mêmes ; elles recommencent ce manége pour faire un nouveau pas. Cette marche particulière fait donner à leur tribu le nom d'*arpenteuses* ; elles ont en effet l'air de mesurer le terrain, ou plutôt la branche d'arbre sur laquelle elles voyagent. Lorsqu'on les touche, elles se laissent tomber en filant, ou même à la moindre apparence de danger ; lorsqu'elles pensent n'avoir plus rien à craindre, elles remontent après leur fil avec une grande prestesse.

On accuse la phalène hiémale (*phalæna brumata*) de nuir aux pommiers, sur lesquels on la rencontre en grand nombre à l'état de larve ; l'insecte parfait a les ailes jaunâtres avec une raie noire, et l'extrémité plus pâle. Il a 25 millimètres d'envergure, et ses antennes sont simples. Il éclôt à la fin de l'hiver, malgré le froid. Sa chenille est verte, rayée longitudinalement de blanc, et n'a que deux pattes membraneuses.

On cite encore comme dangereuses la phalène à petites antennes (*phalæna antennulata*), qui s'attaque au trèfle ; la phalène du seigle (*phalæna secalina*), qui fait avorter les épis de seigle ; les phalènes *castralis* et *geometra*, qui, ainsi que la phalène hiémale, vivent sur les arbres à pepins, poiriers, pommiers, etc ; la phalène du sureau (*phalæna sambuci*), qui ronge les feuilles de sureau, et la phalène du bouleau (*phalæna betularia*), qui s'attaque aux feuilles du bouleau.

Latreille — la déposition d'un tel témoin est un verdict de culpabilité — déclare qu'en Allemagne la phalène nonne (*phalæna monaca*) a fait périr des forêts entières.

La chenille de la phalène de la farine (*phalæna farinalis*) vit dans la farine et le pain. La phalène de la graisse vit aussi dans les maisons à l'état de larve, et attaque les matières grasses; quelqu'un qui l'avale par mégarde, ressent de vives douleurs d'estomac, du moins Linnée l'affirme.

Des phalènes aux bombyx la distance n'est pas grande. On reconnaît ces derniers à leurs ailes en toit, mais plus souvent encore horizontales, et dont les inférieures débordent latéralement les supérieures. De même que les phalènes, ils ne sortent que le soir. — Leurs variétés sont presque aussi nombreuses, mais font beaucoup plus de dégâts. — C'est à cette famille qu'appartiennent deux des plus terribles ennemis de la culture forestière, le bombyx livrée et le processionnaire.

Le bombyx livrée (*bombyx neustria*) est, à l'état parfait, un papillon d'un gris jaunâtre, quelquefois tirant sur le roux; ses ailes en toit sont traversées de deux raies brunes transversales.

A l'époque de la ponte, la chenille dépose ses œufs autour des branches, de manière à les en entourer comme d'un bracelet.

La chenille est habillée comme d'un velours roussâtre rayé de bandes longitudinales bleues, blanches, brun rouge foncé, — costume voyant qui lui a fait donner le nom de *livrée*[1].

Aussitôt son éclosion, c'est-à-dire vers le mois d'avril, la chenille s'attaque aux feuillages les plus voisins de son nid, et tous lui sont bons : arbres fruitiers ou forestiers, elle dénude toutes les branches à l'époque où les feuilles sont le plus nécessaires aux végétaux, et tue quelquefois

---

[1] Ce mot est souvent employé en histoire naturelle pour désigner le pelage des animaux qui change soit avec l'âge, soit par l'effet des saisons. Ainsi quelques mammifères qui, en Russie, deviennent blanchâtres en hiver, changent de *livrée*.

l'arbre; ceci arrive fréquemment quand toute la ponte est éclose sans accidents.

On doit, pour les détruire, profiter du moment où elles sont toutes réunies, le matin et le soir. On peut, au moyen d'une plume trempée dans l'huile, les faire périr toutes rapidement, — ou les écraser, ou les faire tomber dans un drap et les porter au feu, ou mieux, les arroser avec une eau de savon un peu forte, et qui n'aura pas, comme l'huile, le désavantage de boucher les pores de l'écorce de l'arbre. Quand on trouve un bracelet d'œufs, il faut, autant que possible, en profiter en les écrasant *tous :* un seul œuf échappé, et qui éclôt, produit un bombyx qui en pondra une quantité sur laquelle trois cents au moins viendront à bien. — C'est juste ce qu'il faut pour dévorer le feuillage d'un arbre.

Le bombyx processionnaire (*bombyx processionnea*, Réaumur; synonymie, *bombyx quercûs*) a le corps cendré ainsi que les ailes, traversées de deux bandes transverses, obscures vers la base des supérieures, et d'une troisième un peu noirâtre vers le milieu. La chenille a le corps velu, d'un cendré obscur, avec dos noirâtre, quelques excroissances brunes et des raies transversales de même couleur.

Le nom de *processionnaire* lui vient de ce qu'on la voit souvent émigrer processionnellement, quand la nourriture manque. A la tête du cortége s'avance un chef, fier comme un suisse de cathédrale, et derrière lui tout le cortége suit invariablement sur deux files. Le chef qui est en tête s'arrête, — toutes s'arrêtent, — il repart, et la procession reprend sa marche. C'est ainsi qu'elles vont le matin de leur nid au gagnage et reviennent le soir à leur nid, qu'on rencontre plus souvent sur le chêne que sur les autres arbres.

Nous n'avons pas encore fini avec les bombyx. — La chenille du bombyx pithyocampa ou processionnaire du pin a, à peu de chose près, les mœurs de celle du chêne, de même qu'il y a peu de chose à changer au signalement. On la trouve dans toutes les forêts de pins maritimes, et dans les pignadas de la Gascogne, elle a une assez mauvaise réputation. Il y en a encore une foule d'autres, voici leurs noms; tu trouveras leur signalement partout :

Le bombyx moucheté; le bombyx caja, ou écaille caja, ou écaille; le bombyx disparate ou zigzag, etc.; enfin presque tous les bombyx. Proscrivons-les en masse pour avoir plus tôt fini ! en nous réservant toutefois le cossus ronge-bois, qui mérite une notice particulière.

Les vanesses, lépidoptères diurnes, si jolis qu'ils soient, ne mèneraient pas, au dire de tout le monde, une vie complétement à l'abri des reproches.

J'ai souvent rencontré sur les feuilles de l'orme la vanesse gamma (*vanessa gamma*) qui a les ailes dentelées et découpées au bord, rougeâtres avec une tache blanche en forme de C en dessous et au milieu des ailes inférieures; j'ai vu sur l'ortie sa chenille noire, à bande blanche sur le dos; j'ai vu aussi avec elle la jolie vanesse paon de jour (*vanessa Io*), d'un brun pourpré, avec une ocellation semblable à celle du paon, composée de blanc, de bleu, de rouge, de noir, fondus en demi-teintes, et répétée sur chacune de ses quatre ailes; mais je ne crois pas que sa chenille noire, piquetée de blanc, soit avec celle de la gamma bien à craindre pour nos légumineuses. On les accuse aussi de nuire au houblon, c'est bien amer, à moins que les jolis papillons n'aient des caprices, de ceux qu'on passe aux jolies femmes, et qui ne sont au fond qu'une élégante dépravation du goût.

On voit souvent voler le soir, au mois de juin, un petit lépidoptère nocturne de la tribu des œcophores, l'*ypsolophus xylostei*, hypsolophe ou alucite xylostelle, ayant les ailes grises avec une tache irrégulière et longitudinale sur le bord inférieur. On rencontre sa chenille, — sans doute douée d'un odorat délicat, — sur la giroflée et sur le chèvrefeuille.

En 1851, M. Focillon a observé à l'Institut de Versailles ses ravages sur les cultures de colza. Voici comment il le décrit : chenille longue de 9 millimètres à sa plus grande taille, vert pâle, hérissée de poils noirs avec la tête noire. Elle vit dans les siliques jusqu'au moment de se transformer ; alors, sortant de la silique, elle file sur la plante un cocon à mailles très-larges et semblable à du tulle. Elle reste en chrysalide une quinzaine de jours, puis éclôt en juin. (*Mémoire à l'Académie des sciences*, 16 février 1852.)

Un lépidoptère crépusculaire qui paraît aussi à cette époque, la zygénie de la filipendule (*zygenia filipendulæ*), est, à l'état parfait, un papillon d'un noir verdâtre, aux ailes supérieures moirées de reflets bronzés, avec six taches rouges et le bord extérieur verdâtre. Sa chenille vit sur les légumineuses des prairies, et se forme, quand vient l'époque des métamorphoses, une coque de soie suspendue à la tige même de la plante.

LETTRE XI.

3 juillet 1863.

Quand je pense qu'il y a six mois, les pieds sur mes chenets, je pestais contre l'hiver, j'appelais de tous mes vœux la chaleur et le beau temps, et qu'aujourd'hui, rassasié de beau temps, aveuglé de soleil, exténué de chaleur, je regrette presque l'hiver et que, si je l'osais, j'irais habiter dans ma cave ! Décidément le bon Dieu a bien tort de faire d'aussi belles choses pour l'homme, qui (en admettant que je ressemble à tout le monde, ou plutôt que tout le monde me ressemble) sait si peu en jouir.

Enfin, est-ce qu'une année m'aurait tant vieilli, que ce qui me charmait il y a douze mois me fatigue à présent ? Ou bien que les souvenirs, en passant à travers le temps, comme le grain à travers un tamis, laissent en dehors tous les ennuis, toutes les scories pour ne nous laisser apercevoir que les côtés poétiques du passé ? ou simplement que l'été est plus torride que d'ordinaire ? Mais je trouve cette année la campagne bien poussiéreuse, la grande lumière bien fatigante, le grand soleil bien brûlant et surtout la route bien longue. Aussi est-ce pitié de me voir, tirant la langue et mouillant la route de mes sueurs, m'étendre à chaque carrefour du chemin quand j'y trouve six pieds d'ombre. Dans mes courses, j'ai fait des découvertes d'endroits délicieux, du feuillage sur la tête et de l'eau à mes pieds, pas un rayon de soleil, un « frigus opacum » qui vaut tous les rafraîchissements du monde, et pas de frênes garnis de repoussantes cantharides, pas de noyers à l'ombrage malsain — et une petite fontaine encadrée de plantes aquatiques, embarrassée de cresson et toute peuplée d'insectes. On y voit fourmiller, parmi les larves de tous genres, les hydrocorises, les argynnes, les gyrins, les hydrocantares et quelques hydrophiles. Ceux-ci doivent t'être signalés. On leur a reproché des dégâts assez considérables commis dans les étangs de la Dombe.

Ce sont des coléoptères ovales, aplatis et parraissant tout d'une pièce au premier abord, quoique le corselet et la tête soient bien distincts ; leurs antennes sont de neuf articles, terminées par une massue ovalaire ; le sternum est relevé en carène et terminé par une longue pointe. Les tarses qui servent de rames sont ciliés en dedans et terminés par une palette triangulaire.

L'hydrophile brun (*hydrophilus piceus*) est long d'un pouce et demi, brun, avec les élytres marquées de trois lignes ponctuées formant sillon.

L'hydrophile caraboïde (*hydrophilus caraboïdes*) n'a que 8 lignes de long ; il est d'un noir très-luisant et a 5 lignes au lieu de 3 sur les élytres. C'est lui surtout dont les ravages ont été remarqués.

Sur la millefeuille qui croît parmi le gazon où je viens m'étendre, j'ai pris bien souvent le ténébrion jaune ou cistèle soufrée (*cistela sulphurea*) qu'on a mise à l'index pour de minces ravages. Elle est longue de 4 lignes, d'un jaune de soufre, avec les yeux et les antennes noires. Ses élytres sont striées.

En revenant de mon « Tempé, » j'ai, en côtoyant un champ de blé (car je n'ai pas encore de chemin couvert, mais j'en ferai un pour m'y rendre), j'ai trouvé à même l'épi un coléoptère de même genre, mais d'une espèce différente, c'est la cistèle lepturoïde (*cistela lepturoïdes*), noire, pubescente Ses élytres marron sont finement pointillés, ses antennes sont presque filiformes, ses tarses antérieurs entiers et dentelés inférieurement en peigne, son corselet étranglé en avant. On la rencontre souvent à cette époque-ci sur le blé ; ses intentions ne m'ont pas l'air trop... honnêtes, fais-y attention.

Une race plus dangereuse que celle des cistèles, l'altise, fourmille durant les grandes chaleurs. Il est peu d'insectes qu'il importe davantage au cultivateur de connaître, car tous les individus de ce genre — et ils sont nombreux — vivent aux dépens des plantes cultivées et causent de graves dégâts.

Un mot sur les caractères spécifiques du genre.

Les altises sont en général très-petites, leur corps est ovale, un peu allongé, lisse et revêtu de couleurs brillant assez souvent d'un éclat métallique. Leurs antennes sont filiformes, aussi longues que le corps et composées de onze articles bien distincts. Leurs pattes sont terminées par des tarses de quatre articles, dont l'avant-dernier est bifide et garni en dessous de poils serrés. De même que certains charançons, elles ont les cuisses postérieures renflées et propres au saut.

Pourquoi ne les a-t-on pas baptisées d'un nom à étymologie latine ou grecque qui signifiât *puces des végétaux?*

Leurs larves sont de petits vers allongés, vifs, munis de mandibules cornées et d'une tête de même résistance, et possédant trois paires de pattes. On les trouve sur les végétaux et quelquefois en terre, occupées à ronger les racines.

L'altise, à l'état parfait, saute avec vigueur, et se sert de ses ailes uniquement pour les voyages de long cours, qui n'ont lieu que pendant l'heure la plus chaude de la journée.

L'altise potagère (*altica oleracea*) passe pour une des plus dangereuses. Elle est longue d'une ligne et demie, d'un bleu parfois verdâtre, mais toujours très-brillant ; ses antennes, ses jambes et ses tarses sont noirs.

Elle exerce sur les crucifères, et sur les colzas en particulier, d'horribles dévastations pendant certaines années. Ceux qui sont surpris par la sécheresse sont complétement dévorés tant par la larve que par l'insecte parfait. Ce dernier se rencontre constamment sur la plante pendant la floraison et souvent l'épuise complétement. C'est sur le jeune plant repiqué, surtout, ou dans les pépinières de choux, de colzas ; c'est sur les semis de navets, ceux de toutes les plantes de la famille des crucifères enfin, que ses dévastations sont terribles par les grandes sécheresses qui retardent la végétation et laissent les plantes sans défense ; en un jour, tout est perdu.

La cendre, la suie, le guano répandus le matin à la rosée sur les plantations suffisent quelquefois à éloigner cet insecte. L'urine étendue d'eau, employée en arrosage, réussit aussi dans certains cas, mais ce dernier moyen est coûteux.

M. Bella a inventé un instrument simple, ingénieux et économique, auquel il a donné le nom de *puceronnière* ou *machine-altises*, qui produit un résultat bien plus satisfaisant. Cette machine consiste en une toile goudronnée qu'on pousse à bras ou avec un cheval dans le champ infesté d'altises. L'insecte, en fuyant, vient s'engluer sur la toile, à laquelle on peut faire parcourir rapidement un espace étendu.

L'altise du chou (*altica brassicæ*) est noire, avec les élytres couleur de rouille pâle, bordées et traversées de noir ; elle exerce ses ravages dans les jardins et dans les grandes cultures. Mêmes mœurs que la précédente, soit comme larve, soit comme insecte parfait, et mêmes moyens de destruction.

Lord Orford, propriétaire dans le Suffolk, prétend avoir, pendant trois années successives, préservé ses cultures de turneps par le moyen suivant : la veille de la semaille, il faisait tremper les graines dans l'huile de baleine, puis il les conservait pendant la nuit dans l'eau salée. Selon lui, trente litres d'huile suffisaient pour préparer la semence nécessaire à quatre-vingts hectares.

L'altise noire est noire, avec la base des antennes et les pattes brunes. L'altise du cresson est noire, avec les élytres rouille bordées de noir, et l'altise paillette est noire, avec le corselet et les élytres cendrés. Toutes les trois se rencontrent en plus ou moins grande abondance sur les crucifères.

L'altise bedaude ou fuscipède est noire avec le corselet rougeâtre et les élytres noires finement striées ; elle a les mêmes mœurs, mais est plus rare que les précédentes.

On rencontre sur le saule l'altise rubis (*altica nitidula*), d'un vert brillant, avec la tête et le corselet dorés et les pattes couleur de rouille. L'altise plutus (*altica helxines*), d'un vert doré, avec les antennes brunes et les pattes couleur de rouille aussi, se trouve sur le sarrasin, mais en trop petite quantité pour être sérieusement nuisible.

Beaucoup d'autres espèces causent encore quelques petits dégâts, comme l'altise à pieds fauves (*altica fulvipes*) qui vit sur la mauve, etc. ; mais, somme toute, elles ne valent guère la peine de figurer ici.

Le perce-oreille, ou forficule, est aussi un des ennemis du jardinier ; il fait partie de l'ordre des orthoptères coureurs. Son corps est presque linéaire ; sa tête dépourvue d'yeux lisses ; ses élytres très-courtes et jointes par une suture droite, comme chez les coléoptères. Il arrive quelquefois que les ailes manquent ; dans d'autres individus, elles dépassent les élytres et se replient soit en travers, soit longitudinalement ; les pattes sont grêles et terminées par des tarses de trois articles seulement. L'abdomen est long et terminé par deux appendices en forme de tenailles, cornés et mobiles, servant à la défense. Lorsqu'on les irrite, ils retroussent leur abdomen d'un air menaçant.

On trouve des forficules dans tous les endroits frais, cachés pendant le jour, en troupes nombreuses, sous les pierres, sous les racines à fleur de terre, partout où se présente un abri procurant à la fois la fraîcheur et l'obscurité. On en remarque souvent plusieurs occupés à dévorer le cadavre d'un de leurs semblables.

La femelle reste immobile sur la ponte et semble, comme l'a remarqué Degger, — le premier qui en ait fait une étude approfondie, — couver ses œufs.

Le grand forficule (*forficula auricularia*) possède la mauvaise habitude, dit-on, d'entrer dans les oreilles humaines et d'y causer d'atroces douleurs, en rongeant la membrane. Plusieurs auteurs anciens en ont cité des exemples, mais un aussi grand nombre a nié le fait, dont plusieurs font autorité : Bosc entre autres.

Il est long d'environ 15 millimètres, a la tête rousse, les pieds fauves et le reste du corps brun.

Le petit forficule (*forficula minor*) n'a que 10 millimètres de long ; il est tout noir, à l'exception des pattes, qui sont jaunes, et se rencontre souvent autour des fumiers.

On a prétendu, et non sans quelque apparence de fondement, que les forficules étaient insectivores, mais il est encore mieux prouvé qu'ils dévorent tous les fruits précédemment entamés par d'autres insectes.

Ils s'accouplent vers le milieu du printemps. La femelle, plus fauve et plus grande que le mâle, pond peu de temps après et ne quitte plus ses œufs. Les larves qui éclosent ressemblent à l'insecte parfait, moins les élytres, elles sont conduites et protégées par la mère, qui ne les quitte que lorsqu'elles sont assez fortes pour se passer d'elle. Ainsi en mai, juin et juillet, en détruisant une femelle, on est sûr de détruire la nichée tout entière. Après trois ou quatre changements de peau et quelques jours passés à l'état de nymphe, ces larves deviennent enfin insectes parfaits aux environs du mois d'août. C'est alors que leurs déprédations ont lieu ; ils coupent les organes de reproduction des fleurs, attaquent les cotylédons des graines, et coupent même les petites tiges, mangent dans les jardins les fraises déjà goûtées par la limace, et les poires, les pommes que d'autres gourmands ont commencé à gâter. Puis, quand les premiers froids arrivent, ils se réunissent sous les pierres ou dans les fentes des murailles pour y passer l'hiver en société.

En choisissant les deux époques où ils sont réunis, le printemps et la fin de l'automne, on peut en détruire un grand nombre à la fois. En tous temps, on peut leur dresser des piéges, en leur facilant des abris : soit une tuile, soit de petits paquets d'herbes étalés sur le sol, et qu'on visite souvent. La volaille leur fait aussi la chasse activement; il est fâcheux que la poule n'ait qu'une médiocre idée du respect qu'on doit aux jardins.

Outre les trois variétés de noctuelles qui nuisent à la vigne (noctuelle épaisse, obélisque, aigle), nous en trouvons d'autres qui détruisent le froment, les légumes.

Ce genre de lépidoptères fait partie de la tribu des noctuélites, et se distingue par des antennes sétacées, ciliées ou pectinées en dessous, dans les mâles; par des palpes hérissées de longs poils et dépassant un peu le bord du chaperon; les ailes sont assez larges; les tarses, munis de fortes épines, ont leur premier article presque aussi long que tous les autres réunis, qui vont en décroissant de taille.

Un grand nombre de ces chenilles sont connues du cultivateur sous le nom de *ver gris*. Toutes ces espèces se ressemblent beaucoup et ont des habitudes analogues. Elles passent la plus grande partie de leur vie cachées dans la terre, et se nourrissent des racines des plantes; mais quelquefois elles en sortent et montent sur les plantes mêmes, dont elles dévorent les feuilles et les bourgeons.

La chenille de la noctuelle épaisse (*noctua crassa*) est longue au moins de 5 millimètres, grise, nuancée de brun ou de verdâtre, avec une double raie longitudinale, noire sur le dos, accompagnée d'une ligne de même couleur de chaque côté. Chacun de ses anneaux porte une douzaine de points noirs réunis sur le dos; sa tête est fauve, avec de petites raies noires.

Le papillon a 25 millimètres de long; ses ailes antérieures sont d'un gris roussâtre, plus foncé dans la femelle que dans le mâle, et traversées par trois lignes blanches, onduleuses, bordées de noir; elles portent, en outre, des taches brunes, noires, et des lignes noires en forme de flèches. Les ailes inférieures sont blanches, bordées et frangées de noir dans le mâle, grisâtres avec une large bordure obscure chez la femelle. La tête et le thorax sont de même couleur que les ailes inférieures, avec une ligne noire en forme de collier. Les antennes, d'un jaune testacé, sont très-pectinées dans le mâle et simples dans la femelle. L'abdomen est d'un gris pâle, avec ses derniers segments bordés de brun.

La chenille s'attaque assez souvent aux racines de la vigne, qu'on voit subitement dépérir sans pouvoir y attribuer de causes. En creusant un peu, on découvre souvent cette larve occupée à ronger. De plus, on la trouve plus souvent encore en train de dévorer les graines potagères à peine germées dans les jardins et dans les champs.

La chenille de la noctuelle obélisque a les mêmes mœurs, mais elle n'habite que le Midi. Celle de la noctuelle aigle (*noctua aquilina*) et une foule d'autres commettent les mêmes dégâts.

La noctuelle de froment (*noctua festiva*) a été étudiée, en 1852, par M. Bazin fils.

« Cette chenille, de moyenne grosseur, dit-il, attaque les grains dans les épis sur pied. Quand elle approche de son entier développement, elle ronge les grains à peu près sans en laisser de trace; moins grosse, elle les creuse et ne dévore que le milieu. Les grains, alors, paraissent pleins au premier aspect : en regardant plus attentivement, on voit qu'ils sont percés d'un petit trou à leur sommet, et en les ouvrant, on les trouve vides. La chenille a passé sa tête par ce trou, et a rongé leur intérieur. Ces grains défectueux vont avec les autres au grenier :

s'ils sont nombreux, ils donnent moins de poids à la masse, et les paysans se servent d'une expression empruntée à leur chaussure habituelle : ils disent qu'ils sont sabotés. »

La noctuelle fiancée ou hibou (*noctua pronuba*) a plus d'un pouce de long. Elle a une crête sur le corselet. Ses ailes, qu'elle porte horizontalement et qui lui donnent une apparence triangulaire, sont : celles de dessus, d'un brun roux nébuleux avec deux taches noires; celles de dessous, d'un jaune doré avec une large bande noire sur le bord postérieur.

Sa chenille, grise avec deux petits filets blancs, longue de cinq centimètres, attaque la vigne, comme la noctuelle épaisse. Elle dévore les boutons jusqu'au milieu du bois, de façon qu'ils ne puissent repousser, et va de bourgeon en bourgeon sur toute une branche, puis, quand elle les a tous détruits, passe à une autre. C'est surtout durant la nuit qu'elle commet ces dégâts, et dans la Gironde, des hommes munis de lanternes commencent à lui faire la chasse de dix heures du soir jusqu'au lever du soleil.

Bosc l'accuse aussi de dévorer les semis de choux dans les jardins, avec une prodigieuse rapidité; accusation dont doivent prendre leur part une grande quantité de variétés, telles que les noctuelles psi, de la laitue, de l'oseille, exolète, des légumes, des pois, de la persicaire, du salsifis, du pied-d'alouette, gamma, du chou, de la cardère, etc.

La noctuelle du seigle, commune en Suède, en Norwége et quelquefois en Angleterre, se rencontre fort rarement en France.

Des noctuelles aux sphinx il n'y a qu'un pas.

Ce genre est reconnaissable à un corps extrêmement robuste, à des antennes fortes, terminées en massue prismatique avec un petit flocon d'écailles à l'extrémité; à des

7.

ailes antérieures lancéolées, à un abdomen large et co-nique. Leur trompe est toujours bien distincte.

Les larves sont ordinairement rayées obliquement ou longitudinalement et ont pour la plupart, sur l'avant-dernier anneau, une corne dirigée en arrière.

Le sphinx tête de mort (*sphinx atropos*) est le plus grand papillon de France; il a les ailes supérieures nuancées de brun, les inférieures, jaunes avec des bandes brunes, le corselet noir avec une tache jaune et trois points noirs au milieu, représentant une tête de mort; son abdomen est d'un gris bleuâtre avec les côtés jaunes et une bande transversale noire sur chaque anneau.

On le croit originaire de l'Afrique, d'où il aurait passé d'abord en Asie, puis ensuite en Europe.

« En 1730, dit Alphonse Karr dans les lettres de son humouristique *Voyage autour de mon jardin*, il parut une grande quantité de papillons en Bretagne. Leur cri et leur figure singulière jetèrent l'épouvante dans les esprits; les curés en parlèrent en chaire et donnèrent cette apparition comme un signe évident de la colère céleste. Les imaginations furent frappées au plus haut degré, beaucoup de personnes firent des confessions publiques; les plus incrédules dirent que ce prodige annonçait une peste. »

Ce cri terrifiant qu'on leur attribue résulte tout simplement du frottement des antennes ou des palpes contre la trompe [1], et il faut une grande complaisance pour y voir un *cri funèbre*.

---

[1] C'est ainsi du moins que Réaumur explique le bruit qu'ils produisent. Passerini pense que l'organe qui le produit est placé dans la tête. M. A. de Nordmann pense et non sans raison qu'il est produit par des cavités contenues dans le corps de l'insecte et garnies d'un système de poils et de membranes qui produisent à volonté des vibrations, sous l'influence de l'air.

Sa chenille, énorme, jaune ou brune, avec des taches d'un vert clair, et d'un vert plus foncé sur sa peau nue, attaque la pomme de terre, la fève, et quelquefois ronge le feuillage des arbustes, comme le troëne, le lilas, etc. L'époque de sa métamorphose en chrysalide, surtout, est marquée par une recrudescence de voracité telle, que deux pieds de pommes de terre suffisent à peine à sa nourriture d'une journée.

À l'état parfait, le sphinx atropos est fort gourmand de miel et brave les piqûres des abeilles pour s'introduire dans la ruche et dévorer les réserves.

Le sphinx du troëne n'est remarquable que par la beauté de sa chenille, d'un vert tendre avec une double raie lilas et blanche sur chaque anneau. Rarement elle quitte l'arbuste dont elle porte le nom.

Le sphinx du pin (*sphinx pinastri*), dont la chenille éclôt en juillet, ne se rencontre guère que sur le pin laricio et dans le nord de la France. Peu à craindre.

Le sphinx de la vigne (*sphinx elpenor*) est rose, avec les ailes supérieures d'un vert jaunâtre tendre, bordées et traversées de deux bandes roses; les inférieures, roses avec une tache noire à leur base et une bordure blanche. L'abdomen est rose et largement rayé de vert. Sa chenille, d'un brun grisâtre, a le museau allongé et se nourrit souvent de feuilles de vigne, ainsi que celle du sphinx petit pourceau (*sphinx porcellus*) ou petit sphinx de la vigne. Mais leurs dégâts n'ont jamais paru bien sensibles. Le sphinx du peuplier, du tilleul, du chêne, etc., méritent aussi peu que le précédent d'être classés parmi les dangereux.

Le genre smérinthe est proche voisin des sphinx. On ne peut guère citer que le smérinthe du tilleul (*smerinthus tiliæ*), qui a les ailes supérieures grises, nuancées de teintes vertes plus prononcées à mesure qu'on approche du bord, et portant une tache brune. La trompe est absente, comme dans tout le genre smérinthe.

On rencontre non-seulement sur le tilleul, mais encore sur le bouleau, l'orme, le chêne et l'aune, sa chenille verte et grise, rayée obliquement de rouge et de jaune sur les côtés, avec une plaque d'un rouge noirâtre et une bordure de points blancs derrière la corne du onzième segment.

Le smérinthe du peuplier (*smerinthus populi*) a les ailes anguleuses et dentelées; les supérieures tirent sur le brun, et les inférieures sont rouges à la base. Sa chenille ne vit guère que sur le peuplier et ne peut lui faire grand tort.

Il arrive souvent que les graminées, dans les prairies, sont couvertes sur un certain espace de baves assez semblables à de la salive. C'est la retraite de la larve de la cercope, petit orthoptère homoptère. La cercope écumeuse (*cercopis spumaria*) est longue de deux lignes à peine, brune, avec deux grandes taches blanches sur les élytres, près du bord, et douée d'une assez grande agilité. La femelle est munie d'une tarière cachée sous l'abdomen. Cette tarière est composée de trois lames dentelées et lui sert à introduire ses œufs dans les végétaux. Lorsque la larve qui en sort sent arriver l'époque de sa métamorphose, elle suinte une liqueur visqueuse qui, s'amoncelant autour d'elle, forme ces bulles ayant une apparence d'écume et nommées *écume printanière*.

La cercope sanguinolente (*cercopis sanguinolenta*) est noire, avec six taches rouges sur les élytres; elle est longue de dix millimètres et a les mêmes habitudes que la précédente. On suppose que toutes deux nuisent au développement des graminées.

La cécydomie est un genre créé par Latreille, et appartenant à la tribu des tipulaires, famille de némocères, ordre des diptères. Les gallicoles forment une sous-tribu dans la tribu des tipulaires et ont pour caractères spécifiques : tête hémisphérique, antennes de la longueur du corps, de vingt-quatre articles chez les mâles, de quatorze chez les femelles ; pieds allongés, ailes frangées, à trois nervures longitudinales. Les femelles sont ordinairement pourvues d'un oviducte rétractile.

Prenons d'abord la cécydomie du saule (*cecydomia salicis*). Les galles qu'elle produit et où se développe sa larve rougeâtre, ressemblent à des roses vertes. La cécydomie du pin (*cecydomia pini*), qui se forme sur les branches de cet arbre, a un étui de soie entouré de résine et collé aux feuilles. La cécydomie *destructor*, qui ravage les froments en Amérique, est la plus terrible. Sa femelle dépose avant l'hiver ses œufs sur la tige, au point d'insertion des feuilles. La larve qui en résulte mange le chaume, descend dans la racine et fait périr la plante. L'insecte arrive à l'état parfait au mois de mai de l'année suivante. Les Américains lui donnent le nom de *hessian fly*, parce qu'elle provient des blés envoyés pendant la guerre de l'Indépendance aux Hessois qui faisaient partie de l'armée anglaise.

La cécydomie du froment (*cecydomia tritici*) et la précédente pourraient bien n'être qu'une seule et même variété. On ne s'est occupé d'elle en France que depuis 1841, époque à laquelle elle dévasta les récoltes de l'Écosse et de l'Irlande, et en 1853, 1854, et 1855, où elle fit de notables dégâts chez nous.

M. Bazin l'a, à cette époque, étudiée dans l'Yonne et la Picardie. Ses larves sont jaune clair et deviennent plus foncées en se développant. Elles habitent de deux à dix sur un seul grain de froment, entre les glumes, épuisant la séve au fur et à mesure qu'elle se produit.

L'insecte parfait est long de deux millimètres environ, l'abdomen est jaunâtre de même que les pattes et le thorax, les ailes légères et transparentes ; les yeux, très-grands et saillants, occupent presque toute la tête. Pour pondre, les femelles introduisent leur tarière entre les glumes des épillets. Depuis le moment de l'épiaison jus-qu'à celui de la floraison, chacune pond de six à dix œufs sur un même grain de blé. Les œufs éclosent pendant la floraison, et les larves ont atteint leur complet développement vers la fin de juillet, alors elles se laissent tomber en terre, où, cachées peu profondément, elles restent jusqu'au mois de juin suivant.

Les épis attaqués présentent de nombreux épillets desséchés et flétris ; le grain est tantôt avorté, tantôt amaigri seulement, ou tronqué, suivant le nombre de larves qui s'étaient réunies pour le piller.

On conseille les labours profonds après la moisson pour enfouir les larves, l'écobuage pour les détruire, l'emploi du guano, des tourteaux, de la chaux, répandus en poussière sur les épis, au moment de la ponte. De plus la nature a envoyé à la cécydomie un parasite qui pond dans le corps même de la larve et la détruit.

On a observé en Amérique qu'après deux ou trois ans de ravages, le parasite prenait le dessus et que la cécydomie disparaissait presque complétement.

« La cécydomie, à l'état parfait, n'a que 2 millimètres de longueur, disait M. Bonjean, dans un rapport au Sé-

nat, déjà cité; ses œufs sont presque imperceptibles.
M. Bazin évalue à 4 millions de francs la perte qu'en une
seule année cet insecte a causée à nos froments, à l'état
de larve, en faisant avorter la fécondation ou les grains
fécondés, et il attribue à cette cause les mauvaises récoltes de 1854, 1855 et 1856. Dans certains champs, la
perte s'élève à presque la moitié de la récolte. »

Ceci est concluant.

Un diptère qui, par ces grandes chaleurs, vole en grande
quantité sur les blés, c'est la mouche linéaire ou oscine
linéaire (*musca* ou *chlorops lineata*). Elle est longue d'une
ligne et demie, et quoique sa couleur varie souvent, voici
à peu près son signalement: antennes à soie simple, corps
jaune, conique, une tache sur le front, trois lignes sur le
corselet et quelques taches noires à la base de l'abdomen.

Ses mœurs ne sont pas encore très-connues, mais on a
observé qu'elle dépose ses œufs dans le chaume des graminées et que les larves, en détruisant la moelle qui s'y
trouve, empêchent l'épis de se former ; d'autant plus
que se tenant continuellement au collet de la plante, elles
y déterminent une irritation qui empêche la sève de s'é-
lever. Ceci ne regarde que la première génération. La
seconde se fixe à la partie centrale de la tige, sur une
des parois, et fait avorter les parties correspondantes de
l'épi en interrompant les vaisseaux qui le mettent en communication avec la racine.

Un agronome anglais, Martin, prétend que l'ergot du
seigle pourrait bien être causé par la piqûre d'une mouche, et semble accuser de ce méfait le capomiza, diptère
se rapprochant assez du précédent. C'est une petite
mouche à ailes vibratiles, au corps lisse, noir ou cendré,
avec de fortes pattes et de gros yeux portés au bout de deux

prolongements cylindriques qui lui donnent l'apparence d'un habitué du parterre lorgnant le corps de ballet. Les larves s'insinuent dans la tige des céréales, à l'époque de la séve sucrée ou avant la fructification, qui se trouve ainsi empêchée.

Ces deux insectes ont un terrible ennemi en la personne d'un petit ichneumonide, *l'alysia olivieri*. Il ne faut pas mépriser même ses auxiliaires à cause de l'exiguïté de leur taille.

On a souvent besoin d'un plus petit que soi.

LETTRE XII.

22 juillet 1863.

Maintenant, presque tous les insectes ont atteint leur période d'activité. Tous sont l'œuvre, soit à l'état parfait, soit quelques retardataires, à l'état de larves ; ces derniers sont peu nombreux. Plus d'une espèce en est déjà à sa seconde génération.

A l'heure où l'excessive chaleur dépeuple les champs, où le paysan se met en quête d'un ombrage pour faire sa sieste, on n'entend plus dans la plaine brûlée que le chœur des cigales,

> Que ce cri continu comme un scintillement
> Et qui semble ajouter à l'éblouissement.
> (J. Autran.)

Chez nous la cigale est rare, mais les sauterelles sont pour ton malheur, et celui des autres, communes, et, en compagnie de criquets, font la guerre aux cultivateurs.

Cette trop nombreuse race appartient à l'ordre des orthoptères et a pour caractères spécifiques : le corps allongé et déprimé, la tête grande, verticale et pourvue de deux antennes très-longues, très-fines, et composées d'un grand nombre d'articles peu distincts.

Leurs pattes, conformées comme celles des autres insectes sauteurs, leur facilitent ce mode de déplacement, qui, perfectionné au moyen de leurs ailes, leur permet de franchir d'un seul coup d'assez grandes distances. Les femelles sont munies de tarières au moyen desquelles elles introduisent leurs œufs dans les végétaux.

Les larves écloses au printemps ont la forme de l'insecte parfait, mais sont privées des ailes, des élytres et des organes de reproduction.

Leurs plus grands ennemis sont les oiseaux, mais les reptiles et les renards même en détruisent aussi leur part.

A partir du mois de juin, on en rencontre à l'état parfait.

1° La sauterelle à coutelas (*locusta viridissima*) ou sauterelle verte, longue de deux pouces et d'un vert pur. Ses élytres sont plus longues que l'abdomen, et la tarière de la femelle a la forme d'une lame de coutelas;

2° La sauterelle à sabre ou ronge-verrue (*locusta verrucivora*) est moins longue mais plus grosse que la précédente; elle est verte avec des taches brunes. La tarière de la femelle est recourbée en lame de sabre. Elle a en Suède la réputation de faire sécher les verrues qu'on lui fait mordre et sur lesquelles elle répand sa bave;

3° La sauterelle porte-selle (*locusta ephippiger*) qui n'a qu'un pouce de long, est d'un vert brun, avec les élytres très-courtes, voûtées et croisées. Dans cette variété, les ailes manquent et la tarière est presque droite.

Le bruit qu'elle produit par le frottement de la base de ses élytres est beaucoup plus fort que celui des deux autres. Quoique voraces, les sauterelles produisent moins de dégâts que les criquets, qui sont du reste beaucoup plus nombreux.

Les criquets, qui étaient autrefois englobés avec les précédentes, sous la désignation générale de sauterelles, et que Fabricius avait nommés grillons, forment un genre à part, caractérisé par les antennes courtes, grosses dans toute la longueur, par des tarses composés de trois articles, et le manque de tarière chez les femelles.

Dans le Midi, ils sont encore plus abondants que chez nous, et fondent souvent sur une contrée par masses et transportés comme des nuages par le vent. En 1663, la Provence tout entière, et surtout la Crau et les environs d'Arles, fut complétement ravagée; toute verdure, arbres et plantes, disparut sous leur passage.

Saint Augustin parle d'une épidémie causée par la putréfaction de corps de criquets, qui enleva plus de huit cent mille personnes en Numidie. Ces amas en décomposition étaient amoncelés au bord de la mer, que ces insectes avaient voulu traverser et où ils s'étaient noyés. Les Grecs avaient, dit-on, une loi qui enjoignait de détruire ces insectes sous les trois formes, œuf, larve, insecto parfait. En 1749, les criquets affrontèrent les frimas de la Suède et y firent de grands ravages. En 1780, en Transylvanie, quinze cents personnes furent employées à recueillir les œufs de criquets et en rassemblèrent chacune 1 hectolitre. En 1823, 1824 et 1825, le midi de la France eut aussi à souffrir de leurs ravages, et l'administration paya 50 centimes le kilogramme d'œufs de ces insectes et 25 centimes le même poids d'insectes parfaits. Marseille paya ainsi 20,000 francs et Arles 25,000.

Les espèces les plus communes en France sont au nombre de trois.

Le criquet stridule (*acridium stridulus*) a les élytres variées de gris et de noir et les ailes d'un beau rouge transparent, noires à l'extrémité.

Le criquet bleuâtre (*acridium cœruleus*) a les élytres cendrées avec des bandes plus foncées et les ailes bleuâtres ornées d'une bande noire. Plus petit que le précédent.

Le criquet à bandes noires (*acridium nigrofasciatus*) est plus grand que les précédents. Son corselet est vert et gris, ses jambes sont rouges, et ses ailes, verdâtres, traversées d'une bande noire.

Les œufs sont déposés par les femelles sur les tiges des graminées et enduits comme ceux des cercopes d'une matière visqueuse qui se durcit en séchant. Quelquefois on les trouve réunis en tas dans la terre, à une profondeur de deux ou trois pouces, et le nid communique avec l'air extérieur au moyen d'un tube formé de terre agglutinée. La volaille en est friande et se charge de les détruire, mais cette nourriture communique aux œufs une couleur noire et un goût désagréable et peut produire la dyssenterie suivie de mort chez les volatiles qui en mangent une certaine quantité. Ce moyen du reste ne suffirait pas pour annihiler leurs ravages. On les fait fouler aux pieds par les troupeaux, on les chasse vers les étangs pour les y noyer, ou vers une fosse où on les écrase, sans pouvoir s'en débarrasser. Le meilleur moyen serait peut-être, la charrue qui enfonce leurs œufs à une profondeur assez grande pour que les petits soient étouffés dès leur naissance.

> Aut asper crabro imparibus se immiscuit armis.

La guêpe n'a pas changé de mœurs depuis que Virgile l'accuse de ne pas employer des armes courtoises. Elle professe toujours une profonde sympathie pour le miel, ce qui ne l'empêche pas d'aller souvent jusque sous le couperet du boucher enlever de larges beefsteacks qu'elle emporte sans que son vol en paraisse alourdi. Mais comme circonstances atténuantes, je te ferai valoir la guerre qu'elle fait aux insectes plus faibles qu'elle : c'est comme un oiseau de proie dans l'ordre des insectes.

La guêpe vit en société, comme l'abeille domestique, dans une habitation nommée guêpier, qui est ronde et parfois de la grosseur de la tête. Les mâles n'ont d'autres fonctions que la reproduction, et les femelles que la ponte. Les premiers œufs éclos produisent des *mulets* ou neutres, qu'il faut plutôt appeler *ouvrières* comme les abeilles, qui, aussitôt arrivés à l'état parfait, se chargent de la besogne de la communauté et, comme chez les fourmis, de l'éducation des jeunes. En automne, les mâles et les femelles éclosent ; quelques femelles résistent à l'hiver et s'en vont chacune de leur côté fonder une nouvelle colonie.

La guêpe commune (*vespa vulgaris*) a 8 lignes de long ; son corselet jaune est orné d'une ligne noire trois fois interrompue. Elle a quatre taches noires à l'écusson ; son abdomen est jaune, avec deux points noirs aux côtés de chaque anneau.

La guêpe frelon (*vespa crabro*) est longue d'un pouce et grosse comme le petit doigt. Elle a le corps jaune ; son corselet est roux à la partie antérieure et noir à la partie postérieure ; il est couvert de poils. L'abdomen est noir, avec des taches jaunes.

C'est la plus redoutable à cause de sa force, et sa piqûre est excessivement douloureuse. Elle se loge dans les fentes de murailles, dans les cavités des arbres, les fentes au plafond des greniers, etc.

D'autres variétés, comme la guêpe saxonne, font leur

gâteau au premier endroit venu ; on en voit souvent attachés par un simple pédoncule à un rocher ou à un arbre, et dans une position qui permet de les détruire facilement, surtout si on sait profiter du moment où, les mâles et les femelles étant aux champs, les mulets forment toute la garnison.

Pendant la grande chaleur, on rencontre assez souvent les deux beaux papillons à ailes bizarrement découpées et à couleurs voyantes appelés, l'un machaon et l'autre podalyre ou flambé.

Le machaon (*papilio machao*) qui, ainsi que le suivant, appartient à la famille des diurnes, provient d'une chenille d'un beau vert avec des anneaux noirs, ponctués de rouge, qu'on rencontre assez souvent sur les ombellifères, et principalement sur la carotte et le fenouil. Elle est de la grosseur du petit doigt, et répand une odeur pénétrante et désagréable comme presque toutes les chenilles du genre papillon proprement dit. L'anneau le plus rapproché de la tête porte une paire de cornes fauves à base commune.

L'insecte parfait a environ quatre pouces d'envergure, le dessus des ailes jaune, bordé d'une large bande noire divisée sur les ailes supérieures par une série de huit points marginaux jaunes, et sur les inférieures par une rangée marginale de six lunules de la même couleur, précédées d'une tache bleue ; à leur angle interne se trouve une tache rouge surmontée d'un croissant bleu. La partie jaune des deux paires d'ailes est divisée par des veinures noires ; le corps est jaune avec une bande dorsale et les antennes noires.

On le regarde comme un destructeur de carottes à l'état de chenille.

Le papillon podalyre ou flambé (*papilio podalyrius*) est

de la même taille que celui qui précède. Ses ailes supérieures sont d'un jaune pâle, veinées très-délicatement de
noir avec des bandes de même couleur qui vont en s'élargissant vers le bord des ailes ; les inférieures sont jaunes
aussi, veinées et traversées de noir, bordées d'une bande
de même couleur variée de quatre ou cinq taches bleues
estompées, et à l'angle postérieur d'une tache rouge
occellée. La queue, dentelée ainsi que les ailes, est longue,
presque linéaire et jaune à l'extrémité.

Sa chenille varie du vert au jaune roussâtre, avec une
raie jaune clair sur le dos et des bandes obliques de même
couleur sur les côtés de l'abdomen. Le dos est ponctué de
rouge, et quelquefois (quand la couleur verte prédomine)
de points ferrugineux. Elle vit sur les arbres fruitiers :
amandier, prunier, pêcher, etc.

Comme tous les lépidoptères appartenant à la section
des diurnes succincts, ils suspendent leur chrysalide par un
fil attaché à l'extrémité postérieure et un autre passé autour du corps comme une ceinture.

Autrefois ces deux beaux insectes s'appelaient *chevaliers*.

Comme tout n'est que « action et réaction, » passons à
une espèce moins brillante et surtout moins chevaleresque,
celle des taons.

Les tabaniens sont une famille de l'ordre des diptères,
comprenant une grande partie de ces insectes qui, pendant
la grande chaleur, importunent les hommes et les animaux
de leurs piqûres. La « mouche du coche » de La Fontaine
sortait de cette famille-là.

On reconnaît ces insectes aux caractères spécifiques
suivants : trompe saillante, ordinairement terminée par
deux lèvres munies de palpes avancés, suçoir composé

de six pièces, derniers articles des antennes annelés. Les yeux sont gros, très-brillants, et souvent traversés de larges raies miroitantes, l'abdomen est triangulaire, les ailes horizontalement étendues de chaque côté du corps.

Toutes les espèces vivent du sang des animaux et même de celui des hommes, et tourmentent leurs victimes avec une telle avidité, qu'ils les rendent parfois furieux et les empêchent de paître (les animaux). On a remarqué que les femelles sont encore plus avides de sang que les mâles. Les larves vivent en terre et y subissent leurs métamorphoses.

Le taon du bœuf (*tabanus bovinus*) est long de huit à neuf lignes, brun obscur, avec le front et le corselet cendrés, les côtés de l'abdomen roussâtres et une rangée de taches triangulaires blanches sur le dos ; ses yeux sont verts.

Le taon ou chrysops aveuglant (*tabanus* ou *chrysops cœcutiens*) est long seulement de quatre lignes. Il est jaunâtre rayé ou tacheté de noir, le corselet est brun et garni de poils jaunes. Le dessus de l'abdomen porte une rangée de taches triangulaires jaunes ; les ailes sont brunes avec une tache ronde, et transparentes à l'extrémité.

Ce taon s'attaque plus particulièrement au cheval. On ne connaît aucun moyen efficace de débarrasser les animaux des persécutions de ces insectes. Après avoir essayé de couvertures, lourde charge pendant la grande chaleur, on a frotté les animaux avec de la bouse, mais outre que ce moyen a des inconvénients pour la peau, il n'a pas réussi. Le meilleur moyen serait d'attendre à l'ombre que la grande chaleur cesse, et que le taon perde en même temps son activité.

Dans le même ordre, nous avons les athéricères, famille

proche parenté des tabaniens et qui est encore plus dangereuse. Le taon pique, suce le sang, puis s'envole, mais l'œstre, ou du moins sa larve, s'établit à demeure dans la peau de ses victimes, taille, rogne à sa fantaisie, sans jamais s'inquiéter de ce qu'en pense le propriétaire. C'est du parasitisme au premier degré.

Chaque espèce de ce genre correspond à une espèce du gros bétail.

L'insecte parfait, qui vit peu de temps,—la nature a oublié de lui faire une bouche,—dépose ses œufs sur l'animal qui est prédestiné à le nourrir. La larve qui en sort se fixe à son poste, et se nourrit de l'humeur que l'irritation causée par sa présence fait affluer autour d'elle ; puis, arrivée à l'état parfait, elle se laisse tomber à terre, et s'y enfonce pour se changer en nymphe d'abord, puis en insecte parfait.

Ces larves sont généralement apodes, coniques et présentent onze anneaux souvent couverts de tubercules ou de petites épines. Leur bouche est armée de mamelons ; quelques-unes, comme celle du mouton, par exemple, ont deux forts crochets.

L'œstre du mouton est, à l'état parfait, un diptère long de cinq lignes, à tête grisâtre, peu velue, avec quelques points noirs enfoncés, et les antennes noires ; ses yeux à réseaux sont d'un vert foncé ; son corselet cendré est couvert de petits points noirs ; l'abdomen tacheté de brun ou de noir sur un fond jaunâtre ou blanchâtre et soyeux. Les ailes sont blanches avec quelques points noirs à la base ; les pattes sont brunes.

Il pond sur la muqueuse nasale des moutons. La larve remonte dans la cavité et se fixe sur les sinus maxillaires et frontaux au moyen des crochets dont sa tête est armée.

8

Il arrive quelquefois qu'on la trouve dans le larmier. Cette larve, d'abord blanche, tourne au brun en vieillissant. Il est rare, et ceci confirme l'observation de Réaumur, qu'on trouve plus de quatre de ces larves dans la tête d'un mouton. Elles ne quittent leur demeure que lorsqu'elles sentent arriver l'époque de leur transformation.

La sécrétion purulente qu'elles déterminent sur la muqueuse, sèche en coulant au dehors, et quelquefois bouche toute la cavité. Rarement l'animal meurt par leur fait, mais il dépérit toujours.

Il est curieux de voir l'aspect d'un troupeau au-dessus duquel volent quelques femelles; les moutons se démènent et soufflent avec force pour les empêcher de se poser sur eux.

Les injections d'huile empyreumatique chassent ces larves ou les tuent.

L'œstre du bœuf est long de cinq lignes, très-velu; il a les antennes brunes, le front et le rudiment de bouche couvert de poils blanchâtres. Son corselet est jaune en avant, noir et fauve en arrière. L'abdomen blanc ou jaunâtre en avant, noir au milieu, est jaune orangé à la partie postérieure. Les ailes sont brunes, sans taches, moins transparentes vers le bord antérieur.

La femelle incise, au moyen d'une tarière, la peau des ruminants, et y dépose un œuf qui éclot bientôt, occasionsionnant une tumeur où est secrétée l'humeur dont se nourrira la larve. Celle-ci, jaune d'abord, puis brunissant avec l'âge, arrive à une longueur de 35 millimètres sur un diamètre de 20. Elle est apode et garnie d'épines. Comme les autres, elle se laisse tomber à terre au moment d'y subir ses métamorphoses. Une certaine quantité de ces larves pourrait faire perdre beaucoup à un bœuf, et le meilleur moyen de les détruire est d'inciser la peau et d'extirper la larve.

On a remarqué que cet insecte abonde surtout dans les pays boisés.

L'œstre du cheval est long de six à sept lignes, il est peu velu. Ses antennes sont jaunâtres, son front plus blanc, ses yeux sont bruns et écartés, son corselet brun clair. Son abdomen fauve, sans tache, est marqué de bandes transversales brunes. Ses ailes, blanches, ont un petit point noir à la base et deux autres à l'extrémité. La femelle a toujours des couleurs plus foncées que celles du mâle. Elle dépose son œuf sur les jambes, les côtes et quelquefois sur le garrot du cheval. Ceci est fort habile de sa part; car le cheval, en se léchant, va introduire les larves dans son estomac, où la pauvre femelle eût été bien embarrassée pour les introduire elle-même. Quels éloges ne donnerait-on pas à un homme qui aurait inventé un moyen aussi simple de se tirer d'embarras! Ces larves, en tout semblables aux précédentes, vivent des matières contenues dans l'estomac, auxquelles viennent sans doute s'adjoindre les humeurs dont elles excitent la sécrétion. Puis, arrivées à leur entier développement... comment vont-elles sortir? Eh parbleu! elles se laissent expulser avec les excréments, après avoir parcouru l'animal dans toute sa longueur. Il va sans dire qu'elle opère comme les autres sa transformation en terre.

L'animal dont l'estomac contient plusieurs de ces larves, maigrit, devient triste et mange énormément; son poil se pique, les coliques surviennent, et quelquefois il meurt si on n'y remédie à temps.

L'huile empyreumatique dissoute dans l'éther, les infusions de plantes amères, les lavements mucilagineux, et la diète à l'eau blanche sont les remèdes presque toujours appliqués en pareil cas.

L'œstre hémorrhoïdal est long de cinq lignes, il a les antennes noires, la tête couverte de poils blanchâtres, le corselet noir, les côtés du thorax couverts de poils blancs comme l'écusson ; son abdomen est noir en avant et jaune orangé à la pointe, ses ailes transparentes et sans taches.

La femelle dépose ses œufs à l'orifice de l'anus du cheval ; les larves, plus petites que celles du précédent, s'attachent aux parois du rectum et agissent de même que les autres. On ne peut en débarrasser l'animal que par les injections d'huile empyreumatique.

Pauvre cheval,—et de deux ennemis.— En voici un troisième, qui appartient au genre hippobosque (*hippobosca equina*). Le genre hippobosque a pour signalement général : corps aplati, à téguments coriaces et flexibles, mais solides ; tête petite, semblant assez souvent se confondre avec le corselet, ailes étroites, plus longues que l'abdomen, plissées en éventail, croisées sur le dos ; elles manquent complétement dans certaines variétés, entre autres dans l'hippobosque du mouton, assez semblable à un pou.

L'hippobosque du cheval est long de cinq lignes, ses yeux sont noirs, sa tête jaune avec une tache brune au sommet, son corselet mélangé de jaune et de brun, son abdomen court et large, d'un jaune obscur en dessus, d'un jaune plus pâle en dessous. Tout le corps est couvert de poils roides et clair-semés. Les ailes sont blanches et arrondies à leur extrémité.

Ces insectes piquent le cheval à l'endroit où la peau est peu garnie de poils et absorbent le sang par leur suçoir.

L'hippobosque du mouton (*hippobosca ovis*) se cache dans la laine du mouton. Il n'a pas d'ailes, est long de trois lignes et a le corps couvert de quelques poils noirâtres. La tête n'est pas bien distincte du corselet, le corps large et déprimé est échancré en arrière et nuancé de quelques lignes ondées d'une couleur blanchâtre. Il se cramponne à la peau au moyen de quatre ongles dont il est armé.

Pour clore cette longue et *piquante* nomenclature, signalons un genre qui ne nous épargne pas plus que les autres animaux.

Le *stomox calcitrans*, stomoxe piquant, est un diptère à trompe saillante, en forme de siphon, d'une couleur grise, avec le corselet rayé. Quand, durant la grande chaleur, on sent une piqûre vive à la main ou ailleurs, on peut être sûr d'avoir affaire à lui, à moins que ce ne soit par hasard à l'hématobie, ou stomoxe stimulant (*stomox* ou *hematobia stimulans*), qui a exactement les mêmes mœurs et, à peu de différence près, le même signalement. Elle se trouve plus fréquemment que partout ailleurs dans les prairies, où elle trouve toujours des bestiaux à tourmenter. Ces deux agréables saigneurs disparaissent heureusement à la moindre apparence du froid.

J'ai omis depuis longtemps de te signaler le criocère de l'asperge (*criocerus asparagi*), si commun et si dangereux pour les asperges. Sa larve vit sur cette plante comme la larve de criocère du lis sur le lis, c'est-à-dire la mange à belles dents.

Arrivé à l'état parfait, et ceci au moment où les asperges sortent de terre le bout violet de leur nez, il continue les ravages de la larve. Ce coléoptère a le corselet rouge orné de deux points noirs ; les élytres foncées, jaunâtres au bord, traversées par deux petites taches blanches, se rejoignant à une raie bleue longitudinale qui en occupe le milieu.

Puisque par ce retour qu'un peintre appellerait un *repentir* nous sommes revenus dans le jardin, causons un peu des insectes qui maltraitent les fleurs, des porte-scies, par exemple, qui ne cessent de taillader les rosiers.

Cette famille des hyménoptères contient le genre tenthrède, dans lequel on a pratiqué de nombreuses coupes.

Leurs chenilles ont entre dix huit et vingt-deux pattes, on les appelle *fausses chenilles* pour les distinguer des larves vraies des lépidoptères, auxquelles elles ressemblent beaucoup. Leurs transformations ont toujours lieu dans la terre, et souvent dans une double coque de soie. L'insecte parfait a les mandibules allongées et les ailes divisées en nombreuses cloisons.

Les caractères distinctifs des tenthrédines sont : tarière composée de deux lames à scies, pointues, réunies et logées dans une coulisse sous l'anus ; mandibules allongées, presque membraneuses au bout, palpes labiaux de quatre articles, abdomen cylindrique et arrondi postérieurement.

La femelle, au moyen de sa tarière, introduit sous l'écorce ses œufs enduits d'une sorte de liqueur mousseuse ; il en résulte des excroissances appelées *fausses galles*, dans lesquelles se développe la larve munie de dix-huit à vingt-deux pattes, et dont l'insecte parfait sort en y pratiquant une ouverture circulaire.

La tenthrède du pin (*tenthredo pini*) a de 15 à 20 millimètres de long ; elle est noire, son thorax est couvert de poils ; la femelle tire sur le roux ; les antennes dans les deux sexes sont très-pectinées. Elle fait de grands ravages

dans les bois de pins sylvestres. Ses larves, jaunes et pointillées de noir, rongent les feuilles, et quand elles ont atteint 30 millimètres de longueur, elles se laissent tomber
à terre et forment une coque dont elles ne sortent que
l'année suivante, à l'état parfait.

La tenthrède du bouleau (*tenthredo betulæ*) est verte,
avec des taches noires ; mêmes mœurs que la précédente.

L'une des divisions des tenthrédines forme le genre
hylotome. Les hylotomes ont la tête verticale, les antennes insérées au milieu de la face, les deux premiers
articles très-courts, le troisième ou dernier forme à lui
seul toute l'antenne. Il est nu chez les femelles, velu
chez le mâle ; le corselet est globuleux.

L'hylotome du rosier (*hylotoma rosæ*) est long de quatre
lignes, fauve rougeâtre, avec la tête, les antennes, le thorax, les côtés antérieurs des ailes, y compris le stigmate,
noirs ; la moitié des antennes du mâle est fauve, les tarses
sont annelés de noir.

La larve a dix-huit pattes, elle est couleur feuille
morte en dessus et parsemée de petits tubercules noirs
desquels sort un poil ; le dessous et les côtés sont vert
pâle. Lorsqu'elles veulent opérer leur métamorphose,
elles se construisent deux coques, l'une fine et l'autre à
mailles larges, enfoncées en terre.

L'hylotome ustulate (*hylotoma ustulata*) a les antennes
conformées comme celles de la précédente, le corps d'un
noir bleuâtre, les ailes et les tarses jaunâtres. Il est long
de quatre lignes. Sa larve est verte, avec deux lignes
blanches et la tête rouge.

Ces deux genres doivent être écrasés sans pitié toutes
les fois qu'on les rencontre ; dans certaines années il est

impossible d'avoir des roses, et leurs ravages se reproduisant deux fois dans l'année, au printemps et à l'automne, il y a bien des chances pour que les rosiers ainsi maltraités meurent pendant l'hiver.

Les lygées sont un genre d'hémiptères hétéroptères de la famille des géocorises.

Le lygée du pin (*lygeas pini*) a le rostre composé de quatre articles, les antennes de quatre articles aussi, insérées près de l'origine du rostre et plus bas que les yeux, le thorax plat et deux fois plus large en arrière qu'en avant ; le corps méplat en dessus et formant un peu la carène en dessous ; il est noir avec les étuis cendrés et marqués d'une tache noire. Il vit sur les parties tendres des arbres résineux ; on affirme qu'il se tient là pour faire la chasse aux insectes plus faibles que lui : personne n'est forcé de le croire.

M. Bazin a observé, en 1855, un insecte de la même tribu, l'astemna cornu (*astemna polycornis*). Il a vu ces insectes piquer de leur suçoir le parenchyme des feuilles de haricots, de melons et de laitues cultivés sur couche et sous châssis. Chacune des piqûres était bientôt suivie de taches, et la plante était sensiblement épuisée.

La fumée de tabac et la benzine sont employées avec succès contre cet insecte.

Les phymates, autre genre de la famille des géocorises, ont, d'après Latreille : « Les pattes antérieures ravisseuses ; les antennes en massue, se logeant dans une cavité sous le bord du corselet ; celui-ci prolongé en écusson et ne recouvrant qu'une partie de l'abdomen. Leur bec est droit, de deux ou trois articles, et leurs antennes en soie. Ils sont munis d'ailes. »

Le phymate du bouleau (*phymata betulæ*) est brun avec

le corselet cendré et taché de blanc ; il vit sur le bouleau, dont il suce les jeunes pousses.

Le phymate du poirier (*phymata piri*) est varié de blanc et de cendré, avec les élytres et les bords du corselet ponctués. Au printemps, on le voit s'établir sur les bourgeons en nombreuse société ; et, plus tard, on le trouve suçant la feuille en dessous ; *indè*, il est quelquefois nécessaire de visiter la feuille à l'envers.

LETTRE XIII.

30 juillet 1865.

Avant que les moissons « tombent au tranchant des faucilles, que les blonds épis, etc., que l'or rutilant des plaines, etc.,» disparaissent, enfin, pendant qu'il y a encore du blé sur pied, je veux te mettre en garde contre quelques insectes omis par moi dans la catégorie des destructeurs de céréales ; non point que j'aie la prétention de n'en passer aucun ; ce serait folie ; mais simplement pour ne commettre que des oublis involontaires.

L'apion du froment (*apio frumentarius*) est un coléoptère tétramère de la section des rhynchophores. Il est long d'une ligne et demi, pourpre, avec les yeux noirs, et vit dans les grains de cette céréale.

Un autre apion, celui de la vesce (*apio viciæ craccæ*), noir en dessus, gris en dessous, avec les élytres ornées de lignes enfoncées et ponctuées, vit dans les gousses de la vesce des haies (*vicia sepium*), et parfois dans celles de la vesce de nos cultures.

L'attelabe de l'alliaire (*attelabus alliaræ*), qui appartient à la même section, quitte à l'automne l'alliaire, sa demeure habituelle, et fait tomber les pommes, qui se flétrissent après qu'il y a introduit sa trompe. Il a à peu près 3 millimètres de long, et est d'un bleu violet, avec les antennes noires, et le corps et les pattes pubescents. On avait accusé de ses méfaits l'anthribe rhinomacer ou rhinomacer attelaboïdes, noir verdâtre, velu avec les antennes et les pieds fauves. C'est, dit-on, une erreur ; il ne se rencontre que sur les pins maritimes.

Je ne sais si je dois t'engager à te défaire des cigales : leur plus grand défaut est peut-être leur insipide musique pendant la chaleur, et presque toutes ne font qu'un mal presque insensible aux arbres qu'elles piquent, excepté peut-être la cigale de l'orme ; mais en revanche, sa piqûre produit la manne : mieux vaut ne pas nous occuper d'elle. Mais un hémiptère qui porte leur nom, le jassus cigale (*jassus devastans*), mérite l'honneur d'être mentionné : il appartient à la section des homoptères et fait partie de la famille des cicadaires : il ressemble assez aux cercopes pour avoir été confondu quelquefois avec elles.

Depuis 1844, le jassus ciccadellina ou devastans paraît s'être fixé dans la commune de Saint-Paul (Basses-Alpes). Sa tête, d'après M. Guérin-Menneville, est jaune d'ocre, avec le vertex marqué de taches noires, le front jaune, allongé, marqué de raies transverses arquées, noires, de chaque côté. Le clypeus est allongé, bordé de noir, avec une ligne de cette couleur au milieu. Le prothorax et l'écusson sont jaune d'ocre, avec des taches brunes. Les élytres, transparentes, sont d'un jaune pâle avec quelques taches brunes. Les pattes sont jaunes, rayées de noir. Les ailes sont transparentes et un peu enfumées à l'extrémité. Sa longueur est de 2 millimètres 1/2.

Il ne ronge pas les céréales (blé, orge, avoine), mais il en suce les feuilles et la tige, qui se dessèchent ; c'est surtout le matin que ces insectes commettent leurs dégâts, sautant ou s'envolant à l'approche de l'homme. On les trouve, même en hiver, sur les jeunes blés ; mais surtout au printemps. On croit avoir remarqué que le sulfate de fer répandu sur le sol les chasse (voir le compte rendu de l'Académie des sciences, 1er semestre 1852).

L'ordre des hémiptères contient encore une tribu qui vaut la peine qu'on s'en préoccupe ; c'est celle des aphidiens ou pucerons ; si petits qu'ils soient, ce ne sont pas des ennemis à dédaigner. Le genre puceron proprement dit, appartenant à la famille des aphidiens, se reconnaît aux caractères suivants :

Antennes plus longues que la moitié du corps, sétacées, composées de sept articles, variant de formes et de longueur entre eux. Le bec est formé de trois articles, dont l'intermédiaire est le plus long ; il est conique au bout. Ce bec prend naissance à la partie postérieure de la tête et se trouve perpendiculairement replié sous le corps. Les yeux sont parfois accompagnés de tubercules. Le corps est ovale, mou. Les ailes supérieures sont plus grandes que les inférieures, membraneuses, avec le côté externe crustacé, ayant près de la fin un point épais, d'où part une nervure en demi-cercle qui va trouver la côte ou l'extrémité postérieure, précédée d'une nervure bifurquée ou trifurquée en Y. Les ailes inférieures ont parfois au bord externe un angle saillant qui, faisant l'effet d'un crochet, les fixe aux ailes supérieures. Les quatre ailes, au repos, sont élevées en forme de toit aigu. L'abdomen est

muni de chaque côté d'un tuyau allongé destiné à la fois
à l'introduction de l'air dans le corps et à la sortie d'une
substance mielleuse qui sert de première nourriture aux
petits. Les pattes sont longues et grêles; le dernier article
des tarses est muni de deux crochets, et non vésiculeux.

Pendant tout l'été les femelles pondent, après la fécondation des mâles ; mais dans l'arrière-saison, elles deviennent vivipares et se passent de mâles pendant un
plus ou moins grand nombre de générations, qui varie
entre 10 et 40.

Je vais essayer de te faire la biographie d'un puceron,
ou plutôt d'une puceronne, car les mâles sont assez
rares et ne résument pas la vie bizarre de la majorité, —
ab unâ disce omnes.

Sur un rosier, à l'extrémité d'une branche, une société
de pucerons, d'un vert rougeâtre, se tiennent immobiles;
une des nombreuses femelles, aptère (elles ne le sont
pas toutes), se trouve un peu à l'écart ; on peut tourner
autour d'elle et l'examiner de profil, ce qui nous permet
de remarquer qu'elle fait sa ponte. Comme nous sommes
en été, ce n'est pas un œuf, mais un petit vivant, qui sort
à reculons du ventre de sa mère. En effet il eût été inutile de le renfermer dans l'œuf; la saison est assez chaude
pour qu'il n'ait pas de rhume à craindre. Il est suivi
d'une foule d'autres, mais dans cette nombreuse famille,
nous ne rapporterons que les faits et gestes de l'aîné, ou
plutôt de l'aînée, car notre sujet est aptère, du sexe faible, et n'est ni un puceron parfait, ni une larve. Notre
nouveau-né, sans perdre de temps, se fixe à la place où il
est venu au monde, à 2 millimètres à peine de sa mère,
qui, en mettant au monde tant d'enfants, n'a pas même
tourné la tête, et dont la trompe n'a pas quitté la place

où elle est fixée. Une fois la jeune puceronne installée, elle y est pour toute son existence ou peu s'en faut. « On en voit bien quelquefois, dit Alph. Karr, s'emporter au point de faire le tour de la branche qu'ils habitent, mais tout porte à croire que c'est dans l'effervescence d'une jeunesse orageuse, ou sous l'empire de quelque passion ; ces débordements sont extrêmement rares. » Pour arriver à l'état parfait, environ une douzaine de jours après sa naissance, notre puceronne change quatre fois de peau ; la dernière est remarquable en ce que l'insecte paraît en état de nymphe, et porte deux fourreaux de chaque côté du corps. Puis, une fois à l'état parfait, la puceronne se met à pondre à son tour des enfants qu'elle ne connaît pas, et qui s'inquiètent fort peu d'elle, sans avoir été fécondée par le mâle. Si quelque mâle l'a par hasard honorée de ses faveurs, il est probable que dans sa génération prochaine il se trouvera des pucerons du sexe de leur père, surtout si c'est à l'arrière-saison. Mais ses œufs sont alors déposés autour de la branche sur laquelle elle est fixée, et n'éclosent qu'au printemps. Les petits qui en naîtront se reproduiront sans fécondation. Puis les froids arrivent et notre héros ou héroïne devient plus immobile que jamais et cesse de vivre, si tant est qu'elle ait vécu.

Pendant que nos pucerons étalés sur leur feuille d'arbre ou d'arbuste pâturent tranquillement, comme des ruminants dans une prairie, voici que les fourmis viennent les traire, pour compléter la ressemblance. En effet, deux petits mamelons fixés à l'extrémité de l'abdomen laissent suinter un liquide sucré fort agréable aux fourmis, qui quelquefois font provision de pucerons et les traitent avec une douceur exemplaire. Du reste, ce bétail ne leur manque pas ; car, d'après le calcul de Réaumur, cinq générations provenues d'une seule mère produiraient 5,904,900,000 pucerons.

D'après le calcul de M. Tougard, un puceron lanigère produit dix générations vivipares par an et une ovipare ; chaque génération produit de 90 à 115 individus, terme moyen 100. Il obtient ainsi la table suivante des générations.

1ʳᵉ génération.	1 puceron produit :	
2ᵉ —	100	cent.
3ᵉ —	10,000	dix mille.
4ᵉ —	1,000,000	un million.
5ᵉ —	100,000,000	cent millions.
6ᵉ —	10,000,000.000	dix billions.
7ᵉ —	1,000,000,000 000	un trillion.
8ᵉ —	100,000,000,000.000	cent trillions.
9ᵉ —	10,000,000,000,000,000	dix quatrillions.
10ᵉ —	10,000,000,000,000,000,000	dix quintillions.

Et si on ajoutait, dit encore M. Tougard, la génération ovipare de chaque individu, on aurait un résultat trois fois plus grand. Si les pucerons pouvaient se reproduire sans accidents, ils avaleraient la végétation entière, malgré la proportion minime de leur consommation individuelle. Mais la nature, qui ne veut pas la mort de l'homme, la mort du pêcheur, a condamné cette race trop prolifique à devenir la nourriture exclusive d'un grand nombre d'insectes, tels que les larves des coccinelles, des crabrons, des ichneumons, des chalcis, des hémérobes, des syrphes, etc., et d'un grand nombre d'oiseaux.

Vers 1834 ou 1835, on a émis l'opinion que les pucerons pouvaient être une génération spontanée produite par l'extravasion de la séve des plantes. Laissons aux savants le soin de débattre cette question. Mais un fait qui date de cette époque prouverait que ces insectes émigrent par masses, du moins celui du pêcher (*aphis persicæ*). On les vit, le 18 septembre 1832, en grandes masses entre Bruges et Gand ; le 29, à Gand, ils étaient assez nombreux pour intercepter la lumière du soleil, des champs de choux en étaient noircis, et on disait les avoir vus apparaître subitement. Dans certains endroits, on était obligé de porter des lunettes et de se couvrir le visage d'un mouchoir pour éviter le chatouillement qu'ils causaient. Le 9 octobre, on les trouva rassemblés dans un bas-fond, ils n'avaient pu franchir la lisière de collines qui séparent le Brabant de la Flandre. Bientôt, ayant surmonté cet obstacle, ils envahirent Bruxelles, et parurent à Mons et à Louvain. Le 15 octobre, un orage terrible éclata à Gand, et les moucherons moururent en telle quantité, que leurs cadavres noircissaient les vitres et couvraient les meubles et les murs.

La boue des rivières de Gand, qui, après le curage, était longtemps restée sur les quais, avait produit le choléra, avait-elle aussi produit les pucerons qui s'étaient montrés en même temps.

M. Ch. Morren se prononce contre la génération spontanée et assure que les pucerons sont arrivés de fort loin, par mer, dans des pays qu'ils ont infectés de leur progéniture et d'où ensuite ils émigrèrent peu à peu.

Presque tous les arbres ont une variété de pucerons qui leur est spéciale. Ceux qu'on trouve sur le chêne sont bronzés et ont le bec trois fois plus long que le corps, ceux de l'abricotier sont d'un noir luisant ; ceux du bouleau sont noirs ou verts ; ceux du poirier d'un gris roussâtre ; par leurs piqûres, ils produisent la maladie des arbres nommée *miellat.*

Le plus terrible de tous, le puceron lanigère ou puceron du pommier (*aphis mali,* ou *myzoxilus mali,* ou *lachnus lanigera*) est brun et recouvert d'un duvet blanc. On le croit venu des pays chauds, en même temps que le pommier. Il a été signalé, pour la première fois, en Angleterre en 1789, puis dans les Côtes-du-Nord en 1812; en 1818 on le trouva à Paris dans le jardin de l'Ecole de pharmacie; en 1822 il s'était répandu dans la Seine, la Somme et l'Aisne, et en 1827 on signalait sa présence en Belgique. On le trouve par nombreuses sociétés sur l'écorce du pommier, et ces tribus rassemblées offrent, sans doute à cause des peaux muées et du duvet qui les recouvre, l'aspect d'une toile d'araignée.

Voici les moyens jusqu'à présent les plus efficaces pour s'en débarrasser : 1° on frotte les écorces avec du sable fin et on enduit les crevasses avec du lait de chaux; 2° on emploie les lotions alcalines, les fumigations, les onctions d'huile grasse et siccative, ou de coaltar ou goudron de gaz; mais ces matières peuvent gêner la respiration corticale de l'arbre; 3° M. Gandolphi a proposé de flamber légèrement les écorces; 4° M. Neveu-Derotrie conseille de déposer seulement du fumier de porc au pied des arbres qui en sont infestés; 5° le meilleur moyen serait peut-être de mouiller l'écorce de l'arbre, puis d'injecter de la poudre de pyrèthre.

Le puceron du noyer (*aphis juglandi*) a été observé en 1855 par M. Bazin. Il habite la face supérieure des feuilles en groupes nombreux placés sur deux rangs, le long de la nervure médiane. La feuille, épuisée, noircit d'abord, puis jaunit et tombe. C'est pendant le cours du mois de juin que ces pucerons sont le plus nombreux.

Celui du rosier (*aphis rosæ*) est entièrement vert, et son abdomen est armé de deux longues cornes.

Le puceron du pêcher (*aphis persicæ*) est d'un vert noirâtre taché de noir foncé; les antennes, de même couleur, sont plus longues que le corps. L'abdomen est armé aussi de deux cornes. Dans les jeunes, la couleur varie beaucoup du vert au rouge pourpre taché de jaune, en suivant les teintes intermédiaires, vert-olive, jaune, brun, etc. On le trouve quelquefois sur les choux et autres plantes, mais plus sur le pêcher, dont il détruit tout le feuillage. Les moyens indiqués pour détruire le puceron lanigère peuvent servir pour tous ses congénères.

Les thrips ou faux pucerons appartiennent au même ordre, à la même famille, mais forment une tribu à part, celle des thrips, caractérisée par des antennes de huit articles, le corps linéaire très-étroit, ailes longues, étroites, parallèles, velues, inégalement frangées; les deux supérieures ayant deux nervures longitudinales parallèles, sans nervures transversales. Les femelles sont munies d'un aiguillon ou tarière en forme de valve.

Le thrips denticorne (*thrips denticornis*) se rencontre sur les graminées, et surtout sur les épis du blé. Il est long d'un demi-millimètre, noir; ses pattes antérieures sont renflées; ses antennes ont le troisième article acuminé en dehors, et le quatrième jaunâtre; les ailes supérieures sont nébuleuses.

Ces insectes présentent des caractères ambigus qui ont rendu leur classement longtemps incertain, en les rapprochant tantôt des orthoptères, tantôt des hémiptères; — Latreille les a classés dans ces derniers, et nous les laissons où il les a placés. Leurs mœurs se rapprochent de celles des pucerons, et les moyens appliqués à la destruction de ceux-ci peuvent servir avec les modifications nécessaires pour les atteindre sur les plantes où ils vivent;

mais les rigueurs de l'hiver sont la plus complète cause de leur destruction.

Sur les dix-huit ou vingt espèces qui composent le genre grillon, deux espèces qui ont de plus fréquents rapports que les autres avec le cultivateur, peuvent quelquefois être tentées de lui nuire.

D'abord le grillon des champs, orthoptère à corps presque cylindrique, à tête grosse, verticale, pourvue de deux antennes sétacées plus longues que le corps et insérées entre les deux yeux ; ses deux pattes postérieures, plus longues et plus grosses que les antérieures, lui servent à sauter.

L'insecte parfait est noirâtre, avec le côté interne des cuisses rougeâtre. Il est long d'environ six ou sept lignes, et en a trois à peu près de diamètre. Son *chant* est produit par le frottement de ses deux élytres l'une contre l'autre.

Certes, j'aurais admis le grillon dans le panthéon que je réserve pour les insectes auxiliaires de l'homme, en vertu des embuscades continuelles qu'il tend à une foule d'insectes nuisibles ; mais il pousse trop loin la science stratégique. Son trou, à l'entrée duquel il est tapi, prêt à sauter sur le premier passant, est comme une place forte ; aussi a-t-il abattu tout autour les brins d'herbe, a-t-il arraché tout ce qui pourrait lui faire obstacle dans son élan, et l'empêcher de voir venir les voyageurs. Or, comme il est singulièrement répandu, ces habitudes ne laissent pas que d'être nuisibles : voilà pourquoi j'accuse le grillon des champs.

L'autre accusé n'est rien moins que le grillon domestique..., oui, le chanteur du foyer, le petit hôte qu'on ne veut pas chagriner parce qu'il porte bonheur, l'éternel chanteur de duos avec la bouilloire, le héros d'un conte de Dickens, ce grillon qu'aimait tant écouter l'active mistress Peery-bingle; enfin, j'en aurais pour une heure à dire tout ce qu'on en a fait..., de ce mangeur de lard, de pain et de farine. — Il faut renoncer à pendre du lard dans la cheminée, ou renoncer au cri-cri, il n'y a pas de milieu. Pleurez, âmes sensibles!

Les priones forment un genre dans l'ordre des coléoptères, famille des longicornes, tribu des prioniens. Ce genre est ainsi caractérisé : jambes dépourvues d'épines internes, canaliculées longitudinalement; antennes pectinées, de la longueur du corps dans les mâles; en scie, et atteignant la moitié des élytres seulement chez les femelles; corselet carré, portant trois épines pointues à chaque bord latéral; corps court, assez large, un peu penché en avant; mandibules courtes, une ligne longitunale enfoncée entre les yeux; élytres courtes, un peu convexes, rebordées extérieurement; dernier anneau de l'abdomen échancré dans les mâles. — Le premier article des tarses assez grand, triangulaire, le terminal presque aussi long que les trois autres réunis; les pattes fortes et assez courtes.

Le prione corroyeur (*prionus corriarius*) est long de 30 à 36 millimètres; son corps est d'un brun foncé; la tête est fortement chagrinée; les mandibules courtes et noires; antennes de douze articles, dépassant un peu le milieu des élytres, assez épaisses dans le mâle, grêles dans la femelle; le corselet est chagriné et bordé en avant et en arrière d'une frange de poils jaunâtres; les élytres, de la longueur de l'abdomen, à peu de chose près, fortement chagrinées dans toute leur étendue.

L'insecte parfait ne vole guère qu'au crépuscule, et sa larve vit dans les troncs d'arbres où elle se creuse une profonde galerie : on la trouve quelquefois enfoncée en terre ou dans le tan qui est au pied des chênes, pour se transformer; on la rencontre aussi sur le bouleau.

Le prione artisan (*prionus faber*) est noir, avec le corselet chagriné et unidenté; ses élytres sont inégalement pointillées; il a 20 lignes de long. Ses mœurs sont les mêmes que celles du précédent.

Dans la tribu des chalcis (ordre des hyménoptères), reconnaissable aux antennes coudées ou en massue, dont presque tous les genres sont doués de la faculté de sauter, et dont les femelles ont une tarière composée de trois soies, on rencontre le genre céphus. — Un individu de ce genre a été étudié par M. Guérin Méneville, qui en parle ainsi : « Le céphus pygmée (*cephus pygmœus*) est noir, « avec des anneaux jaunes au ventre, et les ailes transpa- « rentes et irisées; sa larve est blanchâtre et sans pattes. « Elle s'introduit en mai ou juin dans le chaume du blé « qu'elle ronge près de terre. Au moindre vent, la tige « casse à l'endroit rongé, et tombe. Si elle est soutenue « par les tiges voisines, elle reste droite; mais l'épi ne « s'emplit pas de grain, c'est un épi clair. Pour passer « l'hiver, la larve se construit, sous le collet du chaume, « une petite coque, transparente comme du talc, dans « laquelle elle passe l'hiver, et ne se change en chrysa- « lide qu'au printemps suivant. Le *cephus pygmœus* a pour « ennemi un ichneumonide un peu moins grand que lui, « décrit sous le nom de *pachymerius calcitrator* par Gra- « venhorst. Les moyens de s'opposer aux ravages du cé- « phus sont les mêmes que pour la calamobie ou aiguil- « lonnier. »

9.

LETTRE XIV.

4 septembre 1863.

Les moissons sont rentrées ; l'activité qui avait un moment rempli la campagne de mouvement et de bruit commence à s'éteindre ; le calme et le silence viennent remplacer les cris des moissonneurs, et le paysan, sorti pendant un moment de son apathie habituelle, a repris son allure lente et préoccupée. Les insectes qui s'attaquent aux céréales sur pied ont déposé leur ponte en lieu convenable : quelques rares centenaires se rencontrent tout dépaysés, tandis que ceux qui s'attaquent aux fruits, aux racines, aux bois, continuent leurs ravages.

Tous ceux qui devaient éclore sont éclos, et bientôt aura lieu pour tous, si ce n'est déjà fait pour beaucoup, la dernière ponte dont les produits passeront l'hiver à l'état d'œufs ou de larves, et recommenceront en 1864 l'existence de leurs parents.

C'est à cette époque-ci que le clairon des abeilles (*clerus apiarius*) vole autour des ruches pour y déposer ses œufs, qui doivent donner naissance à des larves avides de miel, et surtout des larves des abeilles.

L'insecte parfait est un coléoptère pentamère de la di-

vision des serricornes et type du genre clairon, dans la
la tribu des clairones. Ce genre a été établi par Geoffroy,
et a pour caractères : tarses vues en dessus, ne paraissant
que de quatre articles, les trois derniers articles des antennes formant une massue simple, beaucoup plus large
que le reste de l'antenne. Quoique les tarses ne présentent au premier coup d'œil que quatre articles, ils en
ont cinq, comme ceux de tous les pentamérés ; mais
l'un de ces articles n'existe qu'à l'état rudimentaire, aux
tarses intermédiaires et aux tarses antérieures. Le devant
de leur corselet est déprimé, leur bouche offre des palpes
maxillaires et labiaux terminés par un article en forme de
hache. M. Léon Dufour, qui a étudié ces insectes, a
trouvé leur jabot si court, qu'il est presque entièrement
logé dans leur tête ; l'intestin est court, avec deux renflements en arrière. Ils ont six vaisseaux biliaires insérés
près du cœcum.

Deux espèces nuisent aux abeilles à l'état de larves, et
vivent sur les fleurs à l'état parfait.

Le clairon des abeilles (*clerus apiarius*), long de 18 à
25 millimètres, a les élytres rouges, et trois bandes d'un
bleu foncé, dont l'inférieure borde l'extrémité des élytres.
Il cause quelquefois de grands dommages ; quelques
larves ont bientôt dépeuplé un grand nombre d'alvéoles.

Le clairon des alvéoles (*clerus alvearius*) est de la même
taille que le précédent, et n'en diffère que par une tache
bleue sur l'écusson, et par la bande rouge inférieure, qui
se termine à quelque distance de l'extrémité des élytres.
La femelle dépose sa ponte dans le nid des abeilles maçonnes (genre osmie) et la larve dévore celles qui naissent
autour d'elle.

La gallérie de la cire, ou fausse teigne, ne dévore pas

les larves d'abeilles, mais n'en est pas moins un ennemi encore plus dangereux que le clairon. L'insecte parfait (*galleria cerella*), ou fausse-teigne, est classé dans le genre gallérie, des lépidoptères nocturnes. Le papillon est gris cendré, avec les ailes relevées postérieurement en crête et marquées de quelques taches plus grises. On le voit voltiger le soir à l'entour des ruchers. Pendant le jour, il se cache sous les tabliers même ou sous les toits de ces abris, et pond en toute sûreté. La petite larve s'introduit à l'intérieur et se creuse des galeries dans les gâteaux, ou s'insinue dans les cellules fermées qui renferment les larves, dont elle mange la nourriture. Les cellules qu'elle a visitées ont le couvercle aplati et blanc au lieu d'être bombé et jaunâtre. Quand ces larves se trouvent en grand nombre, c'est-à-dire quand toute la ponte éclot sans accidents, elles ne tardent pas à détruire une ruche. Il m'est arrivé d'en rencontrer à peu près une centaine dans une ruche dont elles avaient chassé les abeilles et dont les mulots partageaient avec elles la possession.

Quelques feux crépusculaires, à l'époque où se montrent les papillons, diminueraient leur nombre, mais n'empêcheraient pas qu'un seul puisse quelquefois arriver à déposer sa ponte en lieu sûr et à détruire la ruche. Il est toujours prudent d'essayer de ce moyen.

Le cossus gâte-bois (*cossus ligniperda*) ne s'attaque pas aux abeilles ni au miel, il lui faut des aliments plus solides; aussi s'attaque-t-il plus souvent au chêne.

Comme la gallérie, c'est un lépidoptère nocturne, mais il appartient au genre cossus, tribu des hépialites. Les caractères du genre sont : antennes aussi longues au moins que le corselet, n'ayant dans les deux sexes qu'une seule rangée de dents. La trompe a complétement disparu. Les chenilles sont nues, et ont la faculté de dégorger une liqueur noirâtre à odeur forte. Elles vivent dans les galeries qu'elles se creusent dans les troncs d'arbres, et paraissent sensibles aux influences atmosphériques; car si on les expose à l'air sans abri, elles se filent aussitôt une espèce de toile pour s'en procurer un. Leur coque pour la métamorphose est en partie composée des sciures de bois provenant de leurs galeries. La chrysalide a chaque segment de l'abdomen armé de deux rangs d'épines, au moyen desquelles, quand le papillon doit éclore, elle s'avance jusqu'au bout du trou par où il doit sortir.

Le papillon du cossus ligniperda est long de quinze lignes, gris blanchâtre avec des stries transverses noires sur les ailes supérieures et une bande courbe brune en arrière du thorax. Les antennes sont noires du côté des dents et blanches en arrière. La chenille est blanchâtre, luisante, nue, ou couverte de rares poils; le dos est rougeâtre avec des bandes transversales d'un rouge vif. Aussitôt qu'elle est sortie de l'œuf, elle se met à ronger l'aubier et finit par détacher l'écorce. On la rencontre sur l'orme très-souvent, mais non exclusivement; lorsqu'on voit un de ces arbres languir, on peut être à peu près certain d'y trouver ces chenilles; et quelquefois, en cherchant un peu dans l'écorce, à peu de distance de terre, on en trouvera plusieurs occupées à creuser leur galerie.

M. Eugène Robert a réussi à empêcher leurs ravages par l'emploi du moyen indiqué contre le scolyte destructeur. C'est lui qui, en 1860, chargé par M. Alphand, ingénieur en chef des plantations de la ville de Paris, d'étudier les dégâts causés par la chenille du bombyx processionnaire dans les bois de Vincennes, et d'y porter remède, signala les ravages du cossus ligniperda sur les chênes de ce bois.

« Je trouvai, à mon grand étonnement, dit-il, de gros chênes fortement ravagés par le cossus ligniperda. Je savais bien que cet insecte avait été signalé par James Rennie, sur les chênes de plusieurs districts d'Angleterre, notamment celui de Kent, mais jusqu'à présent je n'avais constaté sa présence que sur les saules, les peupliers, (rarement sur le peuplier d'Italie), les ormes, les frênes, les sycomores, les marronniers et les noyers (très-rarement). Quoi qu'il en soit, ces cossus offrent dans leurs caractères aussi bien que dans leurs manières d'agir des différences qu'il me paraît bon de faire connaître. Ils ne paraissent pas devoir atteindre une aussi grande dimension que ceux de l'orme, et le ventre de la chenille est d'un beau jaune-citron, tandis qu'il est blanchâtre et quelquefois rosé dans le cossus de l'orme, du peuplier, etc. Les galeries sont bien horizontales comme dans l'orme, mais elles pénètrent à peine dans l'intérieur du tronc, ce qui tient sans doute à la plus grande dureté du bois, de même que la coloration jaunâtre de l'abdomen pourrait fort bien dépendre de la nourriture tant soit peu astringente que l'insecte prend dans l'écorce vive du chêne. La destruction de cette chenille est, par conséquent, très-facile à opérer, puisqu'on n'est pas obligé de l'aller chercher dans le corps de l'arbre.» (Notice présentée à la société impériale d'agriculture.)

En effet, dans tout autre arbre dont le bois offre moins de résistance que celui du chêne, la chenille vit, dans sa première jeunesse, de l'écorce, dans son adolescence elle attaque l'aubier ; puis, quand les mandibules ont atteint toute leur force, on la rencontre souvent au cœur de l'arbre. Or, cette chenille ne se transforme en papillon qu'au bout de deux ans. C'est donc un travail continu de deux ans. Pour peu qu'un arbre récèle plusieurs individus de ce genre, on comprendra sans peine qu'il ne peut tarder à mourir.

L'insecte parfait est tellement lourd, que la femelle ne peut aller loin faire sa ponte ; de sorte que le dommage ne fait que lentement tache d'huile. C'est une triste consolation.

Si le cossus du marronnier (*cossus æsculi*) était plus commun, ce serait un vrai fléau pour les pépinières de marrónniers, mais il est heureusement jusqu'à présent assez rare. Il a le corps et les ailes blancs ponctués de noir bleuâtre. Les antennes sont pectinées jusqu'à la moitié chez les mâles, et entièrement filiformes chez les femelles. La chenille est jaunâtre, avec des taches noires sur la tête, et des tubercules bruns sur chaque anneau. On la rencontre sur le marronnier d'Inde, les saules, les peupliers, les érables, les frênes et les aulnes, mais en petite quantité.

A la tribu des prioniens dont je t'ai cité les types dans ma dernière lettre (voir p. 152), se rattache le genre spondyle, ainsi caractérisé : corps convexe, assez court, antennes courtes, presques moniliformes, atteignant à peine les angles huméraux des élytres, et composées de onze articles ; mandibules arquées, assez robustes, pointues à leur extrémité, échancrées à la partie interne, tridentées. La larve du spondyle buprestoïde (*spondylus buprestoïdes*) vit dans les pins et les sapins. L'insecte parfait est long de 6 à 7 lignes, tout noir, très-ponctué, avec deux lignes élevées sur les élytres ; son corps est cylindrique.

. La tribu des cérambycins ou cérambyciens, dans la

même famille des longicornes, se compose des genres ayant le labre très-apparent, les mandibules peu différentes dans les deux sexes, les yeux toujours échancrés pour recevoir la base des antennes qui sont ordinairement longues; les cuisses toujours en forme de massue, et commé portées sur un pédoncule. Le corselet est ordinairement épineux, tuberculeux ou inégal, la tête penchée en avant, mais non verticalement.

Le genre cérambyx nous fournit trois espèces, dont les larves vivent sous les écorces des arbres et dans les parties cariées, ce sont :

Le cerambyx musqué (*cerambyx moschatus*), long d'un pouce, vert ou bleu foncé, quelquefois un peu doré. Les cuisses des jambes postérieures sont allongées. Cet insecte dégage une assez forte odeur de rose. La larve habite dans les troncs de saule; l'insecte parfait se rencontre aussi sur le même arbre. On appelle aussi ce cérambyx callichrôme musqué.

Le cérambyx savetier (*cerambyx cerdo*), tout noir, a les antennes très-longues, et le corselet rugueux : ses élytres n'ont point d'épines; ses mœurs sont celles du précédent.

Le cérambyx héros (*cerambyx héros*) est long d'un pouce et demi, noir, avec le bout des élytres brun et le corselet rugueux; ses élytres sont munies d'une épine à leur sommet antérieur; la larve se trouve principalement sur l'orme et le chêne, sous l'écorce et dans les parties cariées.

Toujours dans la même famille nous trouvons des mœurs à peu près semblables dans la tribu des lamiaires, différente de celle des spondyles, en ce que les genres qui la composent ont les antennes longues et filiformes, et des cérambyciens en ce que leur tête est verticale. Le corps est ordinairement cylindrique, les palpes filiformes, terminés par un article ovoïde ; quelques espèces sont privées d'ailes.

La lamie textor ou charpentier (*lamia textor*) est brune, chagrinée, ses antennes sont d'une taille moyenne.

La lamie cendrée (*lamia fuliginator*) est noire, longue de 6 lignes. Ses étuis sont recouverts d'un duvet cendré et ornés de bandes blanchâtres. Son corps a un aspect un peu ovoïde, qui l'a fait nommer par Geoffroy le capricorne ovale cendré. Elle est très-commune dans les terrains calcaires, et vit, ainsi que la précédente, au moins pendant deux ans, sous l'écorce des arbres, à l'état de larve, avant de se montrer sous sa dernière forme.

La tribu des saperdes ne diffère de celle des lamiaires que par son corselet sans épines ni tubercules sur les côtés ; leurs mandibules sont cornées, aplaties, tranchantes au côté interne et sans dentelures.

La saperde chagrinée, ou du peuplier (*saperda populnea*), a 6 lignes de long, elle est noirâtre, ses antennes sont annelées de noir et de gris ; elle a quatre ou cinq points jaunes sur chaque étui et trois lignes de même couleur sur le corselet. Sa larve vit sur le peuplier.

La saperde cylindrique (*saperda cylindrica*) est un peu plus petite que la précédente, cylindrique, d'un noir bleuâtre, tête et corselet légèrement velus, ses étuis sont pointillés ; sa larve se nourrit de la moelle du poirier.

Une autre saperde, la *saperda linealis*, vit sur le noisetier, elle est cylindrique, noire, et a les pattes roussâtres.

Une coupe pratiquée par Fabricius dans le genre callidie forme le groupe des clytus, dont le corps est cylindrique, dont les antennes sétacées et longues ressemblent assez à celles des longicornes, mais qui sont caractérisés par un corselet globuleux et lisse.

Le *clytus ornatus* est long de 20 millimètres, d'un noir velouté avec deux taches jaunes en forme de chevrons sur chaque élytre. Sa larve reste pendant une année sous les écorces avant d'arriver à l'état parfait. Cet insecte vit peu de temps sous cette dernière forme et ne se trouve que sur les fleurs.

Les leptures sont une autre tribu de la même famille, ainsi caractérisée : antennes moins longues que le corps, filiformes ou sétacées, yeux arrondis, n'offrant qu'une légère échancrure et n'entourant pas la base des antennes, tête penchée, rétrécie en arrière en forme de cou ; corselet ordinairement trapézoïde, mais parfois épineux; élytres rétrécies progressivement vers l'extrémité.

Ces insectes s'enfoncent, au sortir de l'œuf déposé sous l'écorce des arbres, dans des galeries qu'ils se creusent, en les élargissant en proportion de leur accroissement.

On est à peu près sûr d'en rencontrer en fouillant au pied des chênes d'un certain âge, et il est facile de les reconnaître à leur corps presque quadrangulaire, à leur dos garni de mamelons destinés à suppléer à la nullité de leurs pattes trop courtes, et à leurs mâchoires cornées. Le pic-vert est un ennemi acharné de ces larves, qu'il va chercher avec sa langue fine et longue jusqu'au fond de leurs galeries.

La lepture mélanoure (*leptura melanoura*) est noire, avec les étuis rouges ou jaunâtres, à suture et à extrémités noires.

La lepture hastée (*leptura hastata*) est noire, avec les étuis rouges, ornés sur leur suture d'une tache triangulaire.

La lepture éperonnée. (*leptura calcarata*) est noire avec les élytres jaunes, ornées de quatre bandes noires, et les antennes annelées de jaune et de noir.

On rencontre sur les fleurs un assez grand nombre d'autres espèces, dont les larves ont les mêmes mœurs et produisent les mêmes ravages.

. Tous ces coléoptères font partie de la section des longicornes. Les cucujes font partie de la section des platysomes, classée immédiatement avant la précédente.

Les cucujes sont caractérisés par des antennes filiformes ou sétacées, des mandibules saillantes, une tête forte et triangulaire, rétrécie en arrière en manière de cou ; leur corselet presque carré, le corps allongé, déprimé, les tarses toujours entiers et courts.

Le cucuje à pieds fauves ou cucuje flavipes (*cucujus flavipes*) est noir, avec les antennes, la bouche et les pattes fauves. Les élytres portent des stries ponctuées et une ligne élevée sur le bord extérieur. La larve et l'insecte parfait vivent sous les écorces des arbres. On ne trouve l'insecte parfait sur les feuilles qu'au moment de l'accouplement.

Le cucuje noirâtre (*cucujus piceus*) est noir, avec les élytres striées et le corselet lisse ; ses mœurs sont identiques, ainsi que celles du cucuje unifascié (*cucujus unifasciatus*), fauve, avec les élytres ornées d'une tache noire et légèrement striées, et le corselet marqué d'une ligne enfoncée de chaque côté.

Les mœurs des larves de ces insectes ne sont pas encore parfaitement connues, mais on peut néanmoins avancer, en toute sécurité, que leur séjour sur les arbres ne peut qu'être dangereux.

Un genre d'insectes appartenant à la tribu des tenthrédines (voir page 138), et qui jusqu'alors semblait s'être confiné dans l'Europe septentrionale, a été dernièrement signalé en France par M. Pépin, qui l'a rencontré dans les bois de pins du domaine d'Harcourt, appartenant à la Société impériale d'agriculture : c'est l'urocère géant (*urocerus gigas*) de Fabricius. Ce genre a les mandibules courtes, la tarière tantôt composée de trois filets et très-saillante, tantôt capillaire et roulée en spirale dans l'intérieur de l'abdomen. Tous ces insectes sont de grande taille et vivent dans les forêts de pins et de sapins du nord de l'Europe ; ceux que M. Pépin a rencontrés lui paraissent s'être développés et avoir vécu ensuite dans la tige d'un pin maritime duquel ils ne sont sortis que deux ans après qu'il eut été abattu. D'après Rœser, la larve de cet insecte est allongée, rayée, jaunâtre, cylindrique ; sa tête est écailleuse, et ses six pattes sont très-courtes. Le mâle porte une livrée différente de celle de la femelle.

Parmi les insectes dont les larves passent l'hiver dans la maison, je te cite la teigne des pelleteries (*tinea pellionella*), de la tribu des tinéites, tribu ainsi caractérisée : ailes roulées en fourreau autour du corps ; une touffe de poils placée au-devant de la tête. Les chenilles ont seize pattes au moins, et vivent dans une gaîne qu'elles se filent et traînent partout avec elles. Les teignes proprement dites ne vivent que de matières animales, et les fausses teignes, distinguées par Réaumur, ne vivent que de matières végétales, comme l'alucite, etc.

Cette teigne est, à l'état parfait, un petit papillon gris plombé, dont les ailes supérieures sont marquées de deux ou trois points noirs au milieu. La chenille ne se montre guère durant le jour. Tu connais, sans doute, trop bien ses ravages pour que je te les raconte. Mais quoiqu'elles paraissent préférer le poil des animaux, elles s'accommodent bien au besoin d'une foule d'autres substances animales.

Le genre aglosse en diffère peu, mais se trouve, en qualité de *fausse teigne*, rangé dans la tribu des pyralites (Voir *pyrale*, p. 74). Ce genre a la trompe rudimentaire et les ailes aplaties.

L'aglosse de la farine (*aglossa farinalis*) a les ailes jaunâtres, avec une tache rougeâtre à la base et une autre près du bord ; chacune de ces taches est accompagnée d'une ligne blanche. On la trouve, à l'état de larve, dans la farine, où elle se forme un fourreau blanchâtre. Une autre espèce vit dans la graisse, dans le cuir des couvertures de livres, etc. Les matières à odeur aromatique, camphre, poivre, benzine, les chassent, ainsi que les soins ordinaires : battage, brossage, pour les étoffes ; exposition à l'air et à la lumière pour les matières animales, etc., et les forcent à émigrer.

Un coléoptère qui a presque les mêmes mœurs que les teignes est à redouter, si voulant conserver un exemplaire de chacun de tes ennemis, tu voulais former une collection entomologique. Ce n'est qu'à ce titre que je te parle de lui : c'est l'anthrène des musées (*anthrena musæorum*) qui appartient à l'honorable tribu des dermestins, reconnaissables à leur forme ovoïde, à leur tête enfoncée jusqu'aux yeux dans le prothorax, aux antennes claviformes engagées dans une rainure le long du corselet, à leurs mandibules courtes et aux poils diversement colorés qui recouvrent leur corps.

L'anthrène des musées est d'un brun obscur, avec quelques écailles blanches clair-semées.

L'anthrène destructeur (*anthrena destructor*) est noir

gris en dessous avec les côtés du corselet de même couleur ; les élytres traversées de deux bandes accompagnées d'une tache d'un gris jaunâtre.

L'anthrène fascié (*anthrena fasciatus*) est noir, recouvert d'écailles grises en dessus, jaunâtres en dessous ; les côtés du corselet, le milieu de son bord extérieur sont gris ; les élytres sont traversées par trois bandes blanchâtres ; les pattes sont noires.

Ces insectes se rencontrent sur les fleurs, mais leurs larves vivent dans les collections entomologiques, qu'elles ravagent affreusement et dont ne réussissent pas toujours à les chasser les fumigations de tabac, la vapeur de soufre, le camphre, etc. Le moyen le plus efficace pour arrêter leurs ravages paraît être l'élévation de la température au moyen de l'appareil nécrentôme du docteur Boisduval, qui emploie la vapeur d'eau, sans dangers pour la collection.

N'as-tu pas remarqué quelles analogies on rencontre à chaque pas, entre les mœurs des animaux séparés par les plus grandes différences de taille et de conformation : ceux-ci sont des hyènes ou des chacals en petit ; la taille seule est changée : l'instinct reste le même. Il existe entre eux la même différence qu'entre les cadavres qu'ils sont respectivement chargés de faire disparaître. L'ouvrier est proportionné à la besogne. Quoi de plus juste et de mieux ordonné !

LETTRE XV.

LES INSECTES AUXILIAIRES.

Une loi d'équilibre naturel. — *Les carnassiers*. — Carabiques : carabes, cicindèles à l'embuscade. — Le calosome sycophante, le lampyre, les coccinelles, téléphores, malachies, le lion des fourmis. — Ses piéges. — Les hémérobes. — Les ichneumons et leur parasitisme. — Pimples, chalcide, diplolèpe, ptéromales, eulophe des pyrales, béthyle fourmi. — Sphexs. — Eumène. — Syrphes. — Les mouches, etc.

1er octobre 1865.

Dans le paradis terrestre, l'homme était, dit-on, au mieux avec tous les êtres de la création : les lions, les tigres n'avaient pour lui que des caresses, et le serpent lui-même n'osa pas l'attaquer à force ouverte. Depuis ce temps les choses ont bien changé. Qui a rompu le traité de paix ? est-ce l'homme ? est-ce l'animal ?

Toujours est-il que dans cette guerre, si quelques auxiliaires sont restés avec nous, ils sont peu nombreux et de plus marchent à leur fantaisie, sans s'inquiéter de l'ordre du jour général, guidés plutôt par leurs appétits que par l'amour de la gloire, ou notre intérêt.

Quel que soit le motif de leur coopération, rendons grâce à la nature de ces alliés qu'elle nous envoie et ménageons-les, ne fût-ce que par crainte de les voir tourner contre nous.

Du reste, en bonne politique, nous devons respecter

l'équilibre auquel tendent sans cesse toutes les créations de la nature, avec autant de soin que les politiques en mettent à maintenir l'équilibre européen. Cette loi, M. Guérin-Menneville l'a ainsi formulée :

« Lorsqu'un être, végétal ou animal, est protégé dans sa multiplication par des moyens artificiels, et que cette multiplication acquiert ainsi un développement anomal, d'autres êtres, destinés à limiter cet accroissement numérique, ne tardent pas à l'attaquer, afin qu'ils ne puisse jamais dominer et rompre le juste équilibre qui garantit l'existence perpétuelle de toutes les espèces de la création. »

Ainsi, les insectes se divisent, pour l'agriculteur, en deux grandes masses : les insectes *nuisibles* et les insectes *auxiliaires*. Ces derniers peuvent se subdiviser en *auxiliaires* proprement dits, qui nous aident à détruire nos ennemis, et les *insectes utiles*, groupe peu nombreux, qui ne nous donne pour ainsi dire qu'à regret les produits de son travail, et n'est rattaché à notre parti que par les soins qu'il reçoit de nous.

Nous avons vu les insectes nuisibles, du moins en partie ; voyons maintenant quelques-uns des auxiliaires que nous pouvons leur opposer.

Certains insectes, soit à l'état de larve, soit à l'état parfait, détruisent sous ces deux formes certaines espèces, en les croquant tout simplement. C'est ainsi que procèdent les carnassiers, carabiques, etc. D'autres, tels que les ichneumons, déposent dans le corps des chenilles qu'ils ont mission de détruire leurs œufs dont naîtront des larves parasites qui dévoreront toutes vivantes les malheureuses qui les recèlent. Les sphex enterrent toutes vives les chenilles qui doivent servir de nourriture à leurs larves, et le myrmiléon, que Réaumur appelait le lion des fourmis, tend des embûches à tous les petits insectes indistinctement.

Les carnassiers ou carabiques appartiennent à l'ordre des coléoptères pentamérés, et se distinguent des autres divisions par des antennes simples sétacées; une mâchoire terminée par une pièce écailleuse et crochue pourvue de deux palpes; par des pattes longues, dont les antérieures sont portées par une forte rotule, et dont les inférieures offrent à leur base un très-grand trochanter.

Plusieurs genres de ces insectes sont dépourvus d'ailes, mais en revanche, ils courent avec une grande agilité et soit à l'état de larve, soit à celui d'insecte parfait, ils chassent leur proie à courre et sans lui tendre d'embûche, sans employer la ruse pour s'emparer d'elle.

Les carabes forment un genre caractérisé par leur corselet en forme de cœur, leurs élytres ovales, soudées, et l'absence d'ailes. Le carabe doré (*carabus auratus*) est appelé aussi *jardinier*, *couturière*, etc., et se rencontre très-communément en été. On commet ordinairement la faute de l'écraser comme un insecte nuisible, tandis qu'on devrait le respecter comme l'ennemi déclaré d'une foule de larves et d'insectes qui s'attaquent aux végétaux, et dont il fait sa nourriture exclusive.

Il est long de 20 à 25 millimètres d'un vert doré en dessus, l'abdomen entièrement noir. Le labre, les mandibules, les palpes, les pattes sont d'un rouge ferrugineux très-foncé; les quatre premiers articles des antennes sont de la même couleur, et le reste tire sur le noir. La tête et le corselet sont imperceptiblement striés. Les élytres présentent trois côtes épaisses et parfaitement lisses, dont les intervalles sont fortement granulés; leur bord marginal est légèrement relevé et sinueux à l'extrémité, où il se termine par une petite dent, apparente surtout chez la femelle.

La cicindèle des champs (*cicindela campestris*) appartient à un genre où les ailes viennent s'ajouter à la rapidité de la course; elle n'a guère que 12 à 15 millimètres de longueur et porte comme marque distinctive de son genre, un petit onglet mobile à l'extrémité des mâchoires. Un ancien naturaliste l'avait nommée *velours vert*, à cause de la couleur veloutée de ses élytres sur lesquelles se détachent six points blancs. Sa tête et son corselet sont également d'un beau vert, ses lèvres et ses mandibules sont blanches en dessus. Le dessous de la tête et du corselet est d'un rouge cuivreux brillant, ainsi que ses longues pattes. Le dessous du ventre est d'un bleu aussi brillant que le rouge des parties antérieures; les antennes sont rouges et les yeux très-saillants. Au contraire des carabes, qui exhalent ordinairement une odeur âcre et désagréable quand on les prend, la cicindèle répand une odeur de rose bien caractérisée. A l'état parfait, elle chasse, soit en courant, soit au vol; ses ailes lui permettant de franchir très-rapidement un espace de plusieurs mètres et de tomber à l'improviste sur sa proie, que, grâce à ses yeux énormes et saillants, elle aperçoit de très-loin et de tous les côtés.

Sa larve, longue d'environ 30 millimètres, est hérissée de poils roides; sa tête est noire, grosse, concave en dessus, renflée en dessous, armée de fortes et longues mandibules. Le premier segment après la tête est large, écailleux et de même couleur que la tête; les anneaux qui suivent et portent les deux autres paires de pattes sont plus mous; le reste du corps est blanc et charnu. Le cinquième anneau, très-renflé, porte en dessus deux crochets qui servent à la larve à se hisser dans le trou qu'elle se creuse, comme un ramoneur dans un tuyau de cheminée. Ce trou a la forme d'un tuyau de plume ; il a, en moyenne, de 15 à 20 centimètres de profondeur, et se trouve presque toujours situé dans un terrain sec et sablonneux. La larve se place en dedans, de façon que sa tête, horizontalement placée, fasse une espèce de pont sur lequel les insectes passent sans méfiance. Aussitôt qu'un malheureux a mis le pied sur ce pont, il le sent s'enfoncer brusquement sous lui, puis il est saisi par une patte comme dans un étau ; alors commence une chute qu'il prolonge le plus possible, en se cramponnant aux parois du trou obscur, pour résister à la force qui le tire au fond. Enfin le drame se dénoue au fond du puits par la mort de l'imprudent, et la larve, une fois son repas fait, jette sa dépouille et reprend sa position pour attendre un nouveau voyageur.

La cicindèle hybride (*cicindela hybrida*) a exactement les mêmes mœurs que la précédente, dont elle ne diffère que par sa couleur tirant sur le brun et la grandeur de ses taches blanches. Toutes deux se rencontrent pendant la grande chaleur dans les terrains sablonneux.

Le calosome sycophante (*calosoma sycophanta*) est encore un carnassier, long de 30 à 35 millimètres ; ses élytres d'un noir violet, chatoyantes et finement striées sont presque carrées et portent trois rangées de petits points enfoncés ; son corselet, beaucoup plus étroit que les élytres, a la forme d'un carré transversal avec les angles arrondis. Il est muni d'ailes. Son nom de sycophante lui vient de la guerre active qu'il fait aux chenilles, quand il est à l'état de larve ; il est alors noir velouté, de la longueur de l'insecte parfait, doué de six pattes fort agiles et d'une paire de longues mandibules. On rencontre cette larve sur les arbres, et principalement sur le chêne, où elle détruit un grand nombre de processionnaires (voir page 105), dans une seule journée. Mais il lui arrive, comme au boa, d'être alourdie par la digestion et c'est un malheur pour cette larve, car souvent une larve pareille survient affamée, et par conséquent agile, qui fait d'elle sa pâture, sans égards quelquefois pour une proche parenté. L'insecte parfait ne le cède pas à la larve en voracité, et par conséquent en utilité pour nous.

Un grand nombre d'autres carabiques sont dignes d'être épargnés, mais à un titre inférieur. Ce sont les genres brachines, dromes, lébies, harpales, amares, calates procustes, etc.

La famille des brachélytres, toujours appartenant aux coléoptères, renferme ces insectes allongés et agiles qui paraissent n'avoir ni ailes ni élytres. En effet ces étuis ne sont plus que deux petites plaques carrées protégeant des ailes repliées plusieurs fois sur elles-mêmes, au moyen de l'extrémité de l'abdomen, qui, se recourbant en dessus, aide à les déplier et à les replier. Ces élytres couvrent à peine le tiers de l'abdomen.

Quelques genres de cette famille sont carnassiers par occasion, mais presque toujours leur mission est de faire disparaître les cadavres en putréfaction, les matières en décomposition, en un mot ce sont des inspecteurs de salubrité publique. Leurs larves paraissent plus carnassières. Celle du staphylin ou emus odorant (*staphylinus* ou *emus olens*) entre autres. Dans la tribu des staphylinites on a formé le genre veleïus. Le veleïus dilatatus

vit sous l'écorce des chênes, ne sort que pendant la nuit
et dévore les chenilles processionnaires ainsi que les larves des frelons. Cet insecte a environ 12 à 15 millimètres de long ; il est d'un noir mat, quelquefois un peu
brun sur la tête, et le prothorax est beaucoup plus large
que long. Les élytres sont ponctuées ainsi que l'abdomen.
Il répand une odeur de musc insupportable.

Nous avons vu tout à l'heure la cicindèle, jolie, odo-
rante et carnassière ; voici un autre carnassier qui a
aussi son mérite : le lampyre noctiluca ou lampyre
ver luisant. Encore un thème à poésie, un ballon gonflé
d'hyperboles, que la réalité fait crever d'un coup d'é-
pingle. Oui, parlez d'étoiles tombées dans l'herbe ! Com-
parez, comme dans *Hamlet*, les premières clartés du crépuscule à l'étincelle du ver luisant ! Tout cela est produit par un insecte dont la larve consomme une grande
quantité de limaçons, mets excessivement stomachique.
En Amérique, où certaines espèces de lampyres répandent
une lueur assez vive, les Indiens les attachent à leur
chaussure pour éclairer leur route ; mais, ainsi que le
leur recommande le dicton populaire, ils remettent la
mouche de feu sur le buisson où ils l'ont prise. Épargnez-
la aussi. Sa larve habite sous la mousse et là dévore
bon nombre de petites larves qui s'attaquent aux racines
des arbres, et fait concurrence à celle du drile, pour l'exploitation des petits limaçons.

La femelle, ne la connais-tu pas, n'as-tu pas mille fois
cherché dans l'herbe, étant enfant, croyant trouver un
bel insecte brillant comme un diamant, ne l'as-tu pas rap-
portée dans l'obscurité, te faisant un plaisir de la considérer à la lumière, en rentrant à la maison ? Ce bel insecte,
c'était un ver plat mou, laid, muni de toutes petites

pattes, et tu le jetais par la fenêtre avec dégoût, et l'insecte, tombé sur un brin d'herbe, recommençait à luire. Le mâle, lui, est un coléoptère pentaméré, long de 8 à 9 millimètres, mou, noirâtre, avec un corselet dilaté, jaunâtre, recouvrant la tête et des antennes dentelées en scie. Il répand quelquefois une lueur phosphorescente.

J'ai déjà eu occasion de citer la férocité des larves de coccinelles, je n'ai donc ici qu'à donner quelques détails sur leurs caractères et leurs mœurs.

Le genre coccinelle, aux individus duquel on donne vulgairement le nom de bêtes à bon Dieu, tortues, etc., fait partie des coléoptères trimères, section des aphidiphages. Ce sont des insectes de petite taille, d'une forme ronde convexe, presque hémisphérique et à pattes très-courtes. Les espèces que l'on rencontre sont très-difficiles à déterminer, à cause des nombreuses variétés et peut être aussi à cause des hybrismes qui se produisent entre insectes aussi voisins.

Leurs antennes sont de onze articles, terminées par une massue de trois articles en cône renversé. La tête est découverte. Le dernier article des tarses est en forme de hache, le pénultième profondément bilobé. Le corselet est transversal, l'écusson très-petit. Les élytres dépassent le corps tout autour et ne se relèvent de façon à former un bourrelet que dans les espèces rondes.

Les coccinelles sont carnassières sous les deux formes et se nourrissent de pucerons. Leurs larves sont allongées, plus grosses en avant que dans la partie postérieure, qui est terminée en pointe et garnie d'un mamelon charnu aidant à la marche. Elles sont velues, dans certaines espèces, écailleuses en dessous. Leurs six pattes sont velues, excepté pourtant au dernier article, qui se termine par un fort crochet.

La coccinelle à deux points (*coccinella bis punctata*) a de 3 à 4 millimètres de long ; la tête et le corselet sont noirs ainsi que le corps, les élytres d'un rouge sanguin avec un gros point noir sur chacune d'elles. La tête porte deux points jaunes et ses côtés sont garnis de deux taches rondes. Le corselet a une bande et deux taches jaunes à sa partie postérieure.

La coccinelle à sept points (*coccinella septem punctata*) est un peu plus grosse que la précédente, noire, avec les élytres rouges, portant chacune trois points noirs en triangle, un autre point de même couleur est placé à cheval sur la suture près de l'écusson. Le corselet a deux taches rondes, blanchâtres aux deux angles antérieurs ; deux autres taches pareilles sont placées sur les élytres près de l'écusson. Cette espèce est commune.

La coccinelle à quatorze points (*coccinella bis septem punctata*) a 4 millimètres de long, elle est entièrement jaune, avec sept points sur chaque élytre.

La coccinelle à vingt points (*coccinella vigenti punctata*) est un peu moins grosse que la précédente, elle est jaune citron avec vingt points noirs, dont dix-huit sur les élytres et deux sur le corselet.

La coccinelle à quatre verrues ((*coccinella quater verrucata*) a 4 millimètres de longueur, elle est noire, luisante, avec deux taches en C tournées l'une vers l'autre à la partie humérale et une plus petite, près de la suture droite. Cette espèce se rencontre plus fréquemment sur les arbres verts.

On a souvent parlé de pluies extraordinaires, telles que

pluies de crapauds, pluies de sang, pluies d'insectes, pluies de soufre.

On explique facilement la présence inopinée des crapauds après un violent orage. Les pluies de sang viennent tout simplement de la liqueur sécrétée par les nymphes de papillons et qui, lorsqu'un grand nombre de ces insectes éclosent à la fois, macule le feuillage de larges taches d'un rouge ferrugineux. Les pluies de soufre sont causées tout uniment par la poussière jaune des fleurs de sapin, transportée par le vent. Quant aux pluies d'insectes, Réaumur les a expliquées depuis longtemps.

Les téléphores, coléoptères pentamères, de la tribu des lampyrides, ont donné lieu à quelques fables à ce sujet.

Schœffer, en leur imposant ce nom, a-t-il voulu les nommer *porte-mort* ou *porté au loin?* L'étymologie est controversable, et les amis du merveilleux adoptèrent la première. Quoi qu'il en soit, ces insectes ont, à l'état de larve, des instincts carnassiers. La larve du téléphore livide (*telephorus lividus*) a 15 ou 20 millimètres de longueur sur 4 dans sa plus grande largeur, c'est-à-dire vers le milieu du corps, car elle s'amincit en avant et en arrière. Sa couleur, lie de vin, est comme veloutée et tire un peu sur le noir. La tête est très-petite et noire, ainsi que les mandibules fortes et arquées, un peu rousses à l'extrémité, les palpes et les antennes sont roux. Les anneaux portent de petites taches et raies noires variées de raies rouge vif. La nymphe est de cette dernière couleur.

L'insecte parfait a le corps mou, déprimé, la tête marquée d'un point noir, les antennes simples écartées à leur base, les mandibules très-aiguës; les yeux ronds et saillants. Son corselet, presque carré, est d'un jaune roussâtre, sans tache ; ses élytres sont d'un jaune d'or, le bout des cuisses est noir.

La larve est excessivement carnassière, et l'on a vu souvent des femelles dévorer leurs enfants.

A la même famille des malacodermes que le précédent, — c'est-à-dire des insectes à corps mou, à la tête inclinée en avant, et dont les antennes ne sont pas logées dans des fossettes, comme cela a lieu dans les familles voisines, — appartient le genre malachie, dont le malachie bronzé représente assez bien les instincts carnivores.

Le malachie bronzé (*malachius æneus*) est long de 7 à 8 millimètres, d'un vert cuivreux brillant. Tout son corps est légèrement pubescent. La tête est d'une couleur jaunâtre en avant des yeux ; les antennes ainsi que les pattes sont de la même nuance que le reste du corps. Le corselet présente de chaque côté une tache rouge située aux angles antérieurs. Les élytres, d'un rouge carminé, ont leurs angles huméraux et une large ligne suturale, des deux tiers de leur longueur, d'une couleur verte cuivreuse comme le reste de leur corps.

Tous les insectes de ce genre, exclusivement, portent aux côtés du thorax et de l'abdomen des vésicules rouges, molles, irrégulières et rétractiles, dont on ignore l'usage, et leurs antennes sont quelquefois dentelées en scie.

L'insecte parfait saisit sa proie avec ses pattes, et la déchire à belles... mandibules.

Les autres espèces de ce genre varient comme couleurs, ou même un peu comme taille, mais jamais comme mœurs.

Dans l'ordre des névroptères, le contingent des auxiliaires est peu nombreux. Les éphémères, dont les larves aquatiques sont carnassières, rendent peu de services à l'agriculture; il n'y a guère que la famille des myrméléoniens sur l'appui desquels on puisse compter.

Les insectes de cette famille ont les antennes composées d'un grand nombre d'articles, et beaucoup plus longues que la tête; des mandibules robustes, des palpes maxillaires filiformes, et des ailes en toit, réticulées par de nombreuses nervures transversales.

Le fourmi-lion (*myrmileon formicarum* ou *formicaleo*) a environ 20 millimètres de long; ses ailes, qu'il tient contre le corps, sont très-longues et tachetées de brun; ses antennes sont terminées en massue.

Sa larve grise, longue de 6 à 10 millimètres, a l'abdomen très gonflé, ovale, terminé en pointe et recourbé en dessous; son corselet, très étroit, porte six pattes assez longues, et sa tête est armée de deux cornes ou mandibules, creusées d'un canal à travers lequel elle suce sa proie, attendu qu'elle n'a pas de bouche. Sa tête est large et aplatie. Cette larve tend à ses victimes une embuscade encore plus singulière que celle de la cicindèle. Comme elle ne vit guère que dans les terrains sablonneux et peu compacts, elle creuse un petit entonnoir de 7 à 8 centimètres de diamètre, souvent moins, et profond de deux à trois; elle se tapit au fond, le corps enterré dans le sable, ne laissant paraître que ses mandibules, et attend la proie. Mais la manière dont elle s'y prend pour construire ce piége est surtout bizarre. Elle ne marche qu'à reculons et décrit une spirale qui part de la surface du sol pour aboutir à une profondeur de quelques lignes. A chaque pas fait en arrière, elle charge sa tête de quelques grains de sable, puis, lui donnant une secousse, lance son déblai en dehors du trou. Les mouches, les fourmis, les cloportes arrivent sans défiance au bord du trou. Là, un grain de sable manque sous leurs pattes, et les voilà roulant, s'accrochant pour retomber plus bas, sur ce talus fortement incliné, qui s'éboule à leur moindre effort pour se retenir, jusqu'à ce qu'une dernière roulade les amène entre les terribles dents du myrmiléon. Quand la proie fait mine de vouloir s'échapper, quand grimpant avec effort cette pente escarpée, elle va bientôt être sauvée, le myrmiléon charge quelques grains de sable sur sa tête, et les lance, comme les pierres que lançaient les anciennes machines de guerre; elle renouvelle ses projectiles jusqu'à ce que l'insecte étourdi, entraîné, culbuté par le sable qui roule sous ses pattes, touche au fond de l'entonnoir, où les tenailles terribles l'ont bientôt sucé. Alors la larve place cette dépouille sur sa tête, et la lance au dehors de son affût.

Le genre hémérobe, qui appartient à la même famille, fait une guerre acharnée aux pucerons. Les insectes de ce genre n'ont pas d'ocelles ou yeux lisses; leur corps est mou; leurs mandibules sont cornées et fortement échancrées en dedans, le labre est arrondi et sans échancrure; les antennes sont filiformes, allongées, à articles courts et très-nombreux. Leurs ailes sont grandes, leurs pattes grêles, leurs tarses courts et terminés par deux petits crochets; ils exhalent, lorsqu'on les touche, une forte odeur excrémentitielle.

Leurs larves sont ovoïdes, comprimées, pourvues de deux longues mandibules ou pinces, et de deux petites antennes en forme d'alène. Un des hémérobes les plus communs au centre de la France est l'hémérobe perle (*heme-robius perla*). Cet insecte a tout le corps d'un vert jaunâtre, quelquefois d'une couleur rosée, avec une ligne rosée ou sanguine sur la tête en avant des yeux. Les antennes sont d'un jaune verdâtre, les yeux d'un vert doré éclatant; les ailes entièrement hyalines, avec leurs nervures garnies de très-petits poils noirs. Les pattes sont de la couleur des antennes, avec les tarses ordinairement plus brunâtres.

La larve de l'hémérobe perle est d'un jaune sale avec une ligne dorsale très-étroite et deux lignes longitudinales légèrement ondées d'une couleur rosée; elle présente encore de chaque côté une rangée de petits points noirs. Elles opèrent sur les larves qu'elles attrapent en les suçant. Une d'elles dévora en peu de temps, devant M. Audouin, seize chenilles de pyrales qui venaient d'éclore, et plusieurs pontes qu'elle mangea, en introduisant successivement ses deux longues mandibules propres à la succion comme celles du fourmi-lion.

Dans l'ordre des hyménoptères, nous trouvons enfin les ichneumonides. Ces insectes, de la section des térébrans, appartiennent à la famille des ichneumoniens.

Les ichneumonides sont principalement caractérisés par un corps étroit et linéaire, des antennes vibratiles, longues, grêles, sétacées ou filiformes, souvent enroulées à leur extrémité, et ayant au moins en général la longueur du corps. Les ailes, très-veinées, offrent toujours des cellules complètes, et enfin, l'abdomen est inséré entre les pattes postérieures, et attaché au thorax par un pédoncule plus ou moins long. Les femelles portent une tarière composée de trois pièces en forme de fils; leurs antennes sont ordinairement contournées à l'extrémité, tandis que celles des mâles sont plus souvent droites; leur corselet est bombé, tronqué obliquement à son extrémité; les ailes manquent quelquefois dans les femelles.

La tarière des femelles, dont les trois parties sont assez

souvent écartées l'une de l'autre, — en trident, — offre
cette particularité, que, en la regardant au microscope,
l'on remarque comme une fente pratiquée dans sa longueur, et dont les côtés paraissent liés par une membrane
élastique, qui, en se distendant au moment de la ponte,
livre plus facilement passage aux œufs. L'extrémité de cet
oviducte se termine en pointe, évidée en bec de plume,
et est garnie de sept ou huit dentelures en scie.

Les femelles se font remarquer par l'activité inquiète
qui semble les agiter dans la recherche d'une demeure
propre à déposer leurs œufs ; de là leur vient leur nom
vulgaire de mouches vibrantes. Celui de mouches tripiles
leur vient de la forme de la tarière. Quelquefois une de
ces femelles parcourt avec rapidité l'écorce d'un arbre,
s'arrêtant, examinant, ayant l'air de sonder ; puis, tout
d'un coup elle interrompt sa course, élève son corps sur
ses jambes postérieures et, dirigeant sa tarière presque
perpendiculairement à la ligne de son corps, l'introduit
et perce l'écorce. Par quel merveilleux instinct s'est-elle
assurée de la présence d'une larve à cet endroit ? Comment s'est-elle rendu un compte exact de la position
qu'elle occupe ? Qu'une autre femelle veuille déposer sa
ponte dans un nid d'abeilles maçonnes, elle modifie le
procédé : on la voit faire glisser son oviducte entre ses
pattes, de façon à ce qu'il sorte au delà de la tête ; puis
par des mouvements de droite à gauche, le faire pénétrer
jusqu'à la larve qui doit recevoir ses œufs.

Les larves qui naissent de ces œufs n'ont garde d'attaquer les parties vitales de celle qui les porte ; elles se contentent de vivre du tissu graisseux qui l'enveloppe, car
sa mort entraînerait la leur. Peu de larves ainsi rongées
arrivent cependant à l'état parfait ; elles parviennent à se

métamorphoser en chrysalides, mais leur existence ne se prolonge pas au delà.

Les larves d'ichneumons sont apodes, blanches, ridées. Quand l'époque de leur métamorphose arrive, les unes sortent de leur domicile vivant, et filent autour de leur corps une petite coque environnée de bourre ; ces cocons appuyés les uns sur les autres forment comme un petit gâteau ; d'autres subissent ce changement dans le corps de la larve, ou en plein air. C'est surtout dans l'espèce attaquant la galléric de la cire qu'on rencontre cette agglomération de petites coques d'un blanc jaunâtre, qui imite les gâteaux des abeilles.

Réaumur signale un fait assez bizarre : on rencontre quelquefois sur les végétaux une petite coque ayant la forme d'un œuf également gros aux deux bouts, blanche, souvent rayée transversalement de couleurs brunes, suspendue à une branche par un fil assez long. De cette coque il sort *quelquefois* des ichneumons ; mais le curieux de la chose, c'est que cet œuf s'agite et fait souvent des sauts de 10 centimètres de haut, ce que l'on croit occasionné par les changements de position de la larve, et dans lesquels, forcée de se replier à cause du peu de largeur, elle se détendrait violemment en retrouvant plus d'espace en hauteur et frappant brusquement contre la paroi supérieure de la coque. Mais comment la coque a t-elle pu être construite ?

Ce genre est très-difficile à classer. Latreille a établi les divisions suivantes : stéphane, pimple, crypte, ophion, ichneumon, métopie, agathis, bracon, mycrogaste, helcon, chelone, sigalphe, anomalon, campoplex, etc.

L'ichneumon castigateur (*ichneumon castigator*) a environ 10 millimètres de long ; il est noir ; ses pattes et ses trochanters sont fauves, ainsi que les hanches ; les tarses postérieures sont noirâtres et le stigmate des ailes est fauve.

L'ichneumon marcheur (*ichneumon ambulatorius*) est de la même taille que le précédent ; ses antennes sont fauves de leur naissance jusqu'à la moitié, et de là noires jusqu'à l'extrémité ; ses yeux portent deux bandes jaunes au côté interne ; son écusson est fauve. Les deuxième et troisième segments de l'abdomen sont rouges et séparés par une raie noire, les quatre segments suivants sont bordés de blanc. Les quatres pattes antérieures sont fauves, les extrémités des fémurs et des tibias postérieurs sont noires ; le stigmate des ailes est de la même couleur.

On rencontre encore les ichneumons achevé, expectant, porte-deuil, ferrugineux, quadrifascié, bidenté, etc., reconnaissables tous à leurs mandibules bidentées, à leur abdomen convexe, pédiculé, à peu près de la même largeur que le thorax et beaucoup plus long. Les femelles ont la tarière très-courte et nullement saillante.

Les stephânes ont les mandibules sans dents apparentes, la tête globuleuse, la tarière longue et saillante, etc.

Les pimples ont les antennes très-longues, l'abdomen presque sessile et la tarière souvent très-longue.

Le pimple instigateur (*pimpla instigator*) noir, avec les palpes fauves et les antennes de la longueur du corps et noires, rougissant à l'extrémité ; le thorax gibbeux et garni de quelques poils très-fins ; les pattes fauves et les hanches et les trochanters noirs, est assez commun en France, et s'attaque particulièrement à la pyrale.

Les autres genres varient par quelques différences de caractères, mais conservent, cela va sans dire, les caractères distinctifs de cette famille. Si tu veux plus de renseignements, lis l'*Ichneumonologia* de Gravenhorst.

Dans cette même division des hyménoptères térébrans, la tribu des chalcidiens contient un certain nombre d'insectes utiles, la plupart très-petits et dont les mœurs ont beaucoup d'analogie avec celles des ichneumoniens. Les larves, molles et apodes, vivent dans le corps des larves ou des chrysalides, y subissant leurs métamorphoses.

La chalcide petite (*chalcida minuta*), qui appartient au genre chalcis proprement dit, est longue de 4 à 5 millimètres ; son corps noir est épais, la tête et le thorax fortement pointillés et légèrement pubescents ; les ailes sont un peu teintées de jaune à leur base ; les pattes postérieures sont très-développées et propres au saut, noires dans toute leur étendue, les cuisses très-renflées et pourvues d'un sillon dans lequel s'applique la jambe, jaunes à l'extrémité, ainsi que le bout des jambes ; les anneaux de l'abdomen sont recouverts aussi d'une pubescence blanchâtre, la tarière est à peine saillante.

Le genre diplolèpe a le corps élancé, les pattes assez longues et sans renflement, l'abdomen oblong, la tarière capillaire et quelquefois presque aussi longue que le corps.

La diplolèpe cuivrée (*diplolepis cuprea*) est longue de 3 ou 4 millimètres, d'un vert bronzé, avec la tête et le thorax pointillés et recouverts d'une pubescence blanchâtre assez épaisse ; les antennes noires, les tarses testacés, les pattes tirant un peu sur le brun, l'abdomen très-brillant, et une petite pubescence blanchâtre sur le bord des derniers anneaux.

Plusieurs espèces diffèrent excessivement peu de la précédente et ont les mêmes mœurs.

Les ptéromales se distinguent par leur corps large et

assez court, les pattes sans renflement, l'abdomen ovalaire plus court que le thorax ; la tarière ne fait pas saillie.

Le ptéromale commun (*pteromalus communis*) est long
de 2 ou 3 millimètres, d'un vert bronzé obscur, la
tête et le thorax sont très-régulièrement pointillés. Ses
antennes, d'un brun noirâtre, ont le premier article testacé,
couleur qui se reproduit sur les pattes, les hanches seules
sont de la couleur du corps. Les ailes sont très-diaphanes,
l'abdomen quelquefois noirâtre, toujours très-brillant,
surtout à sa base.

Le ptéromale cuivré (*pteromalus cupreus*) est long de
4 millimètres, cuivreux, pointillé sur la tête et le
thorax, avec le premier article des antennes, la base et
l'extrémité des jambes et les tarses testacés ; l'abdomen
est d'un cuivreux violacé.

Ce genre contient un assez grand nombre d'espèces,
fort abondantes chacune en individus, s'attaquant aux
chenilles en général comme tous les chalcidiens, et en
particulier à la pyrale. Les eulophes, genre de la même
tribu, n'ont que dix articles aux antennes au lieu de treize,
leur corps est grêle, assez long, l'abdomen déprimé,
presque linéaire, et un peu plus étroit que le thorax.

L'eulophe des pyrales (*eulophus pyralium*) est long de
2 millimètres, entièrement d'un noir bronzé, avec les
ailes hyalines et les tarses testacés. C'est dans les œufs de
pyrale que la femelle introduit sa ponte ; l'eulophe se
développe dans leur intérieur et en sort par une ouverture circulaire qu'il pratique quand il est arrivé à tout
son développement.

La tribu des oxyures ne diffère de celle des chalcides
que par l'absence de nervures aux ailes inférieures, les
antennes de dix à quinze articles, et les palpes maxillaires

longs et pendants. De plus les femelles ont l'abdomen terminé par une tarière tubulaire quelquefois saillante, mais le plus souvent rentrant à volonté.

Le béthyle fourmi (*bethylus formicarius*) est long de 4 ou 5 millimètres, noir et lisse, les antennes et les pattes testacées, les ailes diaphanes, irisées, légèrement enfumées ; les hanches et les cuisses noires. L'insecte parfait tue les chenilles de pyrales. La larve se colle après elles, les suce, s'enfonce en partie dans leur corps et en détruit une certaine quantité.

Dans la seconde section des hyménoptères, celle des porte-aiguillons, la famille des guêpiaires nous fournit d'abord les eumènes, puis les sphex, qui ont tous l'habitude d'enfouir des larves après les avoir engourdies d'un coup d'aiguillon, — leur laissant assez de force pour que la larve sortant de l'œuf trouve une pâture convenable, — et pas assez de vigueur pour que ces chenilles puissent se sauver.

Les sphex ont le corps assez long, pubescent, les antennes de douze articles dans les femelles, de treize dans les mâles, sétacées et insérées vers le milieu de la face antérieure de la tête, les pattes sont fortes, une fois au moins aussi longues que le corps ; les jambes et les tarses sont garnis d'épines, de cils roides et propres à fouir.

Le sphex du sable ou ammophyle (*sphex* ou *ammophylus sabulosus*) est noir, avec l'abdomen d'un noir bleuâtre, rétréci à sa base et pédiculé, le second anneau, sa base exceptée, et le troisième sont fauves ; le mâle a un duvet soyeux et argenté sur le devant de la tête.

Le sphex du gravier (*sphex* ou *ammophylus arenarius*) est noir, velu, avec le pédoncule de l'abdomen fermé brusquement par son premier anneau; le second, le troisième et la base du quatrième sont rouges. Sa taille est de 25 à 30 millimètres environ. On le rencontre dans les lieux arides.

Le genre eumène se distingue par un abdomen dont le premier segment est allongé, étroit et piriforme, et le second en forme de clochette. Les caractères de la famille des diploptères à laquelle ce genre appartient sont : ailes supérieures doublées longitudinalement, sans que ce soit cependant une règle sans exceptions, antennes ordinairement coudées et en massue, yeux échancrés, corps glabre noir et plus ou moins tacheté de jaune.

L'eumène zonal (*eumenes zonalis*) est noir, avec les ailes enfumées, et l'extrémité du pédoncule de l'abdomen de couleur jaune, ainsi qu'une bande placée sur le second segment; il est long de 2 centimètres, et a les mêmes mœurs que les précédents. Il s'attaque principalement aux larves de la pyrale.

Un grand nombre d'insectes de la famille des fouisseurs et de celle des diploptères ont les mêmes mœurs et s'attaquent aux araignées aussi bien qu'aux larves. Ainsi font les guêpes.

Les syrphes, diptères athéricères, pondent aussi dans les nids de quelques hyménoptères, et à l'état de larves font la guerre aux chenilles. Tel le syrphe hyalin (*syrphus hyalinus*), signalé par M. Audouin, comme ennemi des larves de la pyrale. Cet insecte est long de 12 millimètres environ, d'un vert bronzé; la tête et le thorax, sans aucune tache, offrent une pubescence jaunâtre; les antennes sont d'un brun noirâtre; les yeux d'un brun rougeâtre; les ailes, parfaitement hyalines et très-légèrement irisées, ont leurs nervures brunes; les pattes sont d'un brun testacé avec l'extrémité des cuisses et la base des jambes d'une teinte plus jaune ; l'abdomen, d'un vert noirâtre, présente sur le premier segment deux taches arrondies d'un jaune-orange ; les deux segments suivants offrent chacun une large bande transversale de la même couleur, un peu échancrée dans le mâle et complétement interrompue dans la femelle. Les larves sont longues de 10 à 12 millimètres lorsqu'elles ne marchent pas ; elles sont d'un vert tendre et ornées sur les côtés de lignes blanches irrégulières qui paraissent provenir de rubans graisseux sous-cutanés ; on les trouve dans les feuilles de vigne roulées, ayant autour d'elles des cadavres de chenilles de pyrales qu'elles ont tuées.

Dans le même ordre, un grand nombre de genres de la tribu des musciens, comme la mouche des jardins, ont à l'état de larves les mêmes habitudes que les précédents.

Mon intention n'est pas de t'écrire plusieurs volumes, et je commence à m'apercevoir que mes trois divisions d'insectes ont l'immense défaut d'embrasser toute la classe de ces estimables créatures. En effet, quand, au jugement dernier, la justice divine aura envoyé selon leurs mérites, les saints au ciel, les méchants en enfer, et les neutres au purgatoire, que restera-t-il ? Aussi bien ferai-je prudemment de m'arrêter pour ne pas avoir l'air de parodier le jugement de la vallée de Josaphat.

En résumé, on compte que les insectes auxiliaires, aidés par les oiseaux, par quelques mammifères, et par les changements athmosphériques, détruisent, en moyenne, la moitié des insectes nuisibles. Juge, d'après ce qui en reste, du service qu'ils nous rendent et des bons procédés dont nous devons user envers eux !

LETTRE XVI.

14 octobre 1863.

Le progrès, ce but mobile qui court presque aussi vite que ceux qui le poursuivent, et que la science et l'observation rencontrent sur toutes les routes où elles s'engagent, nous a déjà conduits à nous approprier plusieurs races de vers à soie pour suppléer à l'insuffisance de celles que nous possédions, en face des fléaux qui les accablent.

Dans des circonstances analogues, on verrait affluer en France les nombreuses espèces de mouches à miel qui nous sont encore inconnues. Attendrons-nous pour cela qu'une épidémie détruise nos ruches? Lorsque la cochenille fut introduite pour la première fois en Algérie, en 1833, je crois, bien des gens avaient prédit l'inutilité des essais qu'on fit dans le but de l'y acclimater, et pourtant les produits actuels ne sont pas à dédaigner. En attendant, revenons à nos abeilles.

Les abeilles sont probablement sorties en même temps

11.

que l'homme de l'Eden : la Genèse ne tarit pas en comparaisons où le miel est le terme superlatif de la douceur. Les Egyptiens s'en servaient dans leur langue hiéroglyphique pour donner l'idée d'un peuple fidèle aux ordres de son roi. Les abeilles de l'Hymète, le miel de l'Hybla se retrouvent dans tous les vers de l'antiquité, et Virgile enseigne dans ses *Géorgiques* un moyen fort original de se procurer des essaims. Il donne aussi sur leurs mœurs des détails fort curieux, sans doute à son époque, mais qui ne l'eussent, à la nôtre, certainement pas fait admettre comme membre des Sociétés apiphiles. Il est vrai qu'il eût pu se faufiler à l'Académie, grâce à la poésie dont il sait habiller ses contes.

C'est une redite, maintenant que tout le monde a plus ou moins traduit Virgile dans sa jeunesse, de citer ces vers :

> Tum vitulus bima curvans jam cornua fronte,
> Quæritur, etc.

et de raconter qu'après avoir bouché les narines d'un taureau de deux ans pour le tuer, après avoir meurtri ses flancs, sans les déchirer; après l'avoir mis pourrir, on voit de sa corruption sortir une foule d'insectes, informes d'abord et sans pieds, puis agitant leurs ailes bruyantes, et l'essaim s'élever dans l'air « comme la pluie qui tombe des nuages en été, comme ces traits que lance le Parthe en commençant le combat. »

L'abeille est un hyménoptère, porte-aiguillon, de la famille des mellifères, tribu des apiaires sociales.

Cet insecte est-il, ainsi qu'on le croit, originaire de la Grèce, d'où il aurait été transporté dans toute l'Europe, le nord de l'Afrique et l'Amérique septentrionale? Il

faudrait alors attribuer à l'influence du climat les différences qui existent entre notre abeille domestique (*apis
mellifica*) et les variétés qu'on rencontre dans ces différents pays. L'abeille ligurienne (*apis ligustica*) qu'on rencontre en Orient, en Grèce et en Italie, a le corps presque
brun, avec les trois premiers anneaux de l'abdomen ferrugineux et bordés de noir. En Egypte, c'est l'abeille à
bande (*apis fusciata*).

« On connaît encore, dit M. A. de Frarière, l'abeille
unicolor, qui habite les îles de France, de Bourbon et de
Madagascar ; l'abeille indienne que l'on trouve au Bengale et dans la presqu'île de l'Inde ; l'abeille d'Adanson
très-répandue au Sénégal ; celle de Péron (c'est le nom
d'un célèbre voyageur qui en a parlé le premier) ; on la
trouve particulièrement à Timor, etc.

« On a vu, dit le même auteur, des hommes, plus zélés
qu'instruits, recommander l'importation d'une espèce sans
aiguillon, dont le travail avait encore moins frappé leur
imagination que l'absence d'arme offensive qui est un des
caractères principaux du groupe des méliponites. »

Du reste, sans nous préoccuper de multiplier les races
d'abeilles, nous avons déjà fort à faire, de tirer le plus
avantageusement parti de celles que nous possédons.

L'abeille domestique, appelée aussi *mouche à miel, petite hollandaise*, etc., a environ 10 à 12 millimètres de longueur sur 3 ou 4 de diamètre ; elle est chargée, sur toutes
ses parties, de longs poils, grisâtres, nombreux dans sa
jeunesse et qui deviennent, en vieillissant, plus rares et
plus roux. Son corselet est globuleux ; sa tête est dépri-
mée, presque triangulaire ; ses yeux, à réseaux, sont
placés sur le côté, et sont accompagnés de deux antennes
brisées de douze ou treize articles ; la bouche, qui sert à

composer le miel et à façonner la cire, est composée d'une lèvre supérieure très-apparente, de deux fortes mandi-

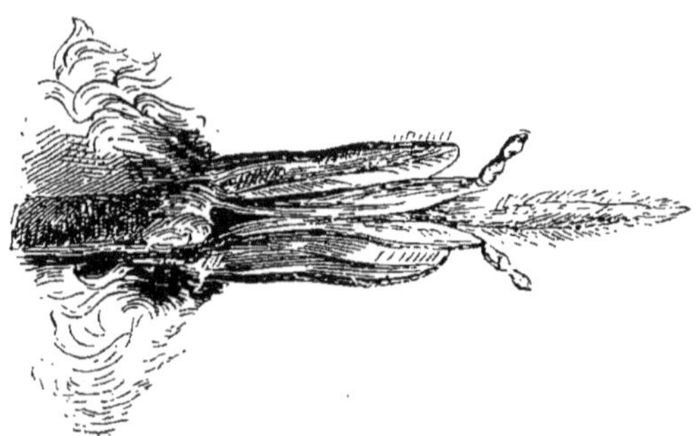

Fig. 16.   Détail de la bouche ou trompe d'une abeille.

bules, de quatre palpes, de deux mâchoires et d'une langue inférieure très-longue qui, réunies, forment une langue ou trompe fléchie en dessous, composée de deux pièces très-courtes. Les abeilles enfoncent cette trompe dans les vésicules des fleurs qui contiennent le miel, puis le retirent à la manière des chiens qui lapent; ce mouvement amène le miel dans la bouche et le fait passer dans le premier estomac. Les abeilles ont deux estomacs, logés dans la partie antérieure de l'abdomen ; le premier ne contient jamais que du miel, et le second que de la cire. Ces estomacs se contractent : le premier, quand, retournée à la ruche, l'abeille veut dégorger son miel ; le second, quand elle veut rendre la cire qui sort, soit par la bouche, soit, au dire de Réaumur, par des organes

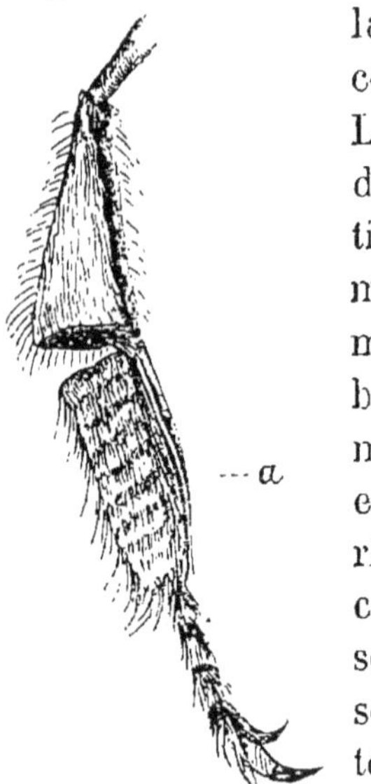

Fig. 17.   Patte postérieure d'une abeille ouvrière.

particuliers placés sous les anneaux postérieurs de l'abdomen. L'aiguillon des abeilles est composé de deux lames pourvues de dix dents dont la pointe est dirigée en arrière, ce qui explique pourquoi elles laissent dans la plaie leur dard et leur vie. Deux demi-gaînes s'écartant quand il en est besoin renferment ce dard au repos. Cette arme est véritablement empoisonnée et introduit dans la blessure un acide assez violent.

La population d'une ruche se compose de trois espèces d'individus.

A tout seigneur tout honneur! commençons par la

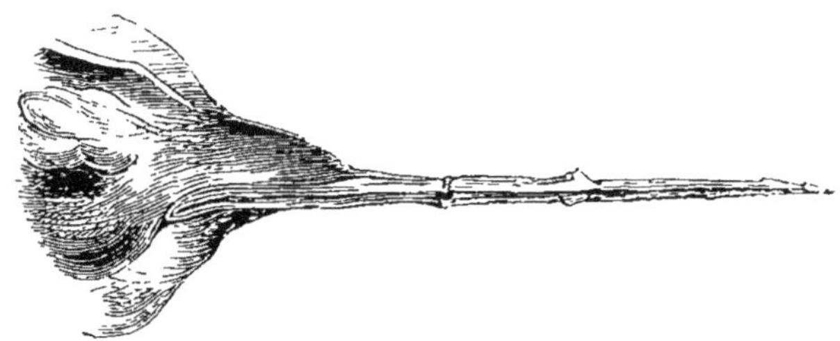

Fig. 18. Aiguillon d'abeille.

reine.

Avant que les observations modernes nous aient mis au courant des mœurs exactes des abeilles, on l'appelait le *roi*.

> . . . . Et circa *regem* atque ipsa ad prætoria densæ
> Miscentur. . . . . .

disait Virgile.

Le roi n'avait pas d'aiguillon, selon l'opinion commune.

Le roi des abeilles est tout simplement une femelle, la *reine*, mère de son peuple. Elle est un peu plus grosse que ses sujets, ce que Swamerdam explique par la présence des ovaires divisés en un certain nombre de sacs contenant des œufs; il a compté plus de six cents ovaires contenant chacun seize ou dix-sept œufs dans une seule femelle. Un seul accouplement la rend féconde pour toute la vie; pour cela, elle sort de la ruche et rencontre un des mâles ou faux bourdons, dont le nombre est considérable dans chaque ruche; alors elle se met à pondre, pondre, pondre; on évalue à 60,000 le nombre de ses œufs. Huber a observé que si la jeune reine n'est pas fécondée vingt-deux jours après son éclosion, l'accouplement ne produit qu'un résultat incomplet; la ponte ne donne que des mâles.

Le peuple de la ruche avait été composé de mulets ou de neutres pour les savants qui ont précédé Huber; le premier, il a remarqué que les abeilles ouvrières sont des abeilles femelles, avortées pour avoir été placées, en état de larves, dans des alvéoles trop étroites, et pour avoir été nourries avec moins d'abondance et de délicatesse que les larves de reines.

Il est facile de vérifier ce fait en changeant d'alvéoles des larves des deux espèces, avant toutefois que celles qui étaient destinées à devenir des ouvrières, aient atteint l'âge de trois jours; car alors le régime qu'on leur a appliqué jusque-là a déjà eu un effet trop marqué pour qu'un nouveau régime puisse opérer un changement radical.

Que la reine meure par accident pendant qu'elle pond les œufs de mâle, et trois jours après le commencement de cette ponte, la ruche court grand risque d'être dispersée après un pillage; car alors les ouvrières n'ont plus la nourriture nécessaire pour faire éclore une nouvelle femelle. Ce qui revient à dire que chaque espèce de larve a une nourriture particulière qui la fait ce qu'elle est, aidée par la forme et la dimension de l'alvéole où elle doit se développer.

Les ouvrières, ou femelles avortées, se subdivisent encore ; celles qui gardent le logis et font les constructions sont ordinairement plus petites, plus grêles que celles qui vont aux champs, et elles sortent peu de la ruche.

Les pattes de derrière des pourvoyeuses, servant à récolter le pollen, qui, mélangé avec le miel et ayant subi l'action de l'estomac des ouvrières, servira à la nourriture des larves, sont creusées en dehors de façon à former une sorte de corbeille entourée de poils roides ; le côté interne est garni d'une brosse avec laquelle elles recueillent la poussière qui s'attache à leur corps quand elles se roulent dans le calice des fleurs. De cette poussière elles forment des pelotes qu'elles logent dans les cuillers de leurs pattes.

Quant aux mâles ou faux bourdons, ils sont de moitié plus gros que les ouvrières, beaucoup plus noirs et plus velus ; leurs yeux sont beaucoup plus gros et embrassent presque toute la tête. Ils n'ont pas d'aiguillon. Leur trompe et leurs mandibules sont peu développées. Le bruit qu'ils font au moyen de leurs ailes, plus longues que le corps, est beaucoup plus fort que celui des abeilles ; ils quittent peu la ruche et ne sortent que dans la grande chaleur du jour et sans s'éloigner : leur nombre varie suivant l'importance de la ruche, mais il n'est pas rare d'en rencontrer de 1,000 à 1,200 dans une seule, où on ne rencontre qu'une reine à féconder. Celui qui obtient le triste honneur d'être son époux part avec elle et ne reparaît plus. Huber, cherchant un jour à se rendre compte de l'endroit où avait lieu la fécondation, vit revenir la jeune reine, rapportant tout ce qui restait de son époux, un lambeau qui traînait au bout de son abdomen! — Quel drame!

Quoiqu'il leur soit permis d'user abondamment du trésor de miel amassé dans la ruche, ils n'exercent aucune suprématie. Bien plus, quand la jeune reine commence à pondre, et qu'il n'y a pas nécessité d'essaimer, un beau jour— quelquefois une belle nuit— sur l'ordre de la reine, les ouvrières se jettent sur eux et les massacrent jusqu'au dernier. Si quelques œufs, quelques larves ou nymphes de mâles sont encore dans les alvéoles, les forcenées les détruisent sans pitié.

Si cependant la reine venait à mourir subitement, le massacre s'arrêterait. Un bourdon serait chargé de féconder la reine nouvellement éclose, que les ouvrières fabriquent au moyen de bouillie supérieure et d'une larve ordinaire. Mais le massacre recommencerait aussitôt qu'on n'aurait plus besoin d'eux.

Voyons un peu la marche que suivent les affaires intérieures d'une ruche pendant une année.

Prenons un essaim nouvellement enruché.

La reine prend possession de son royaume, le parcourt, entourée de ses sujets qui commencent de suite leurs constructions. L'inspection dure peu. La reine, qui éprouve le besoin de pondre, dès qu'elle voit un assez grand nombre d'alvéoles préparées, se place sur la partie du gâteau la plus rapprochée de l'entrée de la ruche; elle introduit la tête dans la cellule, sans doute pour voir si tout est prêt, puis, se retournant, y dépose un œuf enduit d'une matière agglutinative qui le fixe aux parois de l'alvéole. Une fois la ponte commencée, la reine ne s'arrête plus; si les ouvrières ne vont pas assez vite ou si quelque accident arrive, elle dépose plusieurs œufs dans une même alvéole, et les ouvrières viennent plus tard égaliser la répartition. Ces œufs sont ovales, allongés, un peu courbés, un peu bleuâtres et longs de 3 millimètres.

Les vieilles abeilles, que l'âge a rendues pleines d'expérience à ce sujet, viennent souvent inspecter ces œufs, qui doivent éclore par la seule chaleur de la ruche, et en plus ou moins de temps, selon qu'elle est plus ou moins forte. Enfin quand l'une de ces matrones s'aperçoit que le ver, après s'être agité dans la peau ridée de l'œuf, en est sorti, elle le débarrasse de cette peau et lui apporte à manger. La nourriture est une gelée transparente assez épaisse et dont le goût varie avec l'âge du ver. Blanche et insipide d'abord, elle prend un goût de miel quand il grossit et devient fort sucrée lorsqu'il atteint son développement complet. Les nourrices ont grand soin que cette nourriture ne manque pas aux jeunes larves ; elles la composent de miel et de pollen cuisinés ensemble d'une certaine manière qu'on n'a pas encore découverte.

En six jours, quand la chaleur est convenable, la larve est arrivée à son entier développement. Les nourrices qui s'y connaissent cessent de lui apporter à manger, et ferment hermétiquement avec un couvercle bombé (les alvéoles renfermant le miel ont un couvercle plat) sa cellule, pour mettre sa nymphe délicate et sensible à l'abri des variations atmosphériques. En vingt-quatre heures, si c'est une reine, en trente-six heures pour les autres, la larve tapisse de soie les parois de l'alvéole, et douze jours après, elle déchire son enveloppe de nymphe, ronge le couvercle de sa demeure et sort.

Aussitôt toutes les ouvrières enlèvent toutes les traces qu'elle a laissées et la mettent en mesure de recevoir un nouvel œuf, le jour même. L'abeille n'a pas alors toute sa force, son corps est encore mou, et après une nuit passée dans la ruche, après les soins empressés des nourrices, qui la brossent, la lustrent, lui présentent à manger, elle ira se sécher et se fortifier au grand soleil devant la ruche.

Mais tout ne va pas toujours aussi bien ; il arrive quelquefois que la *nouveau-née* a quelques vices de conformation, quelque membre mal conformé, des ailes ou des antennes impropres au service. Oh ! alors, les dévouées nourrices n'ont point de pitié, on entraîne la malheureuse hors de la ruche, et on l'abandonne à elle-même ou on la tue sur-le-champ.

Car l'abeille est assez batailleuse. Elle a, comme les vieux chevaliers, armes offensives et défensives, le dard et la cuirasse. Q'une étrangère cherche à s'introduire dans la ruche, la sentinelle s'élance sur elle, cherche à l'enlacer de ses pattes, à la percer à coups de dard ; mais comme la même cuirasse recouvre les deux adversaires, qu'elles sont vulnérables à deux ou trois endroits à peine, — l'attache des ailes, de l'abdomen ou de la tête, — il arrive souvent qu'elles se séparent sans blessures. L'habileté consisterait, à ce qu'il paraît, à se laisser renverser sur le dos par son adversaire pour, ayant un point d'appui, le traverser de son aiguillon au défaut de ses armes.

Quand il s'agit de la ponte des reines, on s'y prend différemment ; la cellule n'est plus une cellule ordinaire. Quand la ruche est nombreuse, on rencontre quelquefois quinze ou vingt alvéoles royales, le plus souvent fixées sur le côté des gâteaux qui ne touche pas les parois de la ruche ; elles ont à peu près la forme d'une poire allongée fixée par le gros bout ; leur intérieur est arrondi au fond et d'un poli parfait. Leur extérieur est raboteux, et leur poids égale celui de cent cinquante alvéoles d'ouvrières. La cire qui les compose est rendue plus compacte par une portion de propolis, — matière de construction dont les abeilles sont si économes[1]. — La reine dépose un œuf dans chaque cellule royale, et les jeunes larves sont nourries avec une gelée beaucoup plus agréable que celle des larves communes, — sentant, dit-on, la gelée de groseilles, — sans que pour cela les nourrices leur montrent des égards exagérés, autrement qu'en les gorgeant de nourriture; à tel point qu'on en trouve encore de grandes quantités après leur éclosion.

Quand la reine mère peut approcher de l'endroit où vivent ses filles arrivées bientôt à leur entier développement, elle démolit un côté de la cellule et les tue d'un coup d'aiguillon, — sans en excepter aucune, si on ne doit pas essaimer. — Les ouvrières l'aident dans cette œuvre de destruction et de prévoyante férocité. Quand un essaim part, on a débattu la question de savoir si la jeune reine ou la vieille reine partait : Huber avait coupé l'antenne d'une vieille reine et la vit partir avec l'essaim. Mais cette règle n'est pas sans exception, et il est probable que lorsqu'un essaim part dans l'arrière-saison, c'est une jeune reine qui le conduit.

Quand l'essaimage doit avoir lieu, et c'est toujours par un beau temps, on distingue le cri des jeunes reines sou-

---

[1] Le propolis est une résine dont les abeilles se servent pour fixer les rayons ou enduire les matières qui pourraient en se décomposant nuire à leur santé. On a vu des limaçons, qui s'étaient introduits dans des ruches, tués d'abord, puis entourés complétement de propolis. Cette résine est rouge ou jaune; insoluble dans l'eau, très-soluble dans l'esprit-de-vin et brûle sans s'enflammer, en répandant une odeur aromatique. Sa saveur est amère.

vent répété ; les mâles sortent de la ruche ; on aperçoit une plus grande affluence d'abeilles autour de la ruche, et il se fait un grand bruit à l'intérieur. Puis le silence se fait tout d'un coup, la reine sort de la ruche ; les abeilles qui doivent l'accompagner se gorgent de miel, font des provisions, puis se précipitent à sa suite, tournoient quelque temps avant de prendre une direction, et s'en vont au loin, ou se fixent, soit à une branche d'arbre, au rebord saillant d'un toit, ou à un buisson, entourant leur reine, qui forme alors le noyau du groupe. Des courriers sont partis à la recherche d'un gîte, et c'est tandis que l'essaim attend leur retour qu'il faut s'en emparer.

Le bruit qu'on s'efforce de faire autour de l'essaim pour le forcer à se poser, en frappant sur des chaudrons, des poëles, etc., n'a d'autre efficacité que d'imiter pour elles le tonnerre qui leur annonce l'orage, et les engage à chercher un abri. Mais on obtient plus facilement ce résultat en faisant pleuvoir sur elles du sable ou de la terre, en les aspergeant avec des branches garnies de feuilles et trempées dans l'eau, ou mieux encore en se servant d'une pompe à arroser. Il ne restera plus qu'à faire entrer l'essaim dans une ruche vide, frottée d'avance avec du miel liquide, ou même arrosée simplement à l'intérieur au moment de l'employer. Il suffit de secouer la branche où l'essaim s'est fixé au-dessus de la ruche, ou de l'y faire tomber avec un petit balai, même avec la main ; car à ce moment, elles sont trop vivement occupées du salut de leur reine pour songer à attaquer. On doit laisser la nouvelle ruche auprès de l'endroit où s'est fixé l'essaim jusqu'au lendemain matin, ou la reporter à l'endroit où était l'ancienne ruche, car les abeilles qui ne seraient pas entrées reviendraient à leur gîte accoutumé. Un bon essaim doit, dit-on, peser cinq livres ; mais il faut considérer ordinairement ce poids comme le maximum.

On s'est souvent occupé du poids des abeilles ; un agriculteur qui peut passer pour un des créateurs de cette industrie, Jacques de Gélieu, a pesé des abeilles engourdies par le froid : il en fallait 9,021 pour faire un kilogramme ; il fallait 22,752 abeilles mortes de faim pour faire un kilogramme. Pour composer le même poids, il en fallut 8,366 dont la reine était morte de maladie, et 11,506 à jeun, avant d'aller aux champs. Il fit manger un certain nombre d'abeilles, et trouva qu'il en fallait 7,866 pour peser le même poids quand elles étaient bien repues, et qu'il en fallait 9,414 au moment où elles revenaient des champs, chargées chacune de deux pelotes de pollen et de miel. Réaumur, qui a pesé les pelotes de pollen, en comptait 73,728 par livre de 16 onces.

En rapprochant les poids à jeun et chargées, on voit que 1,000 abeilles peuvent rapporter 60 grammes de miel à chaque voyage, pendant la saison des fleurs. Une ruche peuplée de 25,000 abeilles peut donc rapporter $1^k,500$, et si chaque abeille fait six voyages, dans un jour favorable, ce sera donc un poids total de 9 kilogrammes de miel. On pourrait, en poussant ces chiffres jusqu'au bout, calculer la consommation de la ruche tout entière et fixer approximativement la récolte à faire à telles ou telles époques de l'année.

Cette digression nous a jeté en dehors de notre sujet ; revenons-y. L'hiver est un temps de souffrance pour les abeilles, si sensibles au froid, comme tous les insectes. Quoique la température de leurs ruches conserve toujours une élévation moyenne, elles se serrent les unes contre lesautres pour se tenir chaud, et se pendent par grappes au sommet de leur ruche. Pendant les quelques jours de douceur relative qui se rencontrent chaque hiver, elles quittent cette position et consomment de la nourriture. Il est bon de les visiter à cette époque, et si les provisions leur manquent, de leur en fournir.

Le printemps, quand il est humide, fait moisir leurs gâteaux ; souvent elles sont attaquées par la dyssenterie.

Pendant l'été recommence leur vie active, qui continue jusqu'aux froids de la fin de l'automne.

Les ouvrages spéciaux traitent tous des moyens de produire des essaims artificiels dans le but d'éviter les embarras des essaims naturels et les dangers que l'on court de les perdre. Je ne puis entrer dans d'aussi longs détails. Je te renvoie vers eux.

Mais une chose sur laquelle on est bien d'accord maintenant, c'est qu'il y a sottise et barbarie à étouffer, ainsi qu'on le faisait jadis, les mouches pour s'emparer du miel. — Bosc, qui aimait beaucoup les abeilles, qui soignait les siennes lui-même, avait trouvé un moyen fort ingénieux et qui, du reste, donne une haute idée des réflexions intelligentes de ces insectes. — Il avait remarqué que toute la population de la ruche se ferait hacher pour défendre la reine, que lorsque quelque danger la menaçait, tout son peuple s'empressait éperdu autour d'elle, l'entourait, et qu'elle disparaissait, cachée sous ces milliers de corps. « Il ne s'agit, dit-il, que de les mettre dans le cas d'être persuadées que toutes leurs piqûres seraient insuffisantes pour éloigner le danger qui la menace, et qu'elles n'ont plus d'autres ressources que de la cacher, pour permettre de faire dans l'intérieur de la ruche toutes les opérations qu'on juge nécessaires, sans craindre leur aiguillon... Ainsi, lorsque je veux me rendre maître d'une ruche, j'apporte à son ouverture un chiffon de linge à moitié brûlé et encore fumant (le plus grossier est toujours le meilleur), et j'empêche par ce moyen les abeilles de sortir. Je frappe brusquement et à diverses reprises sur le sommet de la ruche, et en même temps je la soulève pour faire entrer dessous une plus grande quantité de fumée. Les abeilles, qui s'aperçoivent qu'elles sont les plus faibles, que l'attaque devient inutile pour éloigner l'imminent danger où elles se trouvent, se portent toutes autour de la femelle, qui est alors montée au sommet de la ruche, la couvrent de leur corps, et ne cherchent plus à piquer, quoi qu'on fasse pour les mettre en colère...

« ..... Celles qui ont l'usage libre de leurs ailes, c'est-à dire qui ne sont pas sous d'autres, s'élèvent sur leurs pattes, redressent leur abdomen, et bruissent de manière à faire croire qu'elles s'excitent mutuellement ou qu'elles consolent leur femelle. C'est à ce signe que je m'assure qu'il n'y a plus de danger pour moi... Ce mode de se rendre maître des abeilles, avant de les tailler, est bien moins destructif que celui des masques et des gants. Une ruche que je coupais à peu de distance d'une autre que coupait un homme masqué et ganté ne perdit peut-être pas deux cents abeilles, dont aucune par suite de piqûre, et l'autre en perdit plus de deux mille, dont la plus grande partie parce qu'elles avaient laissé leur aiguillon dans les habits du coupeur. »

Ce moyen n'est pas dispendieux, on peut toujours en essayer.

LETTRE XVII.

Depuis Lombard, Palteau, Gelieu, Bosc, Huber, etc., l'apiculture est en progrès; les observations, les perfectionnements qu'ils ont apportés à cette science, ont été appliqués et perfectionnés encore de nos jours. M. le docteur Debeauvoys, d'Angers, a publié un *Manuel de l'Apiculteur* qui est resté classique ; M. A. de Frarière et d'autres encore continuent le cours de leurs investigations, et réduisent en formules certaines la science d'exploitation des abeilles, où trop souvent prédominait la routine. C'est dans leurs ouvrages qu'on trouvera tous les détails nécessaires sur les mœurs et l'exploitation des abeilles, que le cadre trop restreint de cet ouvrage ne nous permet pas de donner, même en abrégé. Le principal seul doit nous occuper ici : après avoir essayé d'esquisser le moins vaguement possible les mœurs générales des abeilles, nous ne pouvons qu'indiquer succinctement la manière de s'en servir.

En résumé, les abeilles proprement dites ne sont que

des femelles improductives; la reine est parmi elles une exception produite volontairement, le pivot de leur société, et tellement nécessaire, que, lorsqu'elle fait défaut et qu'il est impossible de la remplacer, les ouvrières ne travaillent que languissamment; les provisions ne sont plus en proportion de la population; les ennemis, profitant de ce découragement, pénètrent dans la ruche, et bientôt toutes les abeilles périssent ou abandonnent leur domicile.

On trouve dans les gâteaux trois matières différentes : d'abord le *propolis*, dont nous avons déjà parlé; le miel, qui sert à l'alimentation, aux réserves pour l'hiver, et la cire, que les abeilles emploient pour bâtir. On rencontre aussi des alvéoles remplies de pollen, surplus de la nourriture destinée aux larves, qui quelquefois fermente pendant les grandes chaleurs, devient rougeâtre (d'où son nom de *rouget*) et communique au miel un goût âcre et désagréable.

La cire produite par les ouvrières n'est pas composée avec le pollen des fleurs; c'est une huile végétale très-oxygénée, mêlée avec une petite quantité d'extrait. « Elle fournit à la distillation de l'acide sébacique, une huile épaisse, du gaz hydrogène, du gaz acide carbonique et du charbon. » Aussitôt la prise de possession d'une ruche par un essaim, une partie des abeilles enduit de propolis toutes les fentes pour les boucher; l'autre partie commence les constructions. Le gâteau est la réunion de deux suites d'alvéoles opposées; il est très-léger d'abord; mais quand les alvéoles sont pleines et qu'un certain nombre de mouches vaquant à leurs affaires se promènent dessus, il devient d'un certain poids; c'est pourquoi son point d'attache contre les parois est composé de cire mêlée de propolis. Swamerdam a compté 22,574 individus dans une ruche de l'année, morte pendant l'hiver ; la seconde année, ce nombre eût été doublé. Les alvéoles sont construites à six pans et de manière à ce que les deux côtés faisant l'angle supérieur d'une alvéole forment chacun un des pans inférieurs des deux cellules situées au-dessus, l'une à gauche et l'autre à droite. Les alvéoles n'ont pas une direction horizontale : elles sont un peu inclinées vers le fond, car toutes ne sont pas destinées à contenir les larves ; on y emmagasine aussi le miel, qui, étant assez liquide d'abord, coulerait et engluerait les mouches, accident fort gênant pour elles et qui, quelquefois, cause leur mort.

Le miel se trouve parfois dans toute la ruche, mais, le plus ordinairement, les magasins se trouvent à la partie supérieure. Cette substance se rencontre sur les plantes ; c'est une sécrétion renfermée dans les nectaires ; il est plus abondant dans les fleurs monopétales que dans les autres.

« Les arbres à fruits, dit M. Guérin-Méneville : amandiers, pêchers, cerisiers, pruniers, pommiers ; ceux d'ornement : les mahonias, magnolias, lauriers-thym, tilleuls, romarins, platanes, érables, catalpas ; les arbres champêtres : saules marsaults, peupliers, ormeaux, chênes, merisiers ; tous les arbres verts [1] : les bruyères, lavande, hysope, serpolet, thym, sarriette, réséda, petits trèfles, l'incarnat, les blés noirs, les lierres, les ronces, les framboisiers, les oignons, et en général toutes les plantes

---

[1] Excepté l'if. Virgile a dit, il y a longtemps :

Neu propius tectis taxum sine.
Ne laisse pas d'ifs près des ruches.

dont la fleur s'ouvre largement et qui ne sont pas doubles, conviennent parfaitement aux abeilles. »

Le miel subit une altération dans l'estomac des abeilles : il est composé d'une matière sucrée, différente de celle de la canne à sucre, et il suffit de la mettre en contact avec des plantes odorantes, telles que le jasmin, l'oranger, la rose, pour qu'il contracte leur odeur. Le mielat des arbres, cette transsudation sucrée qu'on rencontre, en été, sur les feuilles, leur fournit aussi les éléments du miel. Le miel, d'abord sirupeux, se couvre d'une petite croûte produite par la dessiccation de la surface, puis ensuite les ouvrières le recouvrent d'une couche de cire pour éviter l'évaporation ; ce couvercle n'est enlevé qu'au fur à mesure que les besoins de la consommation forcent à entamer de nouvelles alvéoles.

L'emplacement d'un rucher doit être choisi avec soin; ce choix et celui de la ruche influent beaucoup sur la prospérité des abeilles. Un endroit encaissé, ombragé en été, exposé au soleil en hiver, semble convenir aux abeilles, surtout si elles trouvent à proximité une eau pure, couverte de plantes aquatiques où elles puissent se poser pour boire sans danger. Il faut éviter qu'elles soient exposées au vent du nord, dût-on, pour cela, construire un rempart ou un abri. Quand les mouches sont à proximité de la maison et qu'elles ont l'habitude de voir du monde, elles sont douces et on a peu à craindre leurs piqûres.

Il faut aussi avoir grand soin de proportionner son rucher aux ressources que les abeilles peuvent trouver dans la région où on habite. Dans les pays tels que la Beauce, où la culture des céréales est universellement répandue ; dans les pays exclusivement vignobles, les abeilles ne trouvent que maigrement à vivre, et encore doit-on, dans ces derniers, les empêcher de sortir pendant la fabrication du vin, sous peine d'en perdre une grande quantité, qui, attirées par le sucre, se précipitent dans les cuves et périssent, noyées ou écrasées.

Quant aux ruches, il en existe une telle quantité, que leur description nous entraînerait trop loin. Nous choisirons dans la quantité celles qui donnent les meilleurs résultats, renvoyant aux ouvrages spéciaux pour les autres, qui peuvent avoir leurs avantages dans des circonstances données.

Tout le monde connaît la ruche en cloche, la plus répandue en France. M. Lombard l'a modifiée, après avoir remarqué que les abeilles se plaisaient mieux dans des ruches de petite dimension, surtout quand l'essaim est faible, afin sans doute d'éviter la déperdition de calorique.

Sa ruche *villageoise* a environ 50 centimètres de haut; elle est de forme conique, divisée en deux parties, à environ 40 centimètres de la base, par une planchette percée de trous qui établissent une communication entre les deux parties, et sur laquelle vient se poser le couvercle. Quand on veut récolter le miel, on passe un fil de fer horizontalement sur la planche de séparation, on entoure la ruche de fumée, on attire la reine dans la partie inférieure en y frappant trois ou quatre coups, puis on enlève le couvercle, que l'on remplace par un autre de même dimension. On emporte celui qu'on vient de retirer dans un lieu obscur et on force à sortir les mouches qui se sont obstinées à y rester.

M. Radouan a substitué à la planche de séparation un grillage en bois qui rend les communications plus faciles pour les abeilles, et a divisé le corps de la ruche en plusieurs compartiments. Cette ruche est la plus commode de toutes, et celle qui permet le plus facilement l'exploitation.

La *ruche madécasse* est une caisse longue, fermée en arrière par une cloison mobile, garnie en dedans de quelques petites tringles appliquées en travers contre les parois, et auxquelles les mouches suspendent leurs gâteaux. On s'en sert rarement, quoiqu'elle soit assez commode.

Huber, le célèbre naturaliste à qui nous devons une étude si consciencieuse des mœurs des abeilles, avait inventé une ruche, dite *ruche à feuillets*, qui était surtout utile pour ses observations. Depuis, M. Debeauvoys a repris ce système de feuillets, et a construit une ruche généralement adoptée aujourd'hui.

L'extérieur représente une boîte de 30 centimètres environ de largeur en dedans, sur 35 centimètres de hauteur, plus élevée à sa partie postérieure. L'intérieur est occupé par neuf cadres munis de deux traverses, maintenus à la distance de 1 centimètre les uns des autres par un tasseau. Les abeilles bâtissent un gâteau sur chaque cadre, que l'on peut enlever sans les déranger. Un autre avantage de cette ruche c'est son bas prix : elle ne revient qu'à 5 francs.

Un agriculteur russe, M. Prokopowitsh, avait déjà appliqué ce système, en le restreignant à la partie supérieure de sa ruche.

La *ruche à hausses* est composée de plusieurs tiroirs qui offrent une grande commodité pour prendre les gâteaux, mais les abeilles, dit-on, s'y trouvent mal logées.

La *ruche Nutt* est une vraie ruche du grand monde, fort élégante, fort compliquée et hors de prix.

Somme toute, la ruche parfaite n'est pas encore trouvée, et en attendant, la ruche Debeauvoys réunit le plus grand nombre de suffrages. Chacun de ces systèmes comporte une manière spéciale de s'emparer du miel. Les ruches dont le système se rapproche de celui de la ruche Lombard n'offrent aucune difficulté; il suffit de retirer le couvercle, où les abeilles ont emmagasiné leur miel. Dans le système des ruches à feuillets, on chasse les abeilles d'un compartiment dans l'autre, mais on a soin d'établir une coupe réglée, par exemple, de ne couper que les gâteaux contenus dans les compartiments impairs, et on attend, pour opérer sur les autres, que les abeilles aient réparé le tort qu'on leur a fait. Quand on fait cette opération en été, le miel qu'on recueille est de qualité supérieure, et la cire est blanche; car c'est surtout durant l'hiver qu'elle brunit dans la ruche. Quoique les époques, pour tailler les gâteaux, varient beaucoup, il faut observer avec soin de ne pas le faire pendant l'époque de la ponte, les abeilles alors ayant besoin de n'être pas dérangées.

La récolte, en automne, doit se faire pendant le mois de septembre, afin de laisser aux abeilles les quelques derniers beaux jours et les dernières fleurs d'automne pour commencer à réparer leurs pertes. La consommation d'une ruche bien peuplée, pendant l'hiver, est, en moyenne, de 750 grammes : il faut donc laisser une quantité suffisante de miel, et plutôt plus que moins, attendu que, lorsque l'hiver n'est pas rigoureux, les mouches, moins engourdies, consomment davantage. Lorsqu'on taille en automne, on laisse ordinairement les deux tiers ou les trois quarts des gâteaux : au printemps on peut enlever la moitié ou les deux tiers, selon la force de l'essaim. En s'y prenant de bonne heure, avant le commencement des grands travaux de la ruche, à l'époque où les fleurs commencent à être abondantes, on peut être sûr que les gâteaux enlevés seront bientôt remplacés. Dans tout ceci, l'apiculteur doit se régler d'après le climat, et surtout d'après la flore des environs. En taillant les gâteaux, il faut ménager autant que possible le couvain.

Le miel de qualité supérieure, ou miel vierge, sort naturellement des gâteaux. Un pressurage en fait sortir une seconde qualité ; et les gâteaux, coupés par morceaux et chauffés, donnent une troisième qualité ou gros miel. Les pains de résidus obtenus par la pression, sont mis sur le feu, dans de l'eau jusqu'à ébullition, puis renfermés dans des sacs de grosse toile et mis en presse pour faire sortir la cire.

Cette manipulation a plusieurs inconvénients ; d'abord, sa complication, ensuite le danger de faire trop chauffer la cire et de la rendre brune, enfin l'installation d'une machine à presser. Le procédé proposé par M. Debeauvoys a le double avantage d'être beaucoup plus simple, et de donner des résultats d'une qualité supérieure. La composition de l'appareil est bien simple : il se compose de boîtes présentant une inclinaison du côté du soleil, et closes hermétiquement par un châssis vitré. Le fond est garni de bassines, et vers le milieu de leur hauteur se trouve un canevas fortement tendu. Sur ce canevas on dépose les gâteaux, et pendant toute la journée on les expose au soleil ; le miel et la cire fondent et coulent dans les bassines : le soir, on passe le tout au tamis de soie pour séparer la cire du miel. La cire ainsi obtenue est de qualité supérieure, le miel, transparent, parfumé, ne fermente jamais, et ne jette jamais aucune écume à l'ébullition.

Un grand nombre de causes viennent entraver le développement des essaims. D'abord les voyages au loin. Quelquefois les abeilles vont à une lieue de leurs ruches soit pour chercher des matières spéciales, comme celles dont elles doivent se servir pour faire le propolis, soit parce que les fleurs manquent dans leur quartier. Mille dangers les attendent dans ces voyages, et les oiseaux, qui en détruisent une grande quantité, profitent de l'occasion; les coucous, les hirondelles, les pies, les pies-grièches, viennent même s'installer quelquefois aux environs des ruches, et Dieu sait leurs festins! Le clairon des abeilles, celui des alvéoles, la fausse teigne ou gallérie, ont une place dans la série des insectes nuisibles; il n'est pas jusqu'à la cétoine dorée, qui, fatiguée de récolter le miel petit à petit et à grande peine, ne s'introduise dans les ruches pour y faire des festins de Balthazar. Le sphinx atropos y entre aussi parfois, mais non sans éprouver d'énergiques rebuffades de la part des abeilles. Les guêpes, les frelons ont de tout temps guigné le contenu des ruches ; mais,

> . . . . Agmine facto,
> *Ignavum fucos pecus a præsepibus arcent,*

quand, toutefois, les frelons ne forcent pas la consigne. Le crapaud, les lézards à la peau écailleuse, — *squalentia terga lacerti,* — les araignées, les souris sont encore autant d'ennemis des abeilles ; les sphex, le philante apivore, les enterrent pour nourrir leurs larves ; et quand les fourmis entrent dans une ruche, elles s'en prennent, non-seulement au miel, mais encore aux larves dans leurs alvéoles, les dépècent et emportent les morceaux. Le rétrécissement des portes empêche d'approcher les plus gros de ces ennemis ; avec un peu de soin, on peut éloigner les autres. Mais quand le ricin (*acarus gymnopte-rorum*), un pou qui vit sur l'abeille, s'attaque à la ruche, il n'y a pas de remède ; une prompte destruction des abeilles et des gâteaux, d'énergiques fumigations opérées dans la ruche, peuvent seules arrêter la contagion.

Outre cela, les abeilles sont encore soumises à des maladies, la dyssenterie causée par l'humidité et les temps froids, qui se guérit par l'ordonnance suivante : « On prépare un sirop vineux, un peu amer, salé, que l'on donne aux abeilles, sur un plat dans lequel on place une large croute de pain grillée imbibée de sirop et saupoudrée de sel. » (Guérin-Méneville.) C'est presque le remède recommandé par Virgile[1]. On leur donne aussi, pour les guérir, des toniques, du vin ou de l'eau-de-vie sucrée ; mais il faut surtout avoir soin de supprimer la cause de la maladie, en transportant la ruche dans un endroit sec et aéré. Elles sont sujettes à une autre maladie qui se trahit par un gonflement contre nature et le changement de couleur des antennes. Les causes paraissent être les mêmes que dans la dyssenterie, et le traitement est le même. Il y a encore le chapitre des indigestions et des vertiges causés par le miel de certaines plantes vénéneuses ; mais ces accidents individuels passent inaperçus.

COCHENILLES.

Si les cochenilles épuisent les arbres en absorbant leur sève, il faut faire, avant de condamner toute l'espèce, une distinction entre celles qui consomment à fonds perdus

---

[1] C'est le moment (quand les abeilles sont malades) de brûler dans la ruche le galbanum odoriférant, d'y introduire du miel dans des tubes de roseau... Il sera bon d'y joindre la noix de galle pilée, du vin doux épaissi à un feu ardent, du thym, de l'hymette, et la centaurée à l'odeur forte (Virgile, *Géorgiques*, liv. IV, vers 264).

et celles qui nous rendent les sucs absorbés, métamorphosés en écarlate ; entre la cochenille de l'olivier, du pêcher, etc., et la cochenille du cactus.

La pourpre des anciens était produite par un mollusque du genre *buccinum*. Les Celtes avaient introduit en Italie l'usage de l'airelle que Pline nommait *vaccinium*, pour teindre le lin, et connaissaient l'usage du *kermès des racines*. Les *Capitulaires* de Charlemagne font mention, parmi les ingrédients de teinture qu'on devait fournir aux femmes qui travaillaient dans ses domaines, de *vermicula*, qui pourraient bien être la cochenille ; mais c'est en Pologne que, selon toutes probabilités on commença à utiliser les précieuses qualités de cet insecte. Maintenant, l'espèce cultivée de préférence est la cochenille du cactus (*coccus cacti*), qui nous a été apportée du Mexique, où les naturels connaissaient depuis longtemps et utilisaient ses propriétés colorantes, mais sans appliquer aucune règle raisonnable à cette exploitation. Quand les Espagnols eurent envahi les eldorados du nouveau monde, le commerce s'empara de cette richesse, chercha à en multiplier les produits tout en les monopolisant, et, d'essai en essai, arriva à la méthode encore usitée.

Le nopal exige une température dont les variations se maintiennent entre 9 et 25 degrés ; un terrain sec, quelle que soit sa composition. Les bons terrains produisent une végétation plus vigoureuse et partant davantage de résultats. Une nopalerie doit, de plus, être placée à l'abri du vent, un des ennemis des cochenilles, ainsi que des pluies continues. Les oiseaux insectivores, les insectes carnassiers et parasites doivent être éloignés. La plantation du nopal se fait par boutures, dans le terrain convenablement préparé. Les feuilles ou articles, qu'on laisse un peu flétrir, sont plantés en lignes séparées les unes des autres d'environ 1^m,60, et les plants sont espacés de 30 centimètres. Ces plantations demandent des sarclages faits avec soin, pour ne point endommager la racine. En deux ans, les nopals poussent quatre articles ; au commencement de la troisième année, on peut *semer*, c'est-à-dire déposer la cochenille sur les articles du nopal. Dans l'Amérique, on dépose souvent la *graine* au bout de dix-huit mois. Dans les climats semblables à ceux de l'Algérie, au mois de mai, ou au commencement de juin au plus tard, on dépose sur les plants des femelles pleines d'œufs qu'on a conservées pendant l'hiver, à l'abri, sur des feuilles de cactus. La femelle, assez agile dans sa jeunesse, est oblongue, d'un brun foncé et couverte d'un duvet blanc, convexe en dessus, aplatie en dessous ; le mâle est d'un rouge foncé, ses ailes sont diaphanes, et son abdomen se termine par de longues soies. Les mœurs sont les mêmes que celles des espèces nuisibles au pêcher, aux oliviers et autres arbres. Pour répartir les mères sur les nopals, on se sert d'étoffe semblable au canevas ; on réunit les quatre angles de façon à former une espèce de nid dans lequel on place une douzaine de mères. Au Mexique on se sert d'une toile naturelle qu'on trouve à la base des pétioles du palmier. En Afrique, un des premiers cultivateurs de nopals préconise l'emploi de petits paniers cylindriques faits en feuilles de palmiers nains. Quoi qu'il en soit de ces nids, on les place sur les nopals, à environ 40 centimètres de terre et à 12 mètres les uns des autres, à l'endroit du nopal où viennent s'articuler les feuilles. Les jeunes cochenilles, aussitôt écloses, passent à travers les fibres qui composent les parois du nid, et se répandent sur la plante.

Deux mois, jour pour jour, après la semence, trente jours après la fécondation, on voit quelques petites chenilles sortir de dessous les mères; c'est un signe qu'il est temps de faire la récolte. Alors, on parcourt la nopalerie dès le matin, armé d'un couteau à tranchant arrondi et d'un panier, grattant du haut en bas la peau des nopals, mais sans toutefois l'écorcher, et recueillant dans sa main les cochenilles qu'on verse ensuite dans le panier.

Avant de faire mourir les cochenilles en les soumettant à l'action de l'eau bouillante, ce qui doit avoir lieu le jour même de la récolte, on en met en réserve un nombre suffisant pour une seconde éducation, dont la récolte a lieu à la fin d'août ou dans le courant de septembre. De semblables réserves fournissent des sujets pour une récolte d'hiver, et celle-ci fournit les individus qu'on élèvera au printemps.

Le temps n'est plus où l'Espagne pouvait se réserver le monopole de la cochenille. Un colon français essaya de l'acclimater à Saint-Domingue où, faute de soins, elle périt. En 1831, un pharmacien d'Alger l'apporta à travers les plus grands périls (l'exportation étant punie de mort) d'Espagne en Algérie, le mauvais temps rendit cette tentative inutile. Un second essai faillit avoir le même sort : M. le docteur Loze s'était aussi, en courant les mêmes dangers, rendu possesseur de quelques pieds de cactus chargés de cochenilles; mais, forcé de quitter le pays, il laissa ce commencement en grand danger de périr. M. Hardy, heureusement, réunit les débris et forma une nouvelle pépinière. Depuis lors, la culture de la cochenille a commencé à s'étendre; les produits, analysés à l'Académie des sciences, ont été trouvés de bonne qualité, et M. Chevreul a déclaré que leur qualité colorante est de

très-peu inférieure à celle de la cochenille du Mexique. La
différence de prix qui existe entre celle du nouveau monde
et la cochenille algérienne, compense largement, du reste,
cette infériorité et assure à cette culture une extension
rapide. On peut, lorsque l'année est sèche, faire en Algérie jusqu'à trois récoltes par an, et deux dans les années
moyennes.

Dans la Provence même, où l'on rencontre, non pas le
cactus nopal, mais le cactus opuntia, on pourrait cultiver
la cochenille. Dans le cas où le cactus nopal ne pourrait
s'acclimater, on avait déjà proposé l'introduction du cactus
de Campêche, sur lequel vit la cochenille sylvestre, qui,
quoique moins productive que celle du commerce, serait
une richesse pour ces immenses plaines, arides et brûlées,
dont on n'a pas encore pu utiliser la poussière. La fortune
ne tente donc plus personne !

LETTRE XVIII.

LES VERS A SOIE.

Les migrations du ver à soie. —Toute la soie n'est pas rose. — Les protecteurs de la sériciculture. — Un mot sur le mûrier. — De la manière de servir ses feuilles aux vers à soie. — La graine. — Le couvage. — Le ver à soie vient au monde. — Premiers soins. — Hygiène intérieure. — La petite frèze. — Changement de peau. — Second âge, les brûlés. — Troisième âge, les gras. — Quatrième âge, les clairs. — Cinquième âge, la grande frèze. — La muscardine. — Les hœmatozoïdes.

25 octobre 1863.

On a dû, dès l'antiquité la plus reculée, chercher à utiliser les coques soyeuses dont s'enveloppent les chenilles pour se changer en papillons. En effet, les Chinois, le plus ancien peuple du monde, ont, depuis l'an 2700 avant l'ère chrétienne, trouvé moyen de métamorphoser en brillants tissus la coque du ver à soie. Leur découverte, faisant tache d'huile, était arrivée, à l'époque où écrivait Pline l'Ancien, jusqu'à l'île de Cos. Sous Justinien, l'industrie de la soie fut une des branches les plus importantes du commerce de Constantinople, et se répandit en Grèce, d'où le roi Roger de Sicile la transporta, en 1130, à Palerme. Les Arabes l'avaient introduite en Espagne, et cependant la France, placée entre ce pays où filait le ver et l'Italie qui l'avait reçu de la Sicile, ne livra guère de

soie au commerce que sous le règne de Charles IX. Et
plus tard il fallut les encouragements donnés par Henri IV
aux essais de plantation d'Olivier de Serres dans le Nord,
et de Francart dans le Midi, pour donner à cette industrie
l'importance qu'elle méritait.

Nous avons tous, en pension, subi assez de pensums et
de confiscations à l'occasion des vers à soie pour qu'il
soit inutile ici d'en donner une description. Le ver à soie
est pour l'écolier le pendant du hanneton. Quant aux nouvelles espèces qu'on cherche à introduire en France, nous
en parlerons plus tard.

Les races de ver à soie qu'on élève en France, modi-
fiées par la nature du climat, et par les croisements, sont
nombreuses et variées ; celles de la Provence, jadis les
plus renommées, paraissent atteintes de dégénérescence,
et ne donnent depuis quelques années que de maigres
résultats. La gattine, la maladie des petits vers, la pébrine, enfin toutes les variétés de maladie, réunies en
faisceau, se sont déclarées dans nos magnaneries ; l'Italie,
qui, jusqu'en 1853, avait évité ce fléau et nous fournissait
les graines que nous ne pouvions prendre chez nous, a
été aussi envahie à son tour ; la terrible muscardine s'en
est mêlée, et chaque jour on sent davantage la nécessité
de renouveler ou de modifier nos races.

Un certain nombre de savants, parmi lesquels il faut
citer en première ligne MM. Guérin-Méneville et Eugène
Robert, luttent à la fois contre les causes d'abâtardisse-
ment d'une industrie jusqu'ici prospère et contre l'entête-
ment de la routine, qui aime mieux se noyer d'après ses
traditions que se sauver en employant des moyens inusités.
Une magnanerie expérimentale, où MM. Guérin-Méneville et Robert professent un cours gratuit de sériciculture

et se livrent à de sérieuses expériences, possède déjà une race particulière dite de Sainte-Tulle, et l'ensemble des travaux consignés dans des mémoires spéciaux, seront des documents très-précieux à consulter pour quiconque voudra se livrer à l'éducation des vers à soie en connaissance de cause.

Avant de songer à établir une magnanerie[1], le premier soin doit être de se rendre compte des moyens de nourrir ses pensionnaires, non pas avec des feuilles de salade, comme cela arrivait jadis dans nos pupitres, mais avec des feuilles de mûrier.

Le mûrier est un arbre qui s'accommode à peu près de tous les climats, quoique cependant les climats méridionaux conservent seuls à sa feuille les qualités qui la rendent apte à fournir aux vers à soie les éléments qui leur sont nécessaires. Autrefois on nourrissait les vers avec les feuilles du mûrier noir ; aucun auteur ancien, au dire de Malpighi, ne parle du mûrier blanc. L'influence produite par la nature des feuilles du mûrier sur les vers à soie est énorme. Il existe une grande différence entre les résultats obtenus par la nourriture composée de feuilles de mûrier sauvageon et celle composée de feuilles de mûrier greffé, de même qu'entre les effets produits par des feuilles appartenant à des arbres de la même variété crus sur les montagnes ou dans la plaine. La feuille de mûrier contient, outre son tissu fibreux et une matière colorante, une substance sucrée, que le ver s'assimile et qui forme sa nourriture, et de plus une certaine quantité de matière résineuse plus grossière que la soie dépouillée de sa ma-

---

[1] On nomme, dans le midi, les vers à soie *magnans*, d'où *magnanerie*, maison où on les élève.

tière animale, mais de même nature qu'elle. Or, plus la
feuille contiendra de matières sucrées et résineuses unies
à la moindre quantité possible de parties fibreuses, plus
elle sera appropriée aux besoins des vers à soie. Les conditions dans lesquelles ces feuilles sont données en nourriture sont aussi fort importantes : 1° lorsqu'elles sont
couvertes de miellée ou mielat, elles causent la dyssenterie ; 2° humides de rosée ou de pluie, elles causent
d'autres maladies. Il faut, dans le premier cas, les faire
laver par une eau courante, ou les agiter dans une eau
stagnante souvent renouvelée, et les faire sécher en évi-
tant l'empilage à la chaleur, qui amènerait au moins un
commencement de fermentation, autre source de maladies.
Dans le second cas, au contraire, il faut avoir soin de ne
cueillir les feuilles, le matin, qu'après que le soleil a eu
le temps de les sécher, et de les enlever de l'arbre, le soir,
avant que le serein puisse les mouiller. Le mûrier s'élève
souvent à quarante ou cinquante pieds de hauteur ; il
donne, lorsqu'il atteint à cette proportion, quatre ou cinq
quintaux de feuilles, et quelquefois plus du double. Il est
fort important de se rendre compte de la quantité de
feuilles dont on peut disposer, pour baser la proportion
de graines qu'on doit faire éclore ; et il est encore plus important de vérifier, avant le dernier âge des chenilles,
s'il reste assez de feuilles pour les nourrir jusqu'à la fin.
Pour ceci surtout l'expérience ne peut être suppléée, car
dans le temps de la *grande frèze*, qui suit leur quatrième
mue, les vers consomment deux fois au moins autant de
nourriture que pendant le reste de l'éducation. Si on craint
de se trouver à court, il faut calculer si on n'aura pas
plus d'avantages à restreindre le nombre de ses élèves en
éliminant les plus faibles, ou même à les jeter tous et à

vendre ce qui reste de feuilles ; leur prix doit décider en dernier ressort.

Voyons maintenant la marche générale d'une éducation de vers à soie. La couleur des *œufs* ou *graines*, jaune clair d'abord, est devenue jaune foncé, gris de lin, pourpre sale, puis enfin gris ardoisé. Ces changements de couleur attestent que la graine a été fécondée et le travail préparatoire de l'embryon, qui n'attend plus qu'un excès de chaleur pour sortir. La graine, pour être bonne, doit pétiller sous l'ongle qui l'écrase et répandre une liqueur visqueuse et transparente. Cette graine peut se conserver assez longtemps si on la garde par petites quantités dans un endroit sec et froid.

Pour éclore, ces œufs ont besoin de subir pendant quelque temps une chaleur de 15 à 16 degrés centigrades. Il n'y a pas longtemps qu'on les faisait encore couver dans des petits sachets de toile appelés *nouets*, que les femmes portaient durant le jour à leur ceinture, et qu'elles plaçaient durant la nuit dans leur lit : quelquefois un enfant les y couvait pendant la journée. On emploie plus fréquemment le procédé suivant : les œufs sont placés dans une étuve, dont la chaleur est élevée graduellement de 15 jusqu'à 27 degrés centigrades, et où l'on maintient une certaine humidité. Les vers éclosent après huit ou dix jours de chaleur croissante. On trouvera dans tous les ouvrages spéciaux la description d'un grand nombre d'instruments à éclosion, fours, étuves, réchauds, etc., qui remplissent plus ou moins ce but ; mais basés sur cette observation : que la chaleur doit arriver graduellement comme dans la nature, sous peine de produire des vers atteints de la maladie des *brûlés*.

Le ver à soie, à sa naissance, est long d'une ligne et un

quart, ras, ordinairement gris, mais quelquefois aussi noir ou roux. On a l'habitude de détruire ceux qui, éclos beaucoup avant ou beaucoup après les autres, seraient toujours un embarras, et ne payeraient point les frais qu'on serait obligé de faire pour eux en les élevant à part. De l'étuve où a eu lieu l'éclosion, on les transporte dans la magnanerie, atelier d'une dimension proportionnée à l'importance de l'établissement, chauffé par un nombre de cheminées en rapport avec son étendue, ventilé, et garni d'un plus ou moins grand nombre de tablettes superposées à une distance raisonnable et supportées par des montants (voir les traités spéciaux sur l'*Education des vers à soie*).

Pour transporter les vers, on étend sur eux une feuille de papier percée de trous et couverte de feuilles tendres, les jeunes chenilles passent à travers ces trous, dont les bords en raclant la peau font tomber les pellicules de l'œuf qui auraient pu se fixer après leur corps. Lorsqu'ils ont grimpé sur les feuilles, on les enlève et on les dépose sur les clayons de la magnanerie.

Maintenant, selon qu'on veut activer ou retarder l'éducation, on fait un feu plus ou moins vif, de façon à maintenir la température de 20 à 24 degrés dans le premier cas, et en moyenne à 15 dans le second. De plus, si on a une partie de ses vers un peu en retard, on peut, pour leur faire rattraper les autres, les placer aux tablettes supérieures, l'air étant toujours plus chaud en haut qu'en bas, en ayant toutefois la précaution de fournir plus abondamment à leur nourriture. Durant le premier âge, on doit leur servir les feuilles les plus tendres et les hacher; elles offrent ainsi plus de prise par leurs côtés, qu'ils attaquent de préférence. On laisse la litière pendant toute la durée de cet âge, mais on éclaircit un peu les vers avant la mue. On les transporte, sur la litière qu'on coupe par morceaux, dans d'autres clayons. Puis commence la *petite frèze*, qui dure une journée. A cette voracité succèdent le dégoût, la langueur, et enfin le ver change de peau. C'est là un long et rude travail, une périlleuse épreuve où les plus faibles laissent leur peau et leur vie. Le ver commence par fixer autour de son corps une quantité de petits fils qui l'attachent sur place, dans la même position que Gulliver garrotté par les habitants de Lilliput, à la seule différence près que sa tête reste libre. A l'arrière, il enfonce les crochets des deux appendices de l'anus, comme un navire jette ses ancres ; puis, quand il est bien sûr que sa peau ne le suivra pas, il en sort tout doucement la tête d'abord, puis une patte... puis deux... Alors le plus fort est fait ; il a un point d'appui, il soulèverait le monde... mais il aime mieux faire peau neuve, et, se cramponnant, il achève de se débarrasser de son habit devenu trop collant. Ces longs efforts l'ont épuisé, il va se reposer plus loin. L'appétit revient bientôt et on s'aperçoit que son museau qui était gris redevient noir, qu'il est tigré de poils noirs, et qu'il a grandi : il a alors 9 millimètres. Son dos porte maintenant deux arcs de cercle noirs en forme de parenthèse.

On doit, à ce moment, éclaircir les vers pour leur donner plus d'espace et châtrer la litière en enlevant le dessous.

Parmi ceux qui n'ont pu opérer leur mue, et sont morts, ou languissent en retard, on est sûr de rencontrer les *brûlés*, ceux qu'une cause ou une autre, mais surtout une trop grande chaleur durant l'incubation, a fait naître faibles et mal constitués.

Leur troisième âge arrive. C'est l'époque où ils sont sujets à une autre maladie, ils deviennent quelquefois *gras*, c'est-à-dire que les tissus s'engorgent, ce qu'on attribue, non sans quelque raison, à la nature trop riche des feuilles qu'on leur donne. Ceux des brûlés qui ont opéré leur première mue achèvent de mourir. La nourriture ayant augmenté en proportion de la taille, il faut enlever plus souvent la litière, soit à la main, soit en étendant un filet recouvert de feuilles fraîches où les vers grimpent, abandonnant les feuilles rongées et couvertes d'excréments, qui, si on ne les enlevait, finiraient par fermenter et infecter l'atelier.

Au sortir de la troisième mue, le ver à soie atteint 27 millimètres de longueur ; sa peau prend une teinte plus foncée d'abord, puis redevient blanche. On peut alors servir la feuille tout entière, il ne mange plus, il dévore. Nouveaux éclaircissements et fréquents enlèvements de la litière.

Arrive la quatrième mue, redoublement d'appétit. C'est l'époque où quelques-uns deviennent *clairs*, ce qu'on s'accorde à attribuer au manque de nourriture. Le ver a alors 57 millimètres et va quelquefois jusqu'à 90 en arrivant à maturité. Il est gros et ramassé, la tête est large, l'extrémité de l'abdomen est épatée. On éclaircit encore et on enlève plus souvent la litière, qui, en raison de l'abondance des repas, finirait par s'amonceler. On a répandu jusqu'à 14 et 15 centimètres d'épaisseur de feuilles à chaque repas pendant la *grande frèze*. Le thermomètre doit, pendant tout le temps de la grande frèze, marquer 16 ou 17 degrés. Les maladies sont terribles à cette époque ; c'est maintenant qu'on doit redouter la *muscardine*, caractérisée par l'inappétence, la langueur, le

13.

ralentissement des battements du vaisseau dorsal, symptômes bientôt suivis de la mort des vers.

« Un des résultats les plus neufs et les plus curieux, disait en 1849 M. Guérin-Méneville, est la connaissance des phénomènes qui se produisent dans la composition intime de leur sang. Dans les vers sains, les globules du sang sont presque sphériques, ils contiennent des corpuscules animés qui leur donnent une sorte de vie, et ces corpuscules servent à reproduire les globules. Dans les vers atteints de maladies autres que la muscardine, ces corpuscules intérieurs des globules en sortent, sans pouvoir former d'autres globules semblables à leurs parents, ils nagent dans le liquide séreux en tournant sur eux-mêmes et par des mouvements qui ressemblent à une véritable vie ; quand tous les globules se sont ainsi vidés de ces corpuscules animés, que nous proposons de nommer *hœmatozoïdes*, le ver ne peut plus vivre, il s'est successivement affaibli et meurt. Si le ver a reçu quelques semences de la *muscardine*, il se produit un phénomène encore plus merveilleux. Les globules de son sang laissent sortir aussi leurs *hœmatozoïdes*, mais ceux-ci ne tardent pas à s'arrêter, à prendre une forme de plus en plus allongée, et ils deviennent des racines, des thallus du *cryptogame muscardinique* qui absorbent tout le sérum du sang, et font bientôt périr le ver. »

La muscardine est donc une décomposition du sang, et on comprend dès lors qu'il n'y a qu'à sacrifier les vers atteints de cette terrible maladie.

LETTRE XIX.

SUITE DES VERS A SOIE.

Les civilisés et les sauvages. — Une course aux vers à soie. — Son but. — Les bienfaits de la civilisation. — Effets de la douceur du *far niente*. — La maladie de la vigne. des pommes de terre, des mûriers et des vers à soie. — M. Guérin-Méneville, M. de Quatrefages et la pébrine. — Le prix de 40,000 francs — Les causes du mal. — Les remèdes. — Les éducations à la J.-J. Rousseau — 400 mètres au-dessus du niveau de la mer. — Un voyage au Céleste Empire pour ressusciter la poule aux œufs d'or. — Jetons-nous dans les bras du ver à soie de l'aylanthe. — Le ver à soie de l'aylanthe à l'exposition de Londres. — Une éducation facile et un succès inouï. — Le ver à soie du ricin. — Les métis. — Bombyx barmengyï. — Le ver à soie tussah, — celui du chêne. — Bombyx hesperus — Bombyx cecropia. — Une dernière mue.

On devrait diviser en deux masses générales l'espèce des vers à soie : l'une provenant de la race introduite en Europe au sixième siècle, qu'on pourrait appeler les *vers à soie civilisés*, et l'autre qui comprendrait les *vers à soie sauvages*, tels que les bombyx, tussah, du chêne, cecropia, de l'ailanthe, du ricin et les métis de ces deux variétés, tous provenant d'importations modernes et dont l'acclimatation n'est pas encore très-complète.

Ce n'est ni dans une curiosité stérile, ni même dans l'extension rapide que l'entomologie a prise dans ces derniers temps, comme toutes les autres sciences, qu'il faut rechercher les causes de l'introduction en France de ces races nouvelles. Elle a pour but une régénération, sinon un changement radical de l'industrie séricicole.

Les vers à soie répandus dans toute l'Europe méridionale, soumis à des différences de température qui agissaient directement sur leur organisation, nourris de feuilles de mûriers dont les variétés du sol modifiaient les propriétés, soignés diversement, ont subi la conséquence de toutes ces influences. Chaque pays eut sa race, qui produisit par le croisement de nouvelles variétés. Selon certains éleveurs, les soins excessifs dont on les entourait ont amolli les civilisés et leur ont fait perdre l'énergie nécessaire pour résister aux maladies, à la gattine entre autres. Quelques variétés rustiques se rencontrent encore dans la Romagne, le Ferrarais, le Bolonais, dans les pays enfin où le *far niente* est le plus en honneur. Quoi de plus concluant ! Ajoutons vite que leurs produits sont grossiers, et qu'importées en France ces races ont paru s'accommoder parfaitement d'une éducation perfectionnée. Ceci, du reste, est une loi générale : l'excès de civilisation produit toujours l'énervement de la race, hommes ou vers à soie. On a trouvé bien d'autres causes à l'épidémie régnante, et entre autres la coïncidence de la maladie des mûriers et de celle des vers. C'est vers 1854 qu'on remarqua les taches plus ou moins rougeâtres qui marbraient les feuilles des mûriers : examen fait, un grand nombre de botanistes déclarèrent que ces taches étaient des cryptogames parasites, et on rangea le mûrier dans la catégorie des végétaux attaqués comme la vigne et les pommes de terre par une cause inconnue, mais certainement amenée par une perturbation atmosphérique. Les vers à soie devaient comme l'homme recevoir le contre-coup produit par l'avarie de leur nourriture et M. Guérin-Méneville n'hésita pas à y voir une cause déterminante de l'épidémie. Toutes les opinions ne se rallièrent pas à son drapeau, et le savant M. de Quatrefages ne voit aucun lien entre les deux maladies. Le mal, la *pébrine*, est, selon lui, bien antérieur à 1854 ; il rapporte que cette maladie était endémique, il y a vingt ans, aux alentours de Cavaillon.

Enfin, chacun chercha de son côté les causes du mal pour y trouver un remède, et personne n'a pu trouver ni l'un ni l'autre, puisque le prix de 40,000 francs, voté en 1861 par le conseil général de l'Isère, est encore à gagner. Le ver à soie n'eût-il pas mérité, par ses longs et dévoués services, d'être admis dans la catégorie des insectes utiles, que le prix proposé pour sa guérison l'y ferait entrer. Il a causé un branle-bas général de recherches sur toute la ligne des éducateurs et des entomologistes ; et bien des faits curieux ont été observés, qui, sans cela, eussent passé inaperçus.

Les causes du mal, on en soupçonne maintenant un grand nombre : 1° Le trop grand développement des mûriers et des vers à soie dans certaines contrées. 2° L'habitude de nourrir avec des feuilles de mûriers greffés, plantés dans des terrains d'alluvion trop riches, et dont la taille fréquente rend les feuilles très-grasses, très-aqueuses, et d'une digestion pénible. 3° L'inobservance des lois hygiéniques d'une absolue nécessité : les locaux restreints, mal aérés, insuffisants, etc. 4° Le défaut qu'ont un grand nombre d'éleveurs de prendre les reproducteurs de la race dans les éducations faites dans le seul but de produire de la soie au lieu de tirer leur graine d'éducations spécialement faites au point de vue de la reproduction.

M. de Quatrefages, dans une mission dont il avait été chargé, et qui avait pour but de déterminer l'influence de la maladie des mûriers sur celle des vers, essaya de guérir des vers atteints de l'épidémie en leur donnant diverses nourritures.

Les vers nourris avec des feuilles mouillées don-
    nèrent au décoconnage . . . .   0 grammes.
Mis à la diète, d'autres donnèrent   152   —
Nourris avec de la feuille ordinaire.   210   —
Nourris avec des feuilles saupoudrées de sucre. .   392   —

Selon lui, les éducations comprenant une petite quantité de graine perdent moins à l'épidémie. Les papillons atteints de la pébrine et tachés produisent une génération qui se reproduit difficilement ; le peu de graine obtenue donne des individus viciés, mais qui ont cependant la force de filer. Il est impossible de distinguer, même au microscope, la graine infectée. Il faut donc produire la graine soi-même et non l'acheter, fût-ce à un marchand en qui l'on a confiance, puisque le mal est héréditaire et qu'on ne peut distinguer la bonne de la mauvaise graine.

On a essayé de stimuler l'engourdissement des vers à soie par une éducation en plein air, et ces essais, plusieurs fois renouvelés, n'ont encore donné lieu à conclure, en général, ni pour, ni contre. — En 1854, M. Ch. Martin fit une épreuve dans le département de l'Hérault : sur un jeune mûrier qui portait environ 10 kilogrammes de feuilles, il déposa, le 14 mai, quatre-vingts vers à soie de race sicilienne, qui venaient d'accomplir leur troisième mue. Ces pauvres vers étaient maladroits ; ils ne pouvaient ramper d'une feuille à l'autre pour suffire à leur nourriture. Comme on avait eu la précaution d'envelopper l'arbuste d'une toile à larges mailles, nommée *coussinière*, les chutes qu'ils firent ne furent pas douloureuses ; mais trente-deux d'entre eux moururent d'inanition sur cette toile, d'où ils n'avaient pu remonter sur l'arbre. Les quarante-huit autres filèrent, en partie sur la toile, leurs cocons, qui furent trouvés d'un cinquième moins gros que ceux qui étaient produits dans la magnanerie, et aussi plus légers. Ces vers avaient supporté, pendant leur éducation en plein air, les variations de température comprises entre 6, 8 et 29 degrés 2 dixièmes, de forts orages, du vent, de la pluie et de la grêle. Les papillons produits par ces cocons furent vigoureux, et la graine ne laissait rien à désirer.

Une seconde éducation eut lieu un peu plus tard : on déposa sur un mûrier deux petites feuilles couvertes de vers âgés de trois jours, appartenant à la race milanaise, dite de Briance. Le vent fit tomber les feuilles, et l'on trouva une partie des vers morts sur la coussinière, pas tous pourtant, car, moins maladroits que ceux de l'éducation précédente, un certain nombre s'étaient engagés dans les branches; ils étaient agiles et savaient atteindre leur nourriture. On trouva, l'éducation finie, 110 cocons, dont 85 placés au sommet de l'arbre, tous ayant un poids égal à celui des cocons de la magnanerie, plus petits cependant, mais durs et serrés. Les papillons étaient doués d'une agilité remarquable. Cette épreuve fit émettre l'opinion que les conditions d'une semblable éducation pourraient régénérer la race.

Un autre propriétaire, dont la magnanerie se trouve à une altitude de 584 mètres, entre Serdynia et Olette (Basses-Pyrénées), avait fait éclore des graines provenant de Chine. Dès le premier âge, il enleva une certaine quantité de vers pour diminuer son éducation trop nombreuse, et les déposa sur les arbres de sa pépinière pour voir ce qu'ils allaient devenir. Ces vers prospérèrent, et lui donnèrent des résultats satisfaisants. Une remarque en passant : les cocons de la race chinoise sont petits généralement, durs et épais ; sous l'influence du climat de la France, ils ne tardent pas à grossir.

Des expériences faites en Orient sur deux quantités égales de vers, nourris les uns avec du mûrier greffé, les autres avec du mûrier sauvage recépé tous les ans, ont donné lieu aux constatations suivantes. Les vers nourris avec des mûriers sauvageons ont donné :

1° 27 pour 100 de plus en vers ayant filé ;

2° 23 pour 100 d'économie de feuilles pour la nourriture ;

3° 23 pour 100 d'assimilation de plus ;

4° 5 pour 100 de rendement en plus pour le poids des cocons ;

5° 23 pour 100 de rendement de plus en soie. (*Mémoire de M. Dufour sur la sériciculture en Orient.*)

Quoiqu'il soit bien certain que personne, jusqu'à présent, n'a gagné le prix du conseil général de l'Isère, on ne regarde pas l'épidémie faire ses ravages sans s'ingénier à les diminuer. Certains remèdes ont dû faire enfourcher le *grand dada* à leurs inventeurs. Mais, hélas ! un remède peut, dans un cas donné, réussir, et échouer, sans causes apparentes, dans un cas qui paraît semblable ; et c'est un remède général qu'il faut pour gagner le grand prix.

Les uns ont employé la poussière de charbon mélangée de fleur de soufre, tamisée sur les vers à soie malades ; d'autres, le sucre introduit dans l'alimentation. Les uns s'en sont tenus à des moyens hygiéniques ; d'autres attendent que la température du printemps devienne plus stable. Voici le régime suivi par un de ceux qui s'en tiennent aux mesures hygiéniques, et auquel il attribue des résultats relativement satisfaisants : il donne six repas par jour, le premier à cinq heures du matin, et le dernier à huit heures du soir ; les vers sont à la diète pendant la nuit. Le délitement se fait deux fois pendant chacun des quatre premiers âges, et tous les deux jours pendant le cinquième.

Certains sériciculteurs ont obtenu une amélioration dans la santé de leurs vers à soie en substituant, aux feuilles de mûriers greffés, celles de mûriers sauvages, recépés annuellement, servies avec les rameaux, ainsi que cela se pratique en Orient, où la maladie a peu pénétré.

M. Robinet propose de mouiller la feuille destinée à l'alimentation, avec une dissolution de 5 grammes de sulfhydrate de soude, dans un litre d'eau, ou seulemeut avec de l'eau contenant $1/80^e$ de sel ordinaire.

Un ecclésiastique piémontais vante l'effet obtenu par le mélange de la poudre de pyrèthre avec les feuilles de mûrier. Enfin, on a même essayé de l'électricité dans ces derniers temps, mais sans avoir obtenu de résultats bien satisfaisants.

On a remarqué qu'à une certaine altitude, la pébrine était sinon inconnue, du moins beaucoup plus rare que dans les plaines, et qu'elle ne se présentait jamais d'une façon épidémique dans les éducations faites avec la graine de provenance indigène absolue. Cette limite de santé paraît fixée à 400 mètres. Il va sans dire que le mûrier est, dans cette région, à l'abri de ses cryptogames parasites. M. Guérin-Méneville, pour fournir au commerce des graines saines au lieu des graines de toutes provenances, mélangées, falsifiées, qui augmentaient encore le mal, fit, il y a quelques années, un voyage ayant pour but de réunir une grande quantité de ces graines *des montagnes,* et rendit par là un immense service aux producteurs.

Enfin, pour conclure, et sans prétention au prix, le meilleur de tous les remèdes, c'est de ramener petit à petit le ver à soie vers le but pour lequel la nature l'a créé. Le ver à soie a été destiné à vivre en plein air, à filer sa coque en liberté, et non à être étouffé, brûlé, tourmenté dans une magnanerie, et à filer son cocon sur un bout de balai. Vous avez voulu hâter son développement contre toutes les lois naturelles. Vous avez fait du ver à soie un insecte de serre chaude ; vous avez voulu lui faire un climat plus chaud que le sien, vous l'avez *cuit*. Le moyen serait de tout recommencer, d'aller en Chine, d'y étudier les variations atmosphériques, la constitution du terrain ; puis, revenu en France, d'y planter, dans un terrain semblable à celui de la Chine, sous un ciel pareil au ciel de la Chine, du mûrier de Chine, et de ne négliger aucun des procédés chinois. Si j'avais le bonheur d'être Chinois, je voudrais guérir tous les vers à soie français, et gagner le prix de 40,000 francs du conseil général de l'Isère, en les emmenant tous passer un an ou deux en Chine. Si vous ne voulez pas vous faire chinois, ô sériciculteurs ! alors jetez-vous dans les bras du ver à soie de l'aylanthe.

D'abord qu'est-ce que c'est que l'aylanthe ? Un professeur de botanique répondra de suite : L'aylanthe, c'est un genre formé par Desfontaine dans la polygamie, décandrie, famille des thérébenthacés..., puis il vous analysera l'arbre depuis la dernière radicelle jusqu'au fin bout de la dernière feuille. En abrégeant, on peut résumer ainsi ce qu'il vous aurait dit, à peu de chose près :

L'aylanthe est un grand et bel arbre, d'un port magnifique, qui se reproduit par rejetons avec une facilité prodigieuse ; arrachez un aylanthe et oubliez quelques racines

en terre, vous aurez toute une pépinière, et bientôt une
forêt d'aylanthes. Il dra-
geonne beaucoup, et ses
racines peu profondes s'accommodent mieux d'un
terrain calcaire que d'un
sol sablonneux. On a re-
marqué que son écorce po-
reuse souffre de l'action
continue du soleil. Enfin
l'aylanthe nourrit la larve
d'un bombyx nommé le
bombyx cynthia. Or, le bombyx cynthia, vulgairement
ver à soie de l'aylanthe, se
rencontre aussi sur le fa-
gara, espèce de poirier de
la Chine, et sur beaucoup
d'autres végétaux. C'est un
avantage de posséder un
ver à soie polyphage. Si
quelque jour l'aylanthe suc-
combe à une maladie ana-
logue à celle du mûrier,
nous aurons la ressource de
trouver à ce ver un autre
aliment, tandis que cette
bégueule de chenille *mo-*
ri..... Mais c'est là le moindre des mérites du ver à
soie de l'aylanthe; il pro-

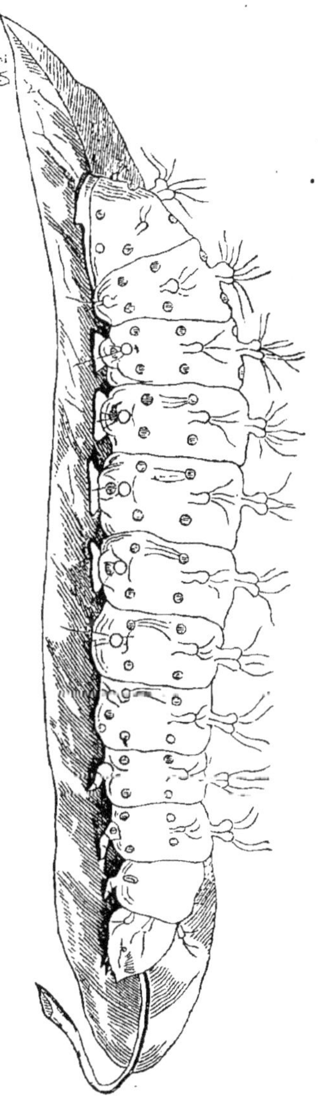

Fig. 19. Ver à soie de l'aylanthe.

duit, en Chine, une soie dont on fait des tissus *inusables*

nommés siao-kien. C'est la soie des classes inférieures
de la société, mais c'est de la soie ; et qui dit que, nous
qui civilisons si complétement, — trop complétement, —
les vers à soie, nous n'en viendrons pas à lui faire filer
une soie superfine ! Déjà Mme la comtesse Vernède de
Corneillan avait envoyé à Londres des produits fort satisfaisants.

Pendant qu'on discutait, les vrais praticiens, ceux qui

Fig. 20. Papillon du ver à soie de l'aylanthe.

ne discutent jamais, ou du moins sans être sûrs d'avoir
raison, élevaient les vers à soie, observaient, étudiaient
leurs allures, puis, forts de leurs preuves, les faisaient
naturaliser. Le dévidage, qui avait paru impossible tant
qu'on avait cru les fils coupés à l'ouverture, est rentré,
quand on a reconnu qu'ils étaient simplement repliés,

dans la catégorie des difficultés ordinaires, et aujourd'hui le docteur Forgemol et Mme de Corneillan ont trouvé moyen d'obtenir des soies gréges d'une longueur de 800 mètres. Le moulinage, ou torsion de plusieurs brins ensemble, n'est plus qu'une question de mécanique qui sera bientôt — qui est peut-être déjà résolue.

Il est reconnu maintenant qu'il suffit de garnir, au printemps, les feuilles d'aylanthe de jeunes vers éclos au mois de mai, de les laisser là en plein air, manger et se développer, sans prendre d'autres précautions que de

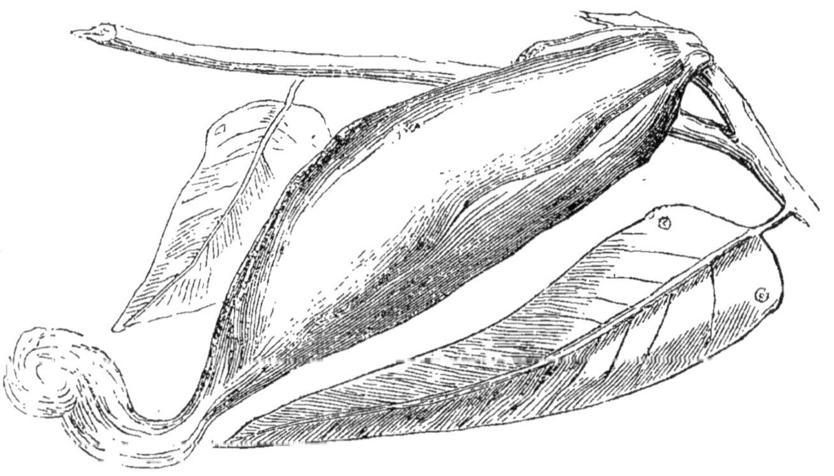

Fig. 21. Cocon du ver à soie de l'aylanthe.

placer en vedette quelqu'un autour d'eux, pour en éloigner les oiseaux insectivores, fonctions ordinairement remplies en Chine par un invalide incapable de tout autre travail ; encore M. le comte de Lamotte-Baracé, qui le premier a donné l'exemple d'un *aylantherie* (pardon du mot) sur une grande échelle, supprime-t-il ce gardien. Il trouve sa récolte assez opulente, même quand les oiseaux on fait la leur, pour ne trouver nul inconvénient à les laisser libres, du moins dans son canton[1]. Les magnifiques résultats obtenus par l'intelligent agriculteur, ont donné l'éveil en haut lieu, S. M. l'Empereur a donné l'ordre de les répéter en plus grandes dimensions à son domaine de la Motte-Beuvron. Une école d'aylanthiculture a été créée à Vincennes dans de détestables terrains, et y a pleinement réussi. L'aylanthe tend donc à remplacer l'ombrage classique du hêtre, et une société, *l'Aylanthine*, s'est formée pour l'exploitation des soies du bombyx cynthia. Quelle fortune ! Il n'y a que trois êtres, à notre époque, qui puissent arriver aussi vite à un tel résultat : un boursier, un auteur dramatique... ou un ver à soie.

Il n'est pas permis à tout le monde d'arriver à Corinthe, et le ver à soie du ricin est resté en route. Pourtant il n'est pas difficile à nourrir ; à défaut de feuilles du ricin, il se contente de celles du chardon à foulon ; mais sa soie est de beaucoup inférieure à celle du précédent. Il est originaire du Bengale, où il vit à l'état sauvage. Sa première étape en Europe fut Malte, d'où il passa en Italie. Son grand avantage est de fournir un grand nombre d'éducations par an : on dit douze dans son pays, ce qui me paraît difficile à croire, attendu qu'il lui faut, dans une température assez élevée, quarante-cinq jours en été et soixante en hiver, pour accomplir ses quatre mues. En France, grâce aux soins de MM. Guérin-Méneville et Vallée, il a paru prospérer. Mais c'est surtout en Algérie que son éducation a acquis de grandes proportions. Il est main-

---

[1] Les moineaux en sont assez friands, et les fourmis les attaquent quand ils tombent à terre, ce qui est rare.

tenant répandu partout; on le trouve aux Canaries et au Brésil, grâce à notre Société d'acclimatation. On a fini par dévider son cocon comme celui du ver à soie de l'aylanthe, quoi qu'en aient dit les mauvaises langues.

M. Guérin-Méneville a obtenu des métis de ces deux races, qui offrent cette particularité fort remarquable que, le mâle étant pris dans les vers à soie du ricin, les produits ressemblent beaucoup plus à la femelle de l'aylanthe, et que lorsqu'on intervertit les rôles, le contraire a lieu. Les accouplements entre métis donnent des produits fort variables, se rapprochant tantôt d'un genre, tantôt de l'autre, et parfois réunissant les caractères des deux genres.

Le bombyx barmengyi est encore un des vers à soie de l'Inde que nous aurons avantage à acclimater. Son pays est le Népaul et les montagnes du Cachemyr. C'est comme une variété du bombyx cynthia; il se nourrit des feuilles d'un arbrisseau, le coriaria nepalensis.

Si nous pouvions acclimater chez nous le zyzygium jambolanum et le zyzyphus jujuba, nous pourrions posséder aussi le bombyx militta, qui se nourrit de leurs feuilles, et qu'on élève dans tout le Bengale; il donne la belle soie *tussah*. M. Guérin-Méneville a essayé de le nourrir avec plusieurs espèces de feuilles de chêne, mais les rares cocons n'ont donné que de mauvais reproducteurs. C'est vraiment dommage, car le cocon est magnifique et se dévide parfaitement en soie grége, qui sert en partie à la fabrication des foulards Corahs dont l'Angleterre consomme une grande quantité. Le refus seul d'accouplement nous empêche de posséder cette belle race, qui, au dire de tous les connaisseurs, produirait de magnifiques résultats en France.

N'oublions pas le ver à soie du chêne ou bombyx *pernyi* envoyé il y a une douzaine d'années à Lyon par le P. Perny, évêque de Canton. C'est une espèce sauvage de la Mandchourie, qui vit dans les bois, où on n'a que la peine d'aller chercher ses énormes cocons. Celui-là, il est à nous, notre chêne lui fournit une nourriture qui paraît lui convenir et nous pouvons lui en offrir aussi quelques espèces chinoises, qui au besoin le décideront à rester chez nous [1].

Le bombyx hesperus, qui se trouve à Cayenne, n'est pas difficile non plus à nourrir, il mange à peu près de tout, depuis le ricin jusqu'à l'oranger.

Le bombyx cecropia vit dans l'Amérique du Nord, sur les ormes et autres arbres, il serait facile de l'amener à en faire autant chez nous, mais son cocon, quoique gros, ne tentera jamais beaucoup d'éleveurs ; le tissu en est lâche à larges mailles comme celui du grand-paon, et, de plus, comme le ver à soie tussah, il refuse de reproduire chez nous. Laissons-le donc chez lui. Voici environ treize siècles que l'Europe possédait une seule et unique espèce de ver à soie et qu'elle était plus fière à elle seule que le reste du monde ; depuis quelques années, elle en a tant qu'elle ne saura bientôt plus qu'en faire. Espérons que l'abondance de cette matière première si riche et si belle influera sur nos costumes et que, sans tomber dans les exagérations de ceux qui veulent métamorphoser le *tuyau de poêle* en chapeau rose clair, nous reviendrons à une mode un peu moins triste, quelque chose comme un juste milieu entre le costume trop caractérisé du moyen âge et la robe de chambre des Chinois.

[1] Au mois d'avril 1863, M. Guérin annonçait que des tentatives d'acclimation étaient faites sur l'Yama-Maï. Cette variété de ver à soie du chêne est une des plus précieuses.

RÉCAPITULATION.

(Les insectes y sont désignés sous leur nom le plus connu.)

I. INSECTES NUISIBLES.

1. *Insectes qui nuisent aux bois.*

2. *Insectes qui attaquent les arbres fruitiers et les fruits.*

Attelabe	de l'alliaire.	143	Hépiale	du houblon.	67
Bibions	de Saint-Marc.	96	Papillon	podalyre.	130
—	précoce.	96	Piéride	cratægc.	67
Cochenilles	de l'olivier.	99	Phalènes	hiémale.	103
—	du pêcher.	100	—	castrale.	103
—	des serres.	102	—	géomètre.	103
—	de l'oranger.	102	Phymate	du poirier.	141
Dacus	de l'olivier.	93	Pucerons	lanigère.	148
Forficules	grand.	113	—	du noyer.	149
—	petit.	114	—	du pêcher.	147

3. *Insectes qui nuisent à la vigne.*

Cochyllis	de la grappe.	81	Rhynchites	Bacchus.	79
Eumolpe	de la vigne.	81	—	du peuplier.	80
Lethrus	céphalote.	97	—	du bouleau.	80
Noctuelle	fiancée.	117	Sphinx	Elpénor.	119
Procris	mange-vigne.	84	—	petit pourceau.	119
Pyrale	de la vigne.	74	Tordeuse	hépatique.	83

4. *Insectes qui nuisent aux prairies.*

Cercopes	écumeuse.	120	Grillon	des champs.	151
—	sanguinolente.	120	Psyché	stomoxelle.	68
Cistèle	soufrée.	109	Sauterelles	verte.	126
Colaspis	âtre.	91	—	ou ronge-verruc.	126
Criquets	stridule.	128	—	ou porte-sabre.	126
—	bleuâtre.	128	—	porte-selle.	126
—	à bandes.	128	Zygénie	de la filipendule.	107

5. *Insectes qui s'attaquent aux racines.*

Atomaria	linéaire.	57	Oryctès	nasicorne.	60
Cléonie.		70	Pentatômes	des crucifères.	64
Courtillière.		91	—	gris.	64
Larves	de hanneton.	47	Trichie	ermite.	68
Noctuelles	épaisse.	115	Throx	horrible.	96
—	obélisque.	116	Les fourmis.		85
—	aigle.	116			

6. *Insectes qui détruisent les céréales.*

Alucites	des grains.	41	Apion	du froment.	142
—	des céréales.	43	Calamobie	de Méneville.	89

7. *Insectes qui détruisent les légumes.*

8. *Insectes qui nuisent aux fleurs.*

9. *Les parasites des bestiaux.*

10. *Insectes qui s'attaquent aux provisions de la maison.*

II. INSECTES AUXILIAIRES.

III. INSECTES UTILES.

CLASSIFICATION.

Animaux articulés, — pourvus de membres articulés, — de sang blanc et de poumons ou trachées pour respirer dans l'air. — La tête distincte du thorax. — En général des ailes et trois paires de pattes. — Insectes.

Insectes ayant 3 paires de pattes.

Subissant des métamorphoses. Bouche conformée pour la mastication. Ailes au nombre de 4 dont les deux antérieures,

en forme d'élytres, pliées en travers.................... Coléoptères.

celles de la seconde paire pliées dans les deux sens ou seulement en long.................... Orthoptères.

membraneuses, réticulées comme les postérieures........ Névroptères.

Subissant des métamorphoses. Bouche conformée pour la succion. Ailes,

au nombre de 4. Toutes membraneuses, transparentes et divisées en grandes cellules, bouche armée de mandibules distinctes.................... Hyménoptères.

Toutes couvertes d'une sorte de poussière colorée; bouche armée seulement d'une trompe roulée en spirale.................... Lépidoptères.

au nombre de 2. Les antérieures ordinairement en forme de demi élytres; bouche armée d'un bec conique droit ou coudé.................... Hémiptères.

Plissées en éventail.................... Rhipiptères.

Point plissées.................... Diptères.

Nulles.................... Suceurs.

Ne subissant pas de métamorphoses, point d'ailes, abdomen.

Dépourvu d'appendices.................... Parasites.

Garni d'appendices propres au saut, ou de fausses pattes.................... Thysanoures.

Insectes ayant 24 paires de pattes ou davantage.................... Myriapodes.

COLÉOPTÈRES.

1° 3 articles à tous les tarses. . . . PENTAMÉRÉS.　　　3° 4 articles à tous les tarses. . . . . TÉTRAMÉRÉS.
2° 5 articles aux 4 pattes antérieures　　　　　　　　　4° 3 articles à tous les tarses. . . . . TRIMÉRÉS.
　et 4 seulement aux postérieures. . HÉTÉROMÉRÉS.

COLÉOPTÈRES PENTAMÉRÉS.

FAMILLES.	SECTIONS.	TRIBUS.	GROUPES.	GENRES ET INDIVIDUS.	Pages
Carnassiers. Bouche garnie de 6 palpes, — 2 labiaux, — 4 maxillaires. — Mâchoire terminée par une griffe ou onglet. — Antennes filiformes. — Ailes parfois nulles.	*Carnassiers terrestres.* Pieds propres à la course. Corps allongé, yeux saillants.	*Cicindélètes.* Tête forte, yeux très-gros, corps métallique, brillant, forme oblongue. . . . . *Carabiques.* Tête plus étroite que le corselet. — Doués d'une grande agilité.	. . . .	Cicindela campestris. . . . . — 　hybrida. . . . . Carabus auratus.	170 171 169
			Grandipalpes. Absence d'échancrure au côté interne des jambes antérieures.	Calosoma sycophanta. . . .	171
Brachélytres. 4 palpes seulement. — Corps étroit et allongé. — Étuis très-courts. — Antennes filiformes, granulaires, mandibules fortes, tête grosse.		*Staphylinides.* Tête nue, séparée du corselet par un étranglement visible. — Labre échancré.	. . . .	Staphylinus olens. . . . . Velleius dilatatus.	172 172

Serricornes.	Sternoxes. / Malacodermes.	Buprestides. / Elatérides. / Lampyrides. / Mélyrides.		
Serricornes. 1 palpe à chaque mâchoire. — Elytres recouvrant l'abdomen. — Antennes en fils, en scies, en peigne ou en éventail.	*Sternoxes.* Corps ferme, ovalaire. — Tête engagée verticalement dans le corselet jusqu'aux yeux. Presternum s'avançant sous la bouche en forme de mentonnière. — La pointe postérieure reçue dans un enfoncement du second anneau thoracique.	*Buprestides.* Revêtus de couleurs métalliques. — Pointe postérieure du presternum peu developpée. — Vol agile, marche lente.	Bupreste du saule	56
		Elatérides. Pointe postérieure du presternum terminée en stylet et logée dans une cavité. Elle s'en dégage avec force, faisant ressort. — L'insecte s'en sert pour sauter quand il est sur le dos.	Elater murinus — ferrugineus — maïtis — striatus	58 59 59 60
	Malacodermes. Presternum sans dilatation anomale. — Corps mou.	*Lampyrides.* Antennes très-rapprochées à leur base. — Tête presque recouverte par le corselet et occupée par les yeux. — Femelles souvent aptères et répandant une lueur phosphorescente, palpes terminés en pointe.	Lampyris noctiluca	173
		Palpes terminés en fer de hache.	Telephorus lividus	176
		Mélyrides. Palpes ordinairement filiformes et courts, mandibules échancrées à la pointe, corps étroit et allongé. — Présentant de chaque côté de la base de l'abdomen une vésicule rétractile.	Malachius Æneus	177

FAMILLES.	SECTIONS.	TRIBUS.	GROUPES.	GENRES ET INDIVIDUS.	Pages
Serricornes.		*Clairones.* Mandibules dentées, palpes terminés en massue, corps cylindrique, yeux échancrés, pénultième article des tarses bilobés...	....	Clerus apiarius.......... — alvearius..........	155 155
Clavicornes. Ne différant guère des précédents que par les antennes renflées en massue à l'extrémité.		*Histeroïdes.* Pattes antérieures plus rapprochées à leur base que les postérieures. — Côté externe des jambes garni d'épines, antennes coudées — Tête enfoncée dans le corselet. — Corps presque carré, bombé et d'un noir brillant ou cuivreux....	?	Escarbots..............	
		Nitidulaires. Corps bombé en forme de bouclier, rebordé, mandibules bidentées ou échancrées au bout. — 4 seulement des 5 articles des tarses visibles en dessus. Pattes incontractiles, presternum sans dilatations anomales............	....	Nitidula tomentosa...... — quadriguttata... — viridis.......... Atomaria linealis........	57 57 57 57
		Dermestins. Pattes contractiles à l'exception du tarse, tête enfoncée dans le corselet			

jusqu'aux yeux............	....	Dermestes lardarius......	35
Antennes terminées en éventail, courtes, ainsi que les mandibules, corps ovale et épais............	....	— murinus......	35
		Anthrena musæorum.....	165
Hydrophiliens.		— destructor.....	165
Antennes de 9 articles, terminées par une massue ovalaire, palpes maxillaires plus longs que les antennes, tarses ciliés, terminés par 2 crochets. Sternum prolongé en carène et relevé postérieurement en pointe..........	....	— fasciatus	166
		Hydrophilus piceus......	109
		— caraboï les..	109
Scarabeides.	*Arenicoles.*		
Antennes en massue feuilletée ou globuleuse, ou composée d'articles emboîtés.	Mandibules cornées, élytres séparées à leur base par un écusson...	Geotrupe stercoraire....	
		Lethrus cephalote........	97
		Throx horridus..........	96
	Xylophiles.		
	Elytres plus courtes que l'abdomen, mâchoires et mandibules cornées, antennes de 10 articles, dont les 3 derniers forment une massue feuilletée............	Oryctes nasciornis......	60

Palpicornes.
Antennes en massue, ordinairement perfoliées, composées de 9 articles au plus, très-courtes et insérées sur le côté de la tête ovoïde ou hémisphérique. Dans les espèces aquatiques, les pieds propres à la natation n'ont que 4 articles bien distincts aux tarses.

Lamellicornes.
Antennes insérées dans une fossette profonde de 9 à 10 articles, courtes, terminées par une massue composée des trois derniers articles, lamellée, soit en éventail, soit en feuillets de livre, ou en peigne, ou emboîtés les uns dans les autres.

FAMILLES.	SECTIONS.	TRIBUS.	GROUPES.	GENRES ET INDIVIDUS.	Pages
Lamellicornes	....	Scarabeides.	*Phyllophages.* Mandibules ca-chées en dessus par le chaperon, en dessous par les mâchoires, anten-nes de 8 à 10 ar-ticles............	Melolontha vulgaris.....	47
				— fullo........	49
				— œstiva......	50
				— solstitialis...	50
			Melitophiles. Labre et mandi-bules cachés, ces dernières aplaties et membraneuses, corps déprimé, ovalaire, anus à découvert........	Cetonia aurata	87
				— hirta...........	87
				Trichia eremita........	68
		Lucanides. Antennes terminées en peigne. Mendibules gran-des et cornées..........	....	Lucanus cervus........	69
				— parallelipipedus.	69

COLÉOPTÈRES HÉTÉROMÈRES.

Mélasomes. Insectes revêtus de couleurs sombres. — Elytres fermes, souvent soudées. — Ailes quelquefois nulles. — Crochets des tarses simples. — Pas de rétrécissement en forme de cou. — Mandibules bifides. — Antennes grenues presque filiformes — Mâchoires dentées.	*Blapsides.* Dernier article des palpes maxillaires triangulaire. Pas d'ailes, marche lente....................	Blaps mortisaga.........	36
	Ténébrionites. Ailes, corps étroit, allongé, corselet presque carré	Tenebrio molitor........	36
Sténélytres. Mâchoires sans onglets, antennes ni grenues ni perfoliées. — Formes étroites et allongées. — Ces insectes sont fort agiles.	*Cistélites.* Insertion des antennes non recouvertes par les bords de la tête. — Tarses dentelés inférieurement en manière de peigne....	Cistela sulphurea........ — lepturoïdes	109 110
Trachélides. Tête en forme de triangle ou de cœur portée sur une espèce de cou. — Corps généralement mou, élytres flexibles, courtes, mâchoires jamais onguiculées.	*Cantharidies.* Crochets des tarses profondément divisés et paraissant doubles.........	Cantharis vesicatoria..... — cicchorei......	88 88

COLÉOPTÈRES TÉTRAMÈRES.

Rynchophores. Partie inférieure de la tête prolongée en museau ou trompe, abdomen gros,	*Bruches.* Tête courte, large, déprimée, ayant l'apparence d'un museau. — Labre ap-

FAMILLES.	SECTIONS.	TRIBUS.	GROUPES.	GENRES ET INDIVIDUS.	Pages
antennes en massue, coudées. — Pénultième article des tarses bilobé.		parent, antennes droites.	....	Bruchus pisi............	37
				— seminarius......	38
				Anthribus rhinomacer...	143
				— latirostre.....	
		Attelabes. Pas de labre apparent.— Tête terminée en bec où s'insèrent les antennes droites et composés de 9 à 12 articles, dont les trois derniers en massue......	....	Rynchites populi........	80
				— betuleti........	80
				— bacchus......	79
				Apio frumentarius.......	142
				— viciæ craccæ.......	142
				Grypidius brassicæ......	
				Cleonus............	70
				Rynchœnus alni.......	89
				Rhinobatus cinaræ......	89
		Charançons. Antennes coudées composées de 11 ou 12 articles	....	Curculio pini...........	70
				— abietis.........	70
		Calandres. Antennes coudées, insérées à la base de la trompe, composées de 9 articles. — Souvent les ailes manquent...	....	Calandra granaria........	39
		Penultième article des tarses bilobé...	....	Scolytes destructor	52
Xylophages. Tête conformée de la					

façon ordinaire, antennes de 11 articles au plus, courtes, grosses vers leur extrémité, perfoliées dès leur base	— typographus..... 53 — ligniperda....... 54 — oleæ........... 54 — oeliperda....... 54 Bostrichus capucinus.... 51 — terebrans .... 51 — pinastri..... 51 — micrographus 51 — lineatus...... 51 — curvidens .... 51 — lancis....... 51 Hylesina piniperda....... 54 Trogosita mauritanica.... 44 — cærulea....... 45 Lycte.............	
Platysomes. Antennes souvent amincies à l'extrémité.—Articles des tarses entiers. — Mandibules saillantes. — Corps déprimé et allongé......	Cucujus flavipes........ 163 — piceus .... 163 — unifasciatus..... 163	
Longicornes. Les 3 premiers articles des tarses garnis de brosses en dessous, et les 2e, 3e, 4e cordiformes ou bilobés.— Antennes souvent filiformes, généralement plus longues que le corps, parfois pectinées ou en éventail chez les mâles.	*Prioniens.* Labre peu ou point distinct. — Mandibules fortes et très-développées.—Les yeux n'entourant pas la base des antennes........	Prionus faber........... 153 — corriarius....... 152
	Spondyles. Antennes courtes grenues, corselet presque orbiculaire...............	Spondylus buprestoïdes.. 159

FAMILLES.	SECTIONS.	TRIBUS.	GROUPES.	GENRES ET INDIVIDUS.	Pages
		Cerambyciens. Labre très-apparent, mandibules de grandeur ordinaire, yeux entourant au moins en partie la base des antennes..........	....	Cerambyx héros.........	160
				— cerdo..........	160
				— moschatus.......	160
		Lamiaires. Tête verticale, palpes filiformes, terminés par un article ovoïde.— Quelques espèces sont privées d'ailes.— Corselet sans épines ni tubercules...........	....	Lamia textor............	161
				— fuliginator..........	161
		Corselet épineux ou tuberculeux sur les côtés...	....	Saperda populnea........	161
				— cylindrica..........	161
				— linealis...........	161
				Calamobia Menevillii.....	89
Eupodes. Corps plus ou moins oblong, tête et corselet plus étroits que l'abdomen, qui est gros. — Tous les articles des tarses, excepté le dernier, garnis de pelotes en dessous.—Cuisses souvent très-renflées. — Antennes filiformes ou en massue. — Souvent des ailes.		*Criocères.* Corps sans épines, yeux échancrés, antennes grenues....................	....	Lema merdigera.........	56
				— asparagi..........	137

Cycliques.
Tarses et antennes à peu près conformés de même que chez les précédents. —Corps presque toujours arrondi, couleurs ordinairement très-brillantes, taille petite, allure lente.

Chrysomelines. Antennes insérées au-devant des yeux et écartées. — Pieds courts contractiles, à tarses aplaties. — Elytres débordant le corps tout autour.......	Chrysomela cerealis......	90
	— polygoni.....	90
	— populi.......	
	— betulæ.......	
Cassidaires. Antennes insérées à la partie supérieure de la tête, rapprochées, courtes et presque filiformes. — Tête cachée sous le corselet..........	Colaspis atra...........	91
	Cryptocephalus vitis.....	81
	— pini......	
	— nitens....	
Galeruques. Antennes longues comme la moitié du corps. — Cuisses souvent renflées pour le saut...........	Altica oleracea..........	111
	— brassicæ..........	112
	— fuscipes.........	112
	— helxines.........	112
	— fulvipes..........	113

COLÉOPTÈRES TRIMÉRÉS.

Aphidiphages. Corps hémisphérique, antennes très-courtes. — Pieds contractiles ; font suinter une humeur d'une odeur désagréable.......	Coccinella 2 punctata....	175
	— 7 punctata.....	175
	— 14 punctata....	175
	— 20 punctata....	175
	— 4 verrucata...	175

ORTHOPTÈRES.

Ces insectes ne font dans nos climats qu'une seule ponte par an. Aucune espèce, même à l'état de larve, n'est aquatique.

FAMILLES.	SECTIONS.	TRIBUS.	GROUPES.	GENRES ET INDIVIDUS.	Pages
Coureurs. Pieds postérieurs propres à la course comme les antérieurs, élytres et ailes presque toujours couchées horizontalement sur le corps. — Les femelles n'ont ni tarières ni aiguillons.		*Forficules.* Corps linéaire, tête dépourvue d'yeux lisses. — Elytres courtes, à suture droite.—Ailes de longueur variable pliées en long ou en large.—Tarses de 3 articles seulement. — Abdomen très-long terminé par 2 appendices en forme de tenailles	....	Forficula auricularia..... — minor........	113 114
		Blattes. Corps orbiculaire, tête cachée sous le corselet, ailes pliées seulement dans leur longueur, tarses de 5 articles à tous les pieds.	....	Blatta orientalis.........	37
Sauteurs. Pattes postérieures, organisées pour le saut, très-longues, avec une cuisse très-forte. — Femelles souvent munies de tarières.—Les mâles produisent un bruit strident par le frottement de plusieurs pièces de leur armure.		*Courtillières.* Elytres et ailes horizontales, tarses de 3 articles ; femelles munies de longues tarières en forme de stylet ou de sabre.— Pieds postérieurs aplatis et très-larges, propres à fouir...	....	Grillotalpa	9t

Grillons. Pas de pieds propres à fouir............	....	Gryllus campestris	151
		— domesticus.......	151
Sauterelles. Ailes et élytres en forme de toit, 4 articles aux tarses............	....	Locusta viridissima......	126
		— verruccivora....	126
		— ephippiger......	126
Criquets. Tarses composés seulement de 3 articles.....	....	Acridium stridulus	128
		— cæruleus......	128
		— nigrofasciatus.	128

NÉVROPTÈRES.

Subulicornes. Antennes en alène de la longueur de la tête, mandibules et mâchoires recouvertes par le labre. —Yeux gros, ailes écartées.	*Libelluliens.* Formes légères, couleurs brillantes.........	.... Libellules...........	123
Planipennes. Antennes beaucoup plus longues que la tête, composées d'un grand nombre d'articles et n'affectant la forme ni d'alène ni de stylet. — Mandibules distinctes, ailes inférieures presque aussi grandes que les supérieures.	*Fourmilions.* Cinq articles aux tarses, tête non terminée en trompe. bouche garnie de six palpes, antennes renflées en massue ou terminées par un bouton...	.... Formicaleo............	178
	Hémérobins. Pieds et tête conformés comme les précédents. — Antennes filiformes, bouche garnie seulement de 4 palpes. — Vol lourd, odeur excrémentielle fort persistante...........	.... Hemerobius perla......	179

HYMÉNOPTÈRES.

Les genres dans lesquels la femelle est armée d'une tarière composée de trois pièces, dont deux servent de fourreau à la troisième, forment la grande section des hyménoptères TÉRÉBRANS.

On range dans la section des hyménoptères PORTE-AIGUILLON ceux qui sont armés d'un aiguillon rétractile. Chez un grand nombre des femelles de cette section, un organe placé près de l'anus secrète une liqueur vénéneuse, qui se répand dans la blessure faite par l'aiguillon.

HYMÉNOPTÈRES TÉRÉBRANS.

FAMILLES.	SECTIONS.	TRIBUS.	GROUPES.	GENRES ET INDIVIDUS.	Pages
Porte-Scie. Abdomen sessile, de la largeur du thorax. — La tarière de la femelle en forme de scie. — Larves toujours munies de pieds.		*Tenthrédines.* Tarière composée de deux lames dentelées et logées dans une coulisse sous l'anus, mandibules allongées fortes et dentées, mâchoires presque membraneuses à l'extrémité, palpes labiaux courts, composés de 4 articles, abdomen cylindrique, arrondi postérieurement... languette droite et divisée en trois parties.........	....	Tenthredo pini............	138
				— betulæ...........	139
				Hylotoma rosæ..........	139
				— ustulata.,.......	139

Pupivores.
Abdomen rétréci ou même pédiculé, très-mobile, larves apodes.

Urocères.
Mandibules courtes, tarière composée de trois filets, très-saillante ou capillaire et roulée dans l'intérieur du corps, languette entière.............. Urocerus gigas.......... 164

Ichneumonides.
Ailes veinées, antennes composées d'au moins 16 articles, abdomen ne prenant naissance qu'à la hauteur des pattes postérieures. — Larves apodes. .... Ichneumon castigator.... 182
— ambulatorius, 183
Pimpla instigator........ 183

Gallicoles.
Ailes supérieures peu veinées, inférieures n'offrant qu'une seule nervure. — Antennes de grosseur uniforme dans toute leur longueur. — Tarière filiforme roulée dans l'intérieur de l'abdomen, à extrémité dentelée....... Cynips rosæ........... 66

Chalcides.
Antennes en massue ou coudées. — Conformés pour le saut. — Tarière semblable à celle des ichneumons, taille ordinairement très-exiguë...... Chalcida minuta........ 184
Diplolepis cuprea........ 184
Pteromalus communis.... 185
— cupreus...... 185
Eulophus pyralium....... 185
Cephus pygmæus........ 153

FAMILLES.	SECTIONS.	TRIBUS.	GROUPES.	GENRES ET INDIVIDUS.	Pages
		Oxyures. Ailes inférieures sans nervures. — Tarière tubulaire....		Bethylus formicarius.....	186
		Chrysides. Ailes inférieures sans nervures, tarière tubulaire, s'allongeant ou se raccourcissant à volonté comme une lunette d'approche et accompagnée d'un petit aiguillon......		Chrysis ignisa...........	65

HYMÉNOPTÈRES PORTE-AIGUILLON.

FAMILLES.	SECTIONS.	TRIBUS.	GROUPES.	GENRES ET INDIVIDUS.	Pages
Hétérogines. Antennes coudées, langue petite, souvent arrondie et même creusée en forme de cuiller. — Les ailes manquent chez les femelles et les ouvrières.		*Fourmis....*		Formica rufa........... — nigra........... — sanguinea.........	85 85 85
Fouisseurs. Tous les individus ailés. — Pieds postérieurs impropres à la récolte du pollen. — Ailes toujours étendues. — Larves carnassières.		*Sphegides.* Prothorax prolongé jusqu'à la naissance des ailes supérieures, formant une espèce de cou, base de l'abdomen retrécie en un long pédicule		Ammophylus sabulosus.. — arenarius....	186 186

Diploptères. Ailes supérieures presque toujours doublées longitudinalement ; antennes coudées, en massue, corps glabre, noir, plus ou moins tacheté de jaune.	***Guépiaires.*** Antennes de 12 articles distincts chez la femelle et de 13 chez le mâle. — Mandibules courtes, chaperon presque carré.....	....	Vespa vulgaris.........	129
			— crabro...........	129
	Mandibules plus longues que larges, chaperon en cœur, vivant solitaires...	....	Eumenes zonalis.......	187
Mellifères. Premier article du tarse des pattes postérieures très-grand, en forme de palette carrée, lèvres et mâchoires formant une sorte de trompe.	***Apiaires sociales.*** Face interne de la jambe postérieure creusée en cuiller, tarse garni de poils en brosse.........	....	Apis mellifica.........	191
			— ligustica..........	191
			— fusciata...........	191

LÉPIDOPTÈRES.

Diurnes. Ailes élevées perpendiculairement dans le repos. Couleurs brillantes. Antennes de formes variables, mais jamais pectinées ni affectant l'apparence de plumes. — Les chenilles ont 16 pattes. — Chrysalides nues et suspendues par la queue.	***Succincts.*** La chrysalide soutenue par un fil qui l'entoure à mi-corps comme une ceinture, tout en restant suspendue par la queue.	***Papillonides.*** 6 pattes, semblables dans les deux sexes, ailes larges, à nervures saillantes. — Bord inférieur de celles de la seconde paire replié, tête grosse, abdomen libre. — Chenilles cylindriques, avec 2 tubercules sur le premier anneau du tronc.........	Papilio machao........	130
			— podalyrius......	130

FAMILLES.	SECTIONS.	TRIBUS.	GROUPES.	GENRES ET INDIVIDUS.	Pages
Diurnes.	*Succincts.*	*Papillonides.*	*Pierides.* Ailes sans échancrure ni concavité, mais recevant l'abdomen dans une sorte de gouttière. — Antennes ovoïdes.	Pieris brassicæ. . . . . . . — rapæ. . . . . — napi. . . . . — cratægi.	66 67 67 67
	Suspendus. Chrysalides simplement suspendues par l'extrémité. — Pattes antérieures petites et repliées contre le thorax, au moins chez le mâle, et très-velues.	*Vanesses.* Palpes plus longs que la tête, velus, terminés en pointe obtuse. Antennes terminées brusquement par un bouton ovoïde. — Yeux fortement hérissés de poils. — Chenilles épineuses. — L'insecte parfait de couleur très-brillante.	. . . .	Vanessa gamma. . . . . . . — Io. . . . . . . Argynis paphia.	106 106
Crépusculaires. Antennes en massue allongée, prismatiques ou fusiformes. Ailes supérieures maintenues abaissées au repos par une espèce de frein en soie très-dure. Chenilles munies de		*Sphyngides.* Antennes terminées par un petit flocon d'écailles, palpes inférieures larges, ou comprimés transversalement avec le 3e article peu distinct. — Chenilles très-grosses, cylindriques			

16 pattes , chrysalides de forme arrondie, renfermées dans des coques ou cachées en terre.

et portant une corne à l'extrémité de l'abdomen. . . . .

Sphinx atropos.......	118
— elpenor.......	119
— pinastri.......	119
— porcellus.....	119
Smerinthus tiliæ.......	119
— populi.....	120

Zygenides.

Ailes en toit. plus longues que le corps, les supérieures d'un bleu plus ou moins métallique avec des taches souvent rouges, les inférieures rouges à bord bleu. — Corps bronzé, plus ou moins bleuâtre. — Ces papillons volent en plein midi. — Les chenilles vivent à nu sur les légumineuses. . . . . Zygenia filipendulæ.... 107

LÉPIDOPTÈRES NOCTURNES.

Nocturnes.

Antennes ordinairement sétacées. — Trompe souvent peu distincte.—Quelques femelles sont privées d'ailes ou n'en ont que des rudiments.—Les ailes sont maintenues abaissées par un faisceau de soies servant de frein. — Quel-

Hépialites.

Trompe très-courte et peu distincte, antennes courtes, ailes allongées en toit, l'abdomen de la femelle prolongé en forme de queue. — Les chenilles vivent dans l'intérieur des végétaux et, de leurs débris, composent

FAMILLES.	SECTIONS.	TRIBUS.	GROUPES.	GENRES ET INDIVIDUS.	Pages
quefois elles sont enrou-lées autour du corps ou divisées en feuilles et semblables à un éventail de plumes, mais toujours de couleurs ternes. — La chrysalide est renfermée dans une coque.		leur coque............	....	Hepialus humuli......	67
				Zeuzæra æsculi......	67
				Cossus ligniperda......	156
				— æsculi.........	159
		Bombycites. Trompe courte ou ru-dimentaire, antennes pec-tinées chez le mâle, ailes étendues horizontalement ou en toit, les inférieures débordant latéralement.— Chenilles vivant à nu sur les végétaux.			
		Ailes étendues horizon-talement............	....	Saturnia...........	
		Ailes en toit..........	....	Bombyx neustria......	104
				— processionnea.	105
				— pythiocampa..	106
				— mori.........	219
				— cynthia......	235
				— arrindia.......	236
				— barmengyi....	239
				— mylitta........	239
				— pernyi........	240
				— hesperus......	240
				— cecropia......	240
				— yama-maï.....	240
		Noctuélites. Trompe ordinairement longue et roulée en spi-rale. — Ailes supérieures			

fixées sur les inférieures par un frein. — Antennes presque toujours simples. — Vol rapide. — Les chenilles ont, tantôt douze, quatorze ou seize pattes.	Noctua crassa.........	115
	— aquilina......	116
	— festiva........	116
	— pronuba.....	117
	— secalina.......	117
Tordeuses. Petite taille. — Couleurs harmonieuses. — Ailes en toit écrasé ou presque horizontales, dont le bord supérieur est arqué à sa base.	Pyralis vitana.........	74
	Cochylis omphaciella..	81
	Tortryx byperanea.....	83
Arpenteuses. Corps grêle, ailes grandes, horizontales au repos, trompe courte, antennes pectinées. — Chenilles se repliant en hauteur sur elles-mêmes pour marcher, pour suppléer à l'insuffisance de leurs pattes, dont le nombre n'excède pas trois paires.	Phalæna hiemalis......	103
	— antennulata...	103
	— secalina......	103
	— castralis.....	103
	— geometra.....	103
	— monaca......	103
	— farinalis......	103

FAMILLES.	SECTIONS.	TRIBUS.	GROUPES.	GENRES ET INDIVIDUS.	Pages
Nocturnes.		*Tinéites.* Chenilles pourvues de seize pattes, vivant souvent dans les habitations où, des matières qu'elles rongent, elles se construisent un fourreau ; touffe de poils en avant de la tête.	*Teignes proprement dites.* Formes étroites et allongées, ailes inclinées, enveloppantes, de la longueur de l'abdomen, trompe très-courte, gaîne de la chenille mobile.	Yponomenta cerasi.... Tinea granella . . . . Tinea pellionella. . . . . . Ilythia vinetella.	65 44 164 83
			Aglosses. Trompe rudimentaire, ailes aplaties.—Fourreau de la chenille immobile et fixée...	Aglossa farinalis.	155
			Gallérie. Trompe rudimentaire. — Ailes postérieures en forme de crête...	Galleria cerella.	156
			Æcophores. Ailes en forme de chappe.	Alucita granella. . . . . . . — cereatella. . . . . . Ypsolophus xilostei. . . .	41 43 107
		Psychides. Femelles aptères. — Antennes plumeuses ou pectinées, corps velu, ailes presque diaphanes.		Psyché stomoxelle.	68

HÉMIPTÈRES.

Étuis coriaces à la base, membraneux à l'extrémité, bec naissant au milieu du front.... HÉTÉROPTÈRES.
Élytres ou ailes supérieures de même consistance partout, bec soudé à la partie inféro-
postérieure de la tête.. HOMOPTÈRES.

HÉMIPTÈRES HÉTÉROPTÈRES.

FAMILLES.	SECTIONS.	TRIBUS.	GROUPES.	GENRES ET INDIVIDUS.	Pages
Géocorises. Antennes à découvert, insérées entre les yeux, plus longues que la tête.		*Pentatomes.* Corps court et large, abdomen incomplétement recouvert par l'écusson. — Antennes filiformes, tarse divisé en 3 articles, suçoir en forme d'alène et composé de 4 parties....	....	Pentatoma brassicæ.....	39
				— griseus.......	39
				Astemna polycornis.....	140
				Lygeas pini.............	140
				Phymata betulæ..........	140
				— piri	141

HÉMIPTÈRES HOMOPTÈRES.

FAMILLES.	SECTIONS.	TRIBUS.	GROUPES.	GENRES ET INDIVIDUS.	Pages
Cicadaires. Tarses composés de 3 articles, antennes très —					

FAMILLES.	SECTIONS.	TRIBUS.	GROUPES.	GENRES ÊT GROUPES.	Pages
petites, coniques ou en forme d'alène............	....	....	....	Cicada ulmi............	143
				Cercopis sanguinolenta..	120
				— spumaria......	120
				Jassus devastans........	143
Aphidiens. Tarses de 2 articles, antennes filiformes et sétacées, plus longues que la tête, de 6 à 11 articles. — Corps mous, élytres à peine plus résistantes que les ailes. — Taille généralement très-petite.		*Psylles.* Antennes de 10 à 11 articles, et terminées par 2 soies. — Ailes dans les 2 sexes. — Ils volent et sautent............	....	Psylla abietis............	72
				— fraxini..........	72
				— alni............	72
		Thrips. Antennes de 6 à 8 articles, pas de soies. Ailes linéaires, frangées et couchées horizontalement; très-agiles............	....	Thrips ulmi............	
				— denticornis......	150
		Pucerons. Ailes et étuis ovalaires ou triangulaires, non frangées, ni inclinées........	....	Aphis mali............	148
				— juglandi..........	149
				— rosæ............	149
				— persicæ..........	150
Gallinsectes. Tarses composés d'un seul article distinct termi-					

né par un seul crochet. — Mâle ailé, mais privé de bec; femelle pourvue d'un bec, mais aptère.........

Coccus oleæ............	99
— persicæ.........	100
— adonidum	102
— hesperidium......	102
— maïdis.........	102
— cacti..........	214
— sylvestris........	217

DIPTÈRES.

Némocères.
Antennes filiformes, composées d'un grand nombre d'articles beaucoup plus longs que la tête. — Corps allongé, trompe saillante, extrémité de l'abdomen pointue chez les femelles et garnie de pinces ou de crochets chez les mâles. — Les pieds sont parfois fort longs.

Tipules.
Trompe tantôt courte et terminée par 2 grandes lèvres tantôt en forme de bec et courbée sur la poitrine.................

Cecydomia salicis........	121
— pini..........	21
— destructor....	121
Bibio sancti Marci........	96
— precox...........	96

Tanystomes.
Antennes courtes offrant parfois, soit à leur extrémité, soit sur le côté, une soie plus ou moins grosse divisée à sa base en plusieurs petits articles dont le dernier n'est pas annelé transversalement comme

Asiles.
Trompe saillante dirigée en avant et de consistance presque cornée, corps allongé, ailes couchées....................

Asilus crabiformis........	95
— forcipatus.........	95

FAMILLES.	SECTIONS.	TRIBUS.	GROUPES.	GENRES ET INDIVIDUS.	Pages
cela se trouve dans les familles suivantes. — Suçoir composé de 4 pièces. *Tabamins.* Trompe saillante, ordinairement pourvue de palpes accompagnant les deux lèvres qu'elle forme à l'extrémité. — Suçoir composé de 6 pièces: dernier article des antennes annelé............				Tabanus bovinus........ Chrysops cœculiens......	132 132
Athéricères. Trompe ordinairement membraneuse, longue, coudée, et renfermée dans la cavité de la bouche, ou saillante et composée seulement de 2 pièces. Antennes de 2 ou 3 articles, dont le dernier est toujours entier, et porte une soie.		*OEstres.* Trompe et palpes tellement rudimentaires, qu'ils n'offrent plus autour de la bouche que l'apparence de 3 tubercules. — Ailes écartées. — Antennes terminées en palette et munies d'une soie..........		OEstrus ovis........... — bovis .... — equi........... — hemorroïdalis	133 134 135 136
		Conops. Trompe toujours saillante, cylindrique, sétacée ou conique............		Stomox calcitrans....... — stimulans	137 137

Mouches. Trompe très-apparente, membraneuse complétement rétractile, garnie de 2 palpes. — Suçoir de 2 pièces. — Antennes en palette avec une soie latérale..........	Dacus oleæ.............	93
	— oleiperda.........	
	Tephris strigula.........	
Carpomyzes. Ailes vibratiles, yeux portés au bout de deux prolongements cylindriques dirigés en dehors. — Corps ordinairement allongé, pattes filiformes...	Chlorops lineata.........	123
Hippobosques. Tête bien distincte, articulée à l'extrémité antérieure du thorax.........	Hippobosca equina......	136
	— ovis........	137

Pupipares. Suçoir protégé par 2 lames coriaces remplaçant la trompe et composé seulement de deux soies. — Corps large, aplati, recouvert d'une peau extensible. — Ailes écartées, manquant quelquefois. — Ponte renfermée dans une sorte de poche dont les larves sortent après leur éclosion.

TABLE DES MATIÈRES.

LETTRE IV.

LETTRE V.

LETTRE VI.

LETTRE VII.

LETTRE VIII.

LETTRE IX.

LETTRE X.

LETTRE XI.

LETTRE XII.

LETTRE XIII.

FIN DE LA TABLE DES MATIÈRES.

Paris. — Typographie HENNUYER ET FILS, rue du Boulevard, 7.